Springer-Lehrbuch

Alexander Schmidt

Einführung in die algebraische Zahlentheorie

 Springer

Prof. Dr. Alexander Schmidt
NWF I-Mathematik
Universität Regensburg
Universitätsstraße 31
93040 Regensburg
E-mail: alexander.schmidt@mathematik.uni-regensburg.de

Bibliografische Information der Deutschen Nationalbibliothek

Die Deutsche Nationalbibliothek verzeichnet diese Publikation in der Deutschen Nationalbibliografie; detaillierte bibliografische Daten sind im Internet über http://dnb.d-nb.de abrufbar.

Mathematics Subject Classification (2000): 11A05, 11A07, 11A15, 11R04, 11R29, 11M06

ISBN 978-3-540-45973-6 Springer Berlin Heidelberg New York

Springer ist ein Unternehmen von Springer Science+Business Media

springer.de

© Springer-Verlag Berlin Heidelberg 2007

Satz: Datenerstellung durch den Autor unter Verwendung eines Springer TEX-Makropakets
Herstellung: LE-TEX Jelonek, Schmidt & Vöckler GbR, Leipzig
Umschlaggestaltung: WMXDesign GmbH, Heidelberg

Gedruckt auf säurefreiem Papier   175/3100YL - 5 4 3 2 1 0

Für Reinhard Bölling

Vorwort

Dieses Buch gibt eine Einführung in die Grundgedanken der modernen Algebraischen Zahlentheorie, einer der traditionsreichsten und gleichzeitig heute besonders aktuellen Grunddisziplinen der Mathematik. Ausgehend von Themenbereichen, die üblicherweise der elementaren Zahlentheorie zugeordnet werden (Kleiner Fermatscher Satz, Quadratisches Reziprozitätsgesetz), führt es anhand konkreter Problemstellungen zu den Techniken, die das Herz der modernen Theorie ausmachen. Der technische Apparat wird nur so weit entwickelt, wie es für die konkreten Fragestellungen nötig ist, soll aber auch einen Vorgeschmack auf die allgemeine Theorie geben.

Alle Fortschritte, die die Algebraische Zahlentheorie in den letzten Jahrzehnten erreicht hat, beruhen auf modernen und komplizierten mathematischen Theorien, die zum Teil anderen mathematischen Disziplinen, wie etwa der Topologie, Algebraischen Geometrie oder Analysis, entstammen. Dies bringt für die heranwachsende Generation ein Dilemma mit sich. Man kann (und wird) lange brauchen, um sich mit den Techniken der modernen Zahlentheorie vertraut zu machen. Dieser Aufwand wird durch die große Eleganz der Theorie belohnt, die die Einsichten vieler Generationen von Mathematikern in kondensierter Form aufhebt. Allerdings bleibt auf diesem Wege der Blick auf die ursprünglichen Fragen lange verstellt. Der Ausgangspunkt ist sozusagen erst wieder vom Dach des Gebäudes aus sichtbar.

Nun kann man verschiedene Arten von Lehrbüchern schreiben und auch lesen. Ein systematisches Studium der Zahlentheorie ist unabdingbar für jeden, der den Anspruch, hat tiefer zu dringen und vielleicht später selbst zu forschen. Wer dies anstrebt, dem sei, in dieser Reihenfolge, die Lektüre der Monographien [Neu] und [NSW] ans Herz gelegt. Das vorliegende Buch ist als Einführung konzipiert. Es setzt möglichst wenig voraus und entwickelt die Theorie anhand konkreter Probleme, wie z.B. der Fermat-Gleichung, in lockerer Form und nicht in größter Allgemeinheit. Wer dadurch Lust auf mehr bekommen hat, sei auch auf die Lehrbücher [BS], [IR] und [Se] hingewiesen.

Wie es bei einem einführenden Buch nicht überraschen wird, stammt keines der behandelten Resultate von mir, und auch die gegebenen Beweise sind nicht neu. Ich habe darauf verzichtet, jeweils die Herkunft zu erwähnen. Lediglich klassische, namhafte Sätze werden unter dem Namen ihres Entdeckers geführt.

Unter Auslassung der hinteren Kapitel ist es gut möglich, dieses Buch als Grundlage für einen einsemestrigen Kurs zu nehmen. Aus einem solchen ist es auch entstanden. Wie weit man dabei im Stoff kommt, wird wesentlich von den Vorkenntnissen des Publikums abhängen. Im Text werden nur Schulkenntnisse vorausgesetzt und der algebraische Apparat, soweit gebraucht, behutsam entwickelt. Ab Kapitel 8 werden Kenntnisse in Analysis und linearer Algebra vorausgesetzt, jedoch nicht mehr, als durch die Grundvorlesungen eines Mathematikstudiums abgedeckt wird. Der Inhalt der letzten beiden Kapitel eignet sich nach meiner Erfahrung gut für ein Seminar.

Bedanken möchte ich mich bei meinen Freunden und Kollegen Anton Deitmar, Daniel Huybrechts, Stefanie Knorr, Otmar Venjakob, Denis Vogel, Gabor Wiese und Kay Wingberg, die eine vorläufige Version gelesen, viele Verbesserungen gefunden und wichtige Anregungen gegeben haben. Ein besonderer Dank geht an Frau Eva-Maria Strobel für ihr gründliches Korrekturlesen.

Ich selbst habe den Stoff der vorderen Kapitel bereits als Abiturient kennen gelernt. Zu danken ist dies Herrn Dr. Reinhard Bölling und seinen damaligen Kursen in Wissenschaftlich-Praktischer-Arbeit für ausgewählte Schüler der Ostberliner Heinrich-Hertz-Oberschule. Mit beeindruckendem pädagogischem Geschick bereitete Herr Bölling komplizierten mathematischen Stoff so auf, dass er, hohes Engagement vorausgesetzt, von Schülern verstanden werden konnte. Inhalt und Darstellung der ersten sechs Kapitel sind stark an den damaligen Unterricht angelehnt, und ich hoffe, dass große Teile des Buches auch für motivierte Abiturienten lesbar sind.

Regensburg, November 2006   *Alexander Schmidt*

Inhaltsverzeichnis

Kapitel 1

Rechnen mit Restklassen

In diesem Kapitel wird an grundsätzliche Definitionen, wie die der Teilbarkeit, erinnert. Wir zeigen, dass es unendlich viele Primzahlen gibt. Außerdem zeigen wir den Kleinen Fermatschen Satz und die Existenz primitiver Wurzeln modulo p. All dies wird oft als „elementare Zahlentheorie" bezeichnet.

1.1 Teilbarkeit

Im Zentrum des zahlentheoretischen Interesses stehen die natürlichen Zahlen
$$\mathbb{N} = \{\, 1, 2, 3, 4, \ldots \,\}.$$
Natürliche Zahlen kann man stets addieren. Die Umkehroperation, die Subtraktion $n - m$, ist in $\mathbb{N}$ nur durchführbar, wenn m kleiner als n ist. Man befreit sich von dieser Einschränkung, indem man zu den ganzen Zahlen
$$\mathbb{Z} = \{\, \ldots, -2, -1, 0, 1, 2, \ldots \,\}$$
übergeht. Im Falle der Multiplikation ist das Hindernis für die Umkehrung die Teilbarkeitsrelation.

Definition 1.1.1. *Eine ganze Zahl a* **teilt** *eine ganze Zahl b (symbolisch: $a|b$), wenn eine ganze Zahl c mit $ac = b$ existiert. Man nennt dann a* **Teiler** *von b.*

Die Zahl 0 teilt offensichtlich nur die 0 (was nicht bedeutet, dass man dem Quotienten $0/0$ einen Sinn geben könnte), und jede Zahl teilt 0. Die Zahlen ± 1 teilen jede Zahl und spielen eine Sonderrolle. Man nennt sie *Einheiten*. Ist $a \neq 0$, so existiert der Quotient $c = b/a$ in $\mathbb{Z}$ genau dann, wenn $a|b$, und ist dann eindeutig bestimmt. Man befreit sich von dieser Einschränkung durch Übergang zu den rationalen Zahlen $\mathbb{Q}$. Dort ist die Division (außer durch 0) uneingeschränkt durchführbar. Die Teilbarkeitsrelation verliert durch diese Konstruktion jedoch nicht ihre Bedeutung. Wir werden zunächst einige Eigenschaften sammeln. Den Beweis des nächsten Lemmas überlassen wir dem Leser.

Lemma 1.1.2. *Für $a, b, c, m, n \in \mathbb{Z}$ gilt:*

(i) $a|b$ *und* $a|c \Longrightarrow a|(b+c)$,

(ii) $a|b \Longrightarrow a|bc$,

(iii) $a|n$ *und* $b|m \Longrightarrow ab|nm$.

Die Menge der Teiler einer von Null verschiedenen ganzen Zahl a ist nicht leer (sie enthält die 1) und endlich (wegen $d|a \Rightarrow |d| \leq |a|$). Daher ist die folgende Definition sinnvoll.

Definition 1.1.3. *Der **größte gemeinsame Teiler** zweier von Null verschiedener ganzer Zahlen a und b ist die größte natürliche Zahl d mit $d|a$ und $d|b$. Bezeichnung: $d = (a, b)$. Wir nennen a und b **teilerfremd** oder auch **relativ prim**, wenn $(a, b) = 1$ gilt. Außerdem setzen wir $(0, a) = (a, 0) = |a|$ für beliebiges ganzes a.*

Eine wichtige Eigenschaft des größten gemeinsamen Teilers ist seine lineare Kombinierbarkeit. Diese ist der Inhalt des folgenden Satzes.

Satz 1.1.4. *Sei $d = (a, b)$. Dann existieren ganze Zahlen x, y mit $d = ax + by$.*

Beweis. Für $a = 0$ oder $b = 0$ ist die Aussage trivial, also sei $ab \neq 0$. Wir können außerdem annehmen, dass a und b positiv sind, ansonsten ändern wir zum Schluss das Vorzeichen von x bzw. y. Des Weiteren sei o.B.d.A. $b \leq a$. Wir führen den **Euklidischen Algorithmus** aus, d.h. wir teilen sukzessive mit Rest:

$$\begin{aligned}
a &= bq_1 + r_1, & 0 &\leq r_1 < b \\
b &= r_1 q_2 + r_2, & 0 &\leq r_2 < r_1 \\
r_1 &= r_2 q_3 + r_3, & 0 &\leq r_3 < r_2 \\
&\;\;\vdots & &\;\;\vdots \\
r_{n-2} &= r_{n-1} q_n + r_n, & r_n &= 0.
\end{aligned}$$

Die Folge $b > r_1 > r_2 > \cdots$ ist eine strikt fallende Folge nichtnegativer ganzer Zahlen. Daher bricht der Prozess ab, d.h. es gibt ein n mit $r_n = 0$. Nun gilt $r_{n-1} = d$. Das sieht man folgendermaßen. Von unten nach oben durch die Gleichungen gehend sehen wir, dass r_{n-1} sowohl a als auch b teilt. Also gilt $r_{n-1} \leq d$. Von oben nach unten gehend sehen wir, dass r_{n-1} durch d teilbar ist. Hieraus folgt $d = r_{n-1}$. Starten wir nun von der vorletzten Zeile $r_{n-3} = r_{n-2} q_{n-1} + d$ und setzen sukzessive ein, erhalten wir die gewünschte Darstellung $d = ax + by$. $\qquad\square$

Hieraus folgern wir, dass der größte gemeinsame Teiler nicht nur bezüglich der Kleiner-Relation maximal ist, sondern auch im multiplikativen Sinne.

Korollar 1.1.5. $e|a$ *und* $e|b \Longrightarrow e|(a, b)$.

Beweis. Es existieren $x, y \in \mathbb{Z}$ mit $ax + by = (a, b)$. Also ist (a, b) durch e teilbar. $\qquad\square$

Dies ist die wichtigste Eigenschaft des größten gemeinsamen Teilers. Später werden wir in Zahlbereichen arbeiten, in denen keine Kleiner-Relation definiert ist. Die in Korollar 1.1.5 formulierte Eigenschaft wird dort zur Definition des größten gemeinsamen Teilers. Man muss sich dann natürlich Rechenschaft ablegen, ob ein solcher überhaupt existiert (das ist nicht immer der Fall) und in welchem Sinne er eindeutig ist.

Wir beenden diesen Abschnitt mit zwei einfachen Korollaren aus dem eben Gesagten.

Korollar 1.1.6. *$a|bc$ und $(a, b) = 1 \implies a|c$.*

Beweis. Sei $bc = za$ und $ax + by = 1$. Dann ist $c = cax + cby = a(cx + zy)$. $\quad\square$

Korollar 1.1.7. *$a|m$, $b|m$ und $(a, b) = 1 \implies ab|m$.*

Beweis. Wähle x, y mit $ax + by = 1$. Dann ist $m = max + mby$. Nun gilt $ab|max$ und $ab|mby$, also $ab|m$. $\quad\square$

Aufgabe 1. Man zeige: $(2, 3, 7)$ ist das einzige Tripel natürlicher Zahlen ≥ 2 mit der Eigenschaft „das Produkt zweier $+1$ ist durch die dritte teilbar".

Aufgabe 2. Für eine natürliche Zahl n bezeichnet man das Produkt $n \cdot (n - 1) \cdots 1$ mit $n!$ (sprich: „n Fakultät"). Für $m, n \in \mathbb{N}$ zeige man $(m! \cdot n!) \,|\, (m + n)!$.

Aufgabe 3. Man zeige, dass für eine natürliche Zahl n die Zahlen $n(n + 1)$ und $n(n + 2)$ niemals Quadratzahlen sind.

Aufgabe 4. Man zeige, dass zu jeder natürlichen Zahl n eine natürliche Zahl m mit
$$(\sqrt{2} - 1)^n = \sqrt{m + 1} - \sqrt{m}$$
existiert.

Aufgabe 5. Für eine reelle Zahl x bezeichne $[x]$ die größte ganze Zahl kleiner gleich x. Man zeige für reelle Zahlen x, y die Ungleichung $[x] + [y] \leq [x + y]$.

1.2 Primzahlen

Beginnend mit der Zahl 1 lässt sich jede natürliche Zahl durch sukzessives Addieren der 1 gewinnen. Also ist 1 der Grundbaustein, aus dem sich durch Addition alle natürlichen Zahlen produzieren lassen. Bezüglich der Multiplikation ergibt sich ein anderes Bild. Hier sind die Primzahlen die Grundbausteine.

Definition 1.2.1. *Eine ganze Zahl $p > 1$ heißt* **Primzahl***, wenn 1 und p die einzigen positiven Teiler von p sind.*

Man beachte, dass 1 *keine* Primzahl ist. Das sieht zunächst wie eine willkürliche Festlegung aus, hat aber einen tieferen Sinn: Die 1 teilt jede Zahl und ist für die Teilbarkeitslehre uninteressant. Dass man die negativen Zahlen -2, $-3, -5, -7, \ldots$ nicht als Primzahlen bezeichnet, ist eine althergebrachte Konvention, die man auch anders festlegen könnte. Denn auch für diese Zahlen ist die folgende Aussage richtig.

Lemma 1.2.2. *Ist p eine Primzahl und gilt $p \mid ab$, so folgt $p \mid a$ oder $p \mid b$.*

Beweis. Angenommen $p \nmid a$. Dann ist $(a, p) = 1$ und nach Korollar 1.1.6 ist b durch p teilbar. □

Man kann sich leicht überlegen, dass eine natürliche Zahl $p > 1$ genau dann Primzahl ist, wenn die Aussage von Lemma 1.2.2 für p richtig ist. In allgemeineren Zahlbereichen wird diese Aussage zur definierenden Eigenschaft für *Primelemente*.

Den nächsten Satz kennt jeder aus der Schulzeit, hat aber typischerweise nie einen Beweis dafür gesehen.

Satz 1.2.3. *Jede natürliche Zahl n ist in, bis auf die Reihenfolge, eindeutiger Weise das Produkt von Primzahlen.*

Beweis. 1. Existenz der Zerlegung per Induktion: $n = 1$ ist das (leere) Produkt von 0 Primzahlen. Sei $n > 1$ und die Aussage sei für alle Zahlen m, $1 \leq m \leq n-1$ richtig. Ist n eine Primzahl, so sind wir fertig. Ansonsten lässt sich n in der Form $n = m_1 m_2$ mit $1 \leq m_1, m_2 \leq n-1$ schreiben. Da sich m_1 und m_2 als Produkt von Primzahlen schreiben lassen, ist dies auch für n der Fall.
2. Eindeutigkeit der Zerlegung: Für $n = 1$ ist dies klar und wir nutzen wieder Induktion. Sei $n > 1$ und

$$p_1 p_2 \cdots p_k = n = q_1 q_2 \cdots q_l.$$

Nach Lemma 1.2.2 teilt p_1 eines der q_i, $i = 1, \ldots, l$. Nach eventueller Umnummerierung können wir $p_1 | q_1$ annehmen. Weil q_1 eine Primzahl ist, folgt $p_1 = q_1$. Dann teilen wir beide Seiten durch p_1 und wenden die Induktionsvoraussetzung an. □

Typischerweise fasst man mehrfach vorkommende Primzahlen zusammen, so dass jede natürliche Zahl n eine bis auf Reihenfolge eindeutige Zerlegung der Form

$$n = p_1^{e_1} \cdots p_k^{e_k}, \quad e_i \geq 1, \ i = 1, \ldots, k,$$

mit paarweise verschiedenen Primzahlen $p_1, \ldots, p_k$ hat.

Korollar 1.2.4. *Es gibt unendlich viele Primzahlen.*

Beweis. Angenommen, es gäbe nur endlich viele und P sei ihr Produkt. Dann wäre $P+1$ größer als 1 und durch keine Primzahl teilbar. Dies widerspräche der Aussage von Satz 1.2.3. Daher gibt es unendlich viele Primzahlen. $\qquad\square$

Es ist wohlbekannt, dass die Reihe

$$\sum_{n=1}^{\infty} \frac{1}{n}$$

divergiert, d.h. die Partialsummen $\sum_{n=1}^{N} \frac{1}{n}$ übersteigen für hinreichend großes N jede gegebene Schranke. Das nächste Theorem sagt uns, dass es „sehr viele" Primzahlen gibt, d.h. wenn man die Nichtprimzahlen aus dieser Reihe entfernt, divergiert sie immer noch. Der bekannten (und erstaunlichen) Formel

$$\sum_{n=1}^{\infty} \frac{1}{n^2} = \frac{\pi^2}{6}$$

entnehmen wir, dass es in einem wohlbestimmten Sinne mehr Prim- als Quadratzahlen gibt.

Theorem 1.2.5 (Euler). *Die Reihe*

$$\sum_{p \text{ Primz.}} \frac{1}{p}$$

divergiert.

Beweis. Zunächst setzen wir als bekannt voraus, dass die Folge $(1+\frac{1}{n})^n$ von unten gegen die Eulersche Zahl e konvergiert. Also gilt $(1+\frac{1}{p-1})^{p-1} < e$ und somit $\log(1+\frac{1}{p-1}) < \frac{1}{p-1} = \frac{1}{p} + \frac{1}{p(p-1)}$. Unter Beachtung von $\frac{1}{1-\frac{1}{p}} = 1 + \frac{1}{p-1}$ erhalten wir somit für jedes N

$$\log \prod_{p \le N} \frac{1}{1-\frac{1}{p}} = \sum_{p \le N} \log\left(1 + \frac{1}{p-1}\right) < \sum_{p \le N} \frac{1}{p} + \sum_{p \le N} \frac{1}{p(p-1)}.$$

Erinnern wir uns an die geometrische Reihe

$$\frac{1}{1-\frac{1}{p}} = 1 + \frac{1}{p} + \frac{1}{p^2} + \cdots$$

und bezeichnen mit $p_+(n)$ den größten Primteiler einer natürlichen Zahl n (Vereinbarung: $p_+(1) = 0$, $p_+(0) = \infty$), so erhalten wir andererseits durch Ausmultiplizieren

$$\prod_{p \le N} \frac{1}{1-\frac{1}{p}} = \prod_{p \le N}(1 + \frac{1}{p} + \frac{1}{p^2} + \cdots) = \sum_{p_+(n) \le N} \frac{1}{n} > \sum_{n \le N} \frac{1}{n}.$$

Zusammen ergibt dies

$$\log \sum_{n \le N} \frac{1}{n} < \sum_{p \le N} \frac{1}{p} + \sum_{p \le N} \frac{1}{p(p-1)}.$$

Würde nun $\sum_p \frac{1}{p}$ konvergieren, so auch $\sum_p \frac{1}{p(p-1)}$, d.h. die rechte Seite der Ungleichung bliebe bei $N \to \infty$ beschränkt. Die linke Seite wird aber beliebig groß, weil die Reihe $\sum \frac{1}{n}$ divergiert. Dieser Widerspruch zeigt, dass auch die Reihe $\sum_p \frac{1}{p}$ divergiert.   □

Andererseits haben wir den

Satz 1.2.6. *In der Folge der natürlichen Zahlen gibt es beliebig große primzahlfreie Teilabschnitte.*

Beweis. Für jedes $n \geq 1$ ist unter den n aufeinanderfolgenden Zahlen

$$(n+1)! + 2, (n+1)! + 3, \ldots, (n+1)! + (n+1)$$

keine Primzahl, denn die erste Zahl ist durch 2 teilbar, die zweite durch 3, usw.   □

Bemerkung: Die Anzahl $\pi(N)$ der Primzahlen kleiner gleich N verhält sich nach dem *Primzahlsatz* (siehe [FB], Kap. VII, Thm. 4.5) asymptotisch wie $\frac{N}{\log(N)}$, d.h.

$$\lim_{N \to \infty} \frac{\pi(N)\log(N)}{N} = 1.$$

Unter Annahme der *Riemannschen Vermutung* kann eine noch feinere Aussage getroffen werden.

Aufgabe 1. Sei p eine Primzahl und n eine natürliche Zahl. Sei p^k, $k \geq 0$, die höchste p-Potenz, die in $n!$ aufgeht. Man zeige

$$k = \left[\frac{n}{p}\right] + \left[\frac{n}{p^2}\right] + \left[\frac{n}{p^3}\right] + \cdots \quad .$$

Aufgabe 2. Man zeige

$$(m,n) = 1 \implies \frac{(m+n-1)!}{m! \cdot n!} \in \mathbb{Z}.$$

Man gebe ein Gegenbeispiel im Fall $(m,n) \neq 1$ an.

Eine Funktion $f : \mathbb{N} \longrightarrow \mathbb{C}$ heißt zahlentheoretische Funktion. Man nennt f multiplikativ, wenn für $(m,n) = 1$ stets $f(mn) = f(m)f(n)$ gilt.

Aufgabe 3. Man zeige, dass die Funktion

$$\tau(n) = \text{Anzahl der positiven Teiler von } n$$

multiplikativ ist.

Aufgabe 4. Man zeige, dass die Funktion

$$\sigma(n) = \text{Summe der positiven Teiler von } n$$

multiplikativ ist.

Aufgabe 5. Man zeige, dass die Möbius-Funktion

$$\mu(n) = \begin{cases} 1, & n = 1, \\ 0, & n \text{ ist durch eine Quadratzahl} > 1 \text{ teilbar}, \\ (-1)^k, & n \text{ ist Produkt von } k \text{ paarweise verschiedenen Primzahlen}, \end{cases}$$

multiplikativ ist.

Aufgabe 6. Man zeige, dass für eine natürliche Zahl n die Zahl $n(n+1)(n+2)$ niemals eine Quadratzahl ist.

Aufgabe 7. Es seien $a, n \geq 2$ natürliche Zahlen. Man zeige: Ist $a^n - 1$ eine Primzahl, so gilt $a = 2$ und n ist eine Primzahl.

1.3 Kongruenzen

In diesem Abschnitt wird das Rechnen mit Restklassen modulo einer natürlichen Zahl eingeführt. Im „wirklichen" Leben machen wir das oft intuitiv, so betrachten wir Wochentage modulo 7, Monate modulo 12, Uhrzeiten modulo 12 oder 24, usw.

Sei $m > 1$ eine fixierte natürliche Zahl.

Definition 1.3.1. *Zwei ganze Zahlen a und b heißen* **kongruent modulo m** *(symbolisch: $a \equiv b \bmod m$), wenn $m | (a - b)$.*

Bei gegebenem m wollen wir ganze Zahlen, die kongruent modulo m sind, als gleich ansehen. Der formale Weg, dies zu tun, ist der Übergang zu Äquivalenzklassen bezüglich einer Äquivalenzrelation. Wir erinnern an die relevanten Definitionen. Eine **Relation** R auf einer Menge M ist eine Teilmenge $R \subset M \times M$ der Menge der geordneten Paare (x, x') von Elementen aus M. Man schreibt $x \sim x'$ genau dann, wenn $(x, x') \in R$, und bezeichnet die Relation suggestiv auch mit $\sim$.

Eine Relation $\sim$ heißt **Äquivalenzrelation**, wenn die folgenden drei Bedingungen erfüllt sind:

Reflexivität: Es gilt $x \sim x$ für alle $x \in M$.

Symmetrie: Es gilt $x \sim x'$ genau dann, wenn $x' \sim x$.

Transitivität: Aus $x \sim x'$ und $x' \sim x''$ folgt $x \sim x''$.

Sei auf M die Äquivalenzrelation $\sim$ gegeben. Für jedes $x \in M$ heißt die Teilmenge

$$\{x' \in M \mid x \sim x'\} \subset M$$

die **Äquivalenzklasse** von x bzgl. $\sim$. Insbesondere ist das Element x selbst in seiner Äquivalenzklasse enthalten, und man sagt, x sei ein **Repräsentant** oder auch **Vertreter** seiner Äquivalenzklasse. Man sieht leicht ein, dass zwei Äquivalenzklassen entweder disjunkt oder gleich sind. Daher zerfällt die Menge M in die disjunkte Vereinigung der Äquivalenzklassen. Will man nun Elemente aus M, die die $\sim$-Relation miteinander eingehen, als gleich betrachten, so geht man von M zur Menge der Äquivalenzklassen bzgl. $\sim$ über. Das machen wir nun mit der Menge $\mathbb{Z}$ der ganzen Zahlen und der Relation ‚kongruent modulo m'.

Lemma 1.3.2. *Die Relation $a \sim b \Longleftrightarrow a \equiv b \bmod m$ ist eine Äquivalenzrelation auf $\mathbb{Z}$.*

Beweis. Wir haben die folgenden Eigenschaften nachzuweisen:

  Reflexivität: $a \equiv a \bmod m$ für jedes $a \in \mathbb{Z}$.
  Symmetrie: $a \equiv b \bmod m \Longrightarrow b \equiv a \bmod m$.
  Transitivität: $(a \equiv b \bmod m$ und $b \equiv c \bmod m) \Longrightarrow a \equiv c \bmod m$.

Das ist ganz einfach und sei dem Leser überlassen.   □

Definition 1.3.3. *Die Äquivalenzklassen bezüglich der Relation $a \sim b \Longleftrightarrow a \equiv b \bmod m$ heißen* **Restklassen** *modulo m. Bei fixiertem m wird die Restklasse einer ganzen Zahl a mit $\bar{a}$ bezeichnet. Die Menge aller Restklassen modulo m wird mit $\mathbb{Z}/m\mathbb{Z}$ bezeichnet.*

Die Restklasse $\bar{a}$ modulo m einer ganzen Zahl a besteht genau aus der Menge

$$a + m\mathbb{Z} = \{a + mb \mid b \in \mathbb{Z}\} \subset \mathbb{Z}.$$

Es gibt genau m Restklassen modulo m. Diese werden durch die ganzen Zahlen $0, 1, \ldots, m-1$ vertreten. Man kann sich natürlich auch andere Vertreter wählen.

Wir wollen nun mit Restklassen modulo m *rechnen*. Dass dies möglich ist, zeigt das nächste Lemma, dessen elementarer Beweis dem Leser überlassen sei.

Lemma 1.3.4. *Gilt $a \equiv b \bmod m$ und $c \equiv d \bmod m$, so gelten die Kongruenzen $a + c \equiv b + d \bmod m$, $a - c \equiv b - d \bmod m$ und $ac \equiv bd \bmod m$.*

Daher kann man Restklassen modulo m addieren, subtrahieren und multiplizieren, indem man beliebige Vertreter addiert, subtrahiert bzw. multipliziert und dann wieder zur Restklasse übergeht. Eine Division von Restklassen ist im Allgemeinen nicht möglich.

Bemerkung: Die Menge $\mathbb{Z}/m\mathbb{Z}$ der Restklassen modulo m wird mit diesen Operationen ein kommutativer Ring mit 1 (siehe Abschnitt 4.1).

Kongruenzen modulo dem Produkt paarweise teilerfremder Zahlen kann man simultan lösen. Dies ist der Inhalt des Chinesischen Restklassensatzes:

Satz 1.3.5 (Chinesischer Restklassensatz). *Seien* $r_1, \ldots, r_k \in \mathbb{Z}$ *und seien* $m_1, \ldots, m_k$ *paarweise teilerfremde natürliche Zahlen größer als 1. Dann hat das System von Kongruenzen*

$$
\begin{aligned}
x &\equiv r_1 &&\mod m_1 \\
x &\equiv r_2 &&\mod m_2 \\
&\;\;\vdots &&\;\;\vdots \\
x &\equiv r_k &&\mod m_k
\end{aligned}
$$

eine Lösung $x \in \mathbb{Z}$ *und* x *ist eindeutig bestimmt modulo* $m_1 m_2 \cdots m_k$.

Beweis. Der Fall $k = 1$ ist offensichtlich. Betrachten wir zunächst den Fall $k = 2$. Wegen $(m_1, m_2) = 1$ existieren $a, b \in \mathbb{Z}$ mit $am_1 + bm_2 = 1$. Für die Zahl

$$x = r_2 a m_1 + r_1 b m_2$$

gilt nun $x \equiv r_1 b m_2 \mod m_1$. Aber $bm_2 = 1 - am_1 \equiv 1 \mod m_1$, also $x \equiv r_1 \mod m_1$. Analog erhält man $x \equiv r_2 a m_1 \equiv r_2(1 - bm_2) \equiv r_2 \mod m_2$. Dies zeigt die Existenz von x im Fall $k = 2$.

Wir fahren per Induktion über k fort. Ist $k > 2$ und der Satz für $2, \ldots, k-1$ schon bewiesen, so wenden wir die Induktionsvoraussetzung für $k - 1$ an und erhalten ein $y \in \mathbb{Z}$ mit

$$
\begin{aligned}
y &\equiv\; r_1 &&\mod m_1 \\
y &\equiv\; r_2 &&\mod m_2 \\
&\;\;\vdots \\
y &\equiv\; r_{k-1} &&\mod m_{k-1}.
\end{aligned}
$$

Dann wenden wir die Induktionsvoraussetzung für $k = 2$ an und erhalten ein $x \in \mathbb{Z}$ mit

$$
\begin{aligned}
x &\equiv y &&\mod m_1 \cdots m_{k-1} \\
x &\equiv r_k &&\mod m_k.
\end{aligned}
$$

Dieses x erfüllt die gewünschte Bedingung. Es bleibt die Eindeutigkeit modulo $m_1 \cdots m_k$ zu zeigen. Erfüllen x_1 und x_2 beide die gegebenen Kongruenzen, so gilt

$$x_1 \equiv x_2 \mod m_i \quad \text{für } i = 1, \ldots, k.$$

Daher gilt $m_i | (x_1 - x_2)$ für $i = 1, \ldots, k$. Da die m_i paarweise teilerfremd sind, ergibt eine induktive Anwendung von Korollar 1.1.7 die Teilbarkeitsrelation $m_1 \cdots m_k \,|\, (x_1 - x_2)$, d.h. $x_1 \equiv x_2 \mod m_1 \cdots m_k$. $\qquad\square$

Bemerkung: Eine äquivalente Formulierung des Chinesischen Restklassensatzes ist die folgende: Für paarweise teilerfremde $m_1, \ldots, m_k$ ist die natürliche Abbildung

$$
\begin{aligned}
\varphi \colon \; \mathbb{Z}/(m_1 \cdots m_k)\mathbb{Z} &\longrightarrow (\mathbb{Z}/m_1\mathbb{Z}) \times \cdots \times (\mathbb{Z}/m_k\mathbb{Z}) \\
a \bmod m_1 \cdots m_k &\longmapsto (a \bmod m_1, \ldots, a \bmod m_k)
\end{aligned}
$$

bijektiv. Sie ist außerdem mit Addition und Multiplikation verträglich, d.h. ein Ringisomorphismus (siehe Abschnitt 4.1).

Definition 1.3.6. *Die Menge* $(\mathbb{Z}/m\mathbb{Z})^\times$ *der* **primen Restklassen** *modulo* m *ist die Teilmenge der Restklassen in* $\mathbb{Z}/m\mathbb{Z}$, *die bezüglich Multiplikation ein Inverses haben. D.h. für eine Klasse* $\bar{a} \in \mathbb{Z}/m\mathbb{Z}$ *gilt genau dann* $\bar{a} \in (\mathbb{Z}/m\mathbb{Z})^\times$, *wenn eine Klasse* $\bar{b} \in \mathbb{Z}/m\mathbb{Z}$ *mit* $\bar{a}\bar{b} = \bar{1}$ *existiert.*

Die inverse Klasse einer primen Restklasse $\bar{a}$ ist eine eindeutig bestimmte prime Restklasse. Dies ist ein Standardargument: Sind $\bar{b}_1, \bar{b}_2$ zwei Inverse zu $\bar{a}$, so gilt $\bar{b}_1 = \bar{b}_1(\bar{a}\bar{b}_2) = (\bar{b}_1\bar{a})\bar{b}_2 = \bar{b}_2$. Üblicherweise bezeichnet man das Inverse zu $\bar{a}$ mit $\bar{a}^{-1}$.

Lemma 1.3.7. *Die Menge* $(\mathbb{Z}/m\mathbb{Z})^\times$ *der primen Restklassen modulo* m *ist unter Multiplikation abgeschlossen.*

Beweis. Es seien $\bar{a}, \bar{b}$ prime Restklassen und $\bar{c}, \bar{d}$ Restklassen mit $\bar{a}\bar{c} = \bar{1} = \bar{b}\bar{d}$. Dann gilt $(\bar{a}\bar{b})(\bar{c}\bar{d}) = \bar{1}$, d.h. $\bar{a}\bar{b}$ ist auch eine prime Restklasse.   □

Bemerkung: Mit der Multiplikation als Operation wird $(\mathbb{Z}/m\mathbb{Z})^\times$ zu einer abelschen Gruppe (siehe Abschnitt 4.1).

Korollar 1.3.8. *Ist* $ab \equiv 0 \bmod m$, *so ist* $\bar{a}$ *oder* $\bar{b}$ *eine nicht-prime Restklasse.*

Beweis. Ansonsten wäre $\bar{0} = \bar{a}\bar{b}$ auch eine prime Restklasse, was niemals der Fall ist.   □

Nun fragt man sich, wann Gleichungen Lösungen modulo m haben. Dieses Problem wird uns im weiteren Verlauf noch oft beschäftigen. Den einfachsten Fall einer linearen Gleichung in einer Unbestimmten können wir sofort lösen.

Satz 1.3.9. *Es seien* $a, b \in \mathbb{Z}$ *gegeben. Die Kongruenz*

$$ax \equiv b \quad \bmod m$$

ist genau dann in $\mathbb{Z}$ *lösbar, wenn* $(a, m) \mid b$ *gilt.*

Beweis. Sei $ax \equiv b \bmod m$ mit $x \in \mathbb{Z}$. Dann gibt es ein $y \in \mathbb{Z}$ mit $ax = b + ym$. Also teilt (a, m) die Zahl $b = ax - ym$. Gelte nun umgekehrt $(a, m) | b$. Nach Satz 1.1.4 finden wir ganze Zahlen c, d mit $ac + md = (a, m)$. Dann gilt

$$ac\frac{b}{(a, m)} + md\frac{b}{(a, m)} = b$$

und folglich ist

$$x = c\frac{b}{(a, m)}$$

eine Lösung der Kongruenz.   □

Korollar 1.3.10. *Die Restklasse modulo* m *einer ganzen Zahl* a *ist genau dann prim, wenn* a *teilerfremd zu* m *ist, d.h.* $\bar{a} \in (\mathbb{Z}/m\mathbb{Z})^\times \iff (a, m) = 1$.

Beweis. Offenbar ist $\bar{a}$ genau dann prime Restklasse, wenn die Kongruenz $ax \equiv 1 \bmod m$ eine ganzzahlige Lösung hat. Nach Satz 1.3.9 ist dies äquivalent zu $(a,m)|1$, d.h. zu $(a,m) = 1$. $\qquad\square$

Ist $m = p$ eine Primzahl, so ist $(a,p) = 1$ äquivalent zu $p \nmid a$ und wir erhalten das

Korollar 1.3.11. *Ist p eine Primzahl, so gibt es genau $p-1$ prime Restklassen modulo p und genau eine (die $\bar{0}$) nicht-prime Restklasse.*

Eine ganze Zahl $a \neq 0$ definiert eine prime Restklasse modulo fast aller Primzahlen.

Korollar 1.3.12. *Ist $m = p$ eine Primzahl, so folgt aus $\bar{a}\bar{b} = \bar{0}$, dass $\bar{a} = \bar{0}$ oder $\bar{b} = \bar{0}$ ist.*

Dies ist eine direkte Konsequenz aus Korollar 1.3.8. Man beachte, dass die Primzahlvoraussetzung notwendig ist, z.B. gilt modulo 15 die Gleichung $\bar{3} \cdot \bar{5} = \bar{0}$.

Definition 1.3.13. *Für $m > 1$ sei $\varphi(m) := \#(\mathbb{Z}/m\mathbb{Z})^{\times}$ die Anzahl der primen Restklassen modulo m. Man setzt $\varphi(1) = 1$. Die Funktion $n \mapsto \varphi(n)$ heißt* **Eulersche φ-Funktion.**

Satz 1.3.14. *Die Eulersche φ-Funktion ist eine* **multiplikative zahlentheoretische Funktion**, *d.h. für $n, m \in \mathbb{N}$ mit $(n,m) = 1$ gilt*

$$\varphi(nm) = \varphi(n)\varphi(m).$$

Beweis. Nach dem Chinesischen Restklassensatz ist eine Restklasse modulo nm durch ihre Reste modulo n und modulo m eindeutig gegeben und umgekehrt. Ist nun a eine ganze Zahl, so erhalten wir nach Korollar 1.3.10 die Äquivalenzen $\bar{a} \in (\mathbb{Z}/nm\mathbb{Z})^{\times} \Leftrightarrow (a,nm) = 1 \Leftrightarrow (a,n) = 1$ und $(a,m) = 1 \Leftrightarrow \bar{a} \in (\mathbb{Z}/n\mathbb{Z})^{\times}$ und $\bar{a} \in (\mathbb{Z}/m\mathbb{Z})^{\times}$. $\qquad\square$

Wegen ihrer Multiplikativität müssen wir, um die Eulersche φ-Funktion zu berechnen, nur noch ihre Werte auf Primzahlpotenzen bestimmen.

Lemma 1.3.15. *Sei p eine Primzahl und e eine natürliche Zahl. Dann gilt*

$$\varphi(p^e) = (p-1)p^{e-1}.$$

Beweis. Die Restklassen modulo p^e werden durch die p^e natürlichen Zahlen $1, \ldots, p^e$ repräsentiert. Nach Korollar 1.3.10 werden die primen Restklassen genau durch die nicht durch p teilbaren Zahlen unter diesen repräsentiert. Unter den Zahlen $1, \ldots, p^e$ gibt es genau p^{e-1} durch p teilbare. Daher gilt $\varphi(p^e) = p^e - p^{e-1} = (p-1)p^{e-1}$. $\qquad\square$

Satz 1.3.16. *Ist* $n = p_1^{e_1} \cdots p_k^{e_k}$, *mit paarweise verschiedenen Primzahlen* $p_1, \ldots, p_k$ *und natürlichen Zahlen* $e_1, \ldots, e_k$, *so gilt*

$$\varphi(n) = \prod_{i=1}^{k} (p_i - 1)p_i^{e_i - 1}.$$

Wir haben nun die Eulersche φ-Funktion berechnet. Allerdings ist diese Berechnung rein theoretischer Natur. Beim praktischen Rechnen scheitert man daran, eine gegebene große natürliche Zahl in ihre Primfaktoren zu zerlegen. Die Schwierigkeit, diese Zerlegung zu finden, hat aber auch ihr Gutes: Ein weitverbreitetes kryptographisches Verfahren (RSA) basiert darauf. Bemerkenswerterweise ist es hier die Unfähigkeit, ein Problem zu lösen, die zur praktischen Anwendung führt.

Wir beenden diesen Abschnitt mit der folgenden Aussage.

Satz 1.3.17. *Für jede natürliche Zahl* m *gilt die Gleichung*

$$\sum_{d|m} \varphi(d) = m,$$

wobei sich die Summation über die positiven Teiler d *von* m *erstreckt.*

Beweis. Wir führen den Beweis per Induktion über die Anzahl der verschiedenen Primteiler von m. Für $m = 1$ ist die Aussage ist trivial. Sei nun $m = np^e$, $(n, p) = 1$ und für n sei alles schon bewiesen. Jeder Teiler von np^e hat eine eindeutige Darstellung der Form dp^i mit $d|n$ und $0 \le i \le e$. Daher erhalten wir

$$
\begin{aligned}
\sum_{d|np^e} \varphi(d) &= \sum_{d|n} \varphi(d) + \sum_{d|n} \varphi(dp) + \cdots + \sum_{d|n} \varphi(dp^e) \\
&= n + n\varphi(p) + \cdots n\varphi(p^e) \\
&= n(1 + \varphi(p) + \cdots + \varphi(p^e)) \\
&= n(1 + (p-1)p^0 + \cdots + (p-1)(p^{e-1})) \\
&= np^e = m. \qquad \qquad \square
\end{aligned}
$$

Aufgabe 1. Die Folge (a_n) ganzer Zahlen sei rekursiv durch die Regel
$$a_1 = 2, \quad a_{n+1} = a_n^2 - a_n + 3$$
gegeben. Man zeige, dass keines der Folgenglieder durch 19 teilbar ist.

Aufgabe 2. (Bruchrechnung modulo m) Für $a \in \mathbb{Z}/m\mathbb{Z}$ und $b \in (\mathbb{Z}/m\mathbb{Z})^{\times}$ bezeichne $\frac{a}{b}$ die eindeutig bestimmte Restklasse c modulo m mit $bc = a$. Unter der Voraussetzung, dass alle Nenner in $(\mathbb{Z}/m\mathbb{Z})^{\times}$ sind, verifiziere man die folgenden Rechenregeln:

$$
\frac{a}{b} \cdot \frac{c}{d} = \frac{ac}{bd},
$$
$$
\frac{a}{b} + \frac{c}{d} = \frac{ad + bc}{bd}.
$$

1.4 Der Kleine Fermatsche Satz

Der folgende Satz bietet ein (vom numerischen Standpunkt unbrauchbares) Kriterium, um zu entscheiden, ob eine gegebene natürliche Zahl Primzahl ist.

Satz 1.4.1 (Satz von Wilson). *Eine natürliche Zahl p ist genau dann eine Primzahl, wenn*

$$(p-1)! \equiv -1 \mod p.$$

Beweis. Sei n keine Primzahl und sei $n = p_1^{e_1} \cdots p_k^{e_k}$ die Primfaktorzerlegung. Ist $k \geq 2$, so sind die Zahlen $p_i^{e_i}$ paarweise verschieden und kleiner als n. Also ist $(n-1)!$ durch n teilbar. Ist $k = 1, e_1 \geq 2$, so ist $p_1 < n$ und also $(n-1)!$ durch p_1 teilbar. Also ist $(n-1)!$ keine prime Restklasse modulo n. Dies zeigt die Notwendigkeit. Sei nun p eine Primzahl. Dann werden die primen Restklassen modulo p durch die natürlichen Zahlen $1, 2, \ldots, p-1$ repräsentiert. Es gibt zu jeder primen Restklasse $\bar{a}$ eine eindeutig bestimmte inverse Restklasse $\bar{a}^{-1}$, die selbst wieder prim ist. Es gilt $\bar{a} = \bar{b} \Leftrightarrow \bar{a}^{-1} = \bar{b}^{-1}$. Außerdem ist für $\bar{a} \neq \pm\bar{1}$ auch $\bar{a}^{-1} \neq \bar{a}$, weil aus $\bar{a}^{-1} = \bar{a}$ sofort $\bar{a}^2 = \bar{1}$ und also $p|(a^2 - 1) = (a+1)(a-1)$ folgt. Also heben sich im Produkt

$$\prod_{\bar{r} \in (\mathbb{Z}/p\mathbb{Z})^\times} \bar{r}$$

alle Faktoren bis auf $\pm\bar{1}$ auf, und wir erhalten $(p-1)! \equiv -1 \mod p$. $\quad\square$

Erhebt man eine prime Restklasse modulo m in die $\varphi(m)$-te Potenz, so erhält man $\bar{1}$. Dies ist der Inhalt des folgenden klassischen Satzes.

Satz 1.4.2 (Kleiner Fermatscher Satz). *Für $(a, m) = 1$ gilt*

$$a^{\varphi(m)} \equiv 1 \mod m.$$

Zum Beweis benötigen wir das folgende

Lemma 1.4.3. *Ist $\bar{a} \in (\mathbb{Z}/m\mathbb{Z})^\times$, so induziert die $\bar{a}$-Multiplikation $\bar{b} \mapsto \bar{a}\bar{b}$ eine bijektive Abbildung*

$$(\mathbb{Z}/m\mathbb{Z})^\times \xrightarrow{\bar{a}\cdot} (\mathbb{Z}/m\mathbb{Z})^\times.$$

Beweis. Injektivität: $\bar{a}\bar{b}_1 = \bar{a}\bar{b}_2 \Rightarrow \bar{b}_1 = \bar{a}^{-1}\bar{a}\bar{b}_1 = \bar{a}^{-1}\bar{a}\bar{b}_2 = \bar{b}_2$.
Surjektivität: $\bar{b} = \bar{a}(\bar{a}^{-1}\bar{b})$. $\quad\square$

Beweis von Satz 1.4.2. Nach Lemma 1.4.3 erhalten wir

$$\prod_{\bar{r} \in (\mathbb{Z}/m\mathbb{Z})^\times} \bar{r} = \prod_{\bar{r} \in (\mathbb{Z}/m\mathbb{Z})^\times} (\bar{a}\bar{r}) = \bar{a}^{\varphi(m)} \cdot \prod_{\bar{r} \in (\mathbb{Z}/m\mathbb{Z})^\times} \bar{r} \quad.$$

Multiplizieren wir beide Seiten mit dem Inversen der primen Restklasse $\prod_{\bar{r} \in (\mathbb{Z}/m\mathbb{Z})^\times} \bar{r}$, erhalten wir

$$\bar{a}^{\varphi(m)} = \bar{1}.$$

Gilt nun $(a, m) = 1$ für ein $a \in \mathbb{Z}$, so liegt nach Korollar 1.3.10 die Restklasse $\bar{a}$ von a modulo m in $(\mathbb{Z}/m\mathbb{Z})^\times$. Aus $\bar{a}^{\varphi(m)} = \bar{1}$ folgt $a^{\varphi(m)} \equiv 1 \mod m$. $\quad\square$

Korollar 1.4.4. *Ist p eine Primzahl, so gilt für jedes $a \in \mathbb{Z}$*

$$a^p \equiv a \mod p.$$

Beweis. Ist a nicht durch p teilbar, so gilt $a^{p-1} = a^{\varphi(p)} \equiv 1 \bmod p$. Multiplizieren wir diese Kongruenz mit a, erhalten wir das Gewünschte. Ist a durch p teilbar, so gilt $a \equiv 0 \equiv a^p \bmod p$.   □

Aufgabe: Sei p eine Primzahl. Man zeige die Kongruenz

$$(a + b)^p \equiv a^p + b^p \mod p$$

und nutze diese, um für $m = p$ einen alternativen Beweis des Kleinen Fermatschen Satzes mit Hilfe von vollständiger Induktion nach a zu geben.

1.5 Primzahlen mit vorgegebener Restklasse I

Wir haben gelernt, dass es unendlich viele Primzahlen gibt. Für $m > 2$ ist es interessant zu fragen, ob prime Restklassen modulo m durch unendlich viele Primzahlen repräsentiert werden. Wir werden diese Frage im Verlauf des Buches immer wieder aufgreifen und entsprechend dem jeweiligen Kenntnisstand unser Wissen erweitern. Im Moment haben wir noch nichts Tiefliegendes zur Verfügung, können aber in wenigen Fällen den Beweis dafür, dass unendlich viele Primzahlen existieren, geeignet modifizieren, um genauere Aussagen zu erhalten.

Satz 1.5.1. *Es gibt unendlich viele Primzahlen kongruent -1 modulo 3.*

Beweis. Wir nehmen an, dass es nur endlich viele Primzahlen kongruent -1 modulo 3 gibt und führen diese Annahme zum Widerspruch. Sei P das Produkt dieser endlich vielen Primzahlen. Dann gilt $3P - 1 \equiv -1 \bmod 3$. Andererseits ist $3P - 1$ weder durch 3 noch durch eine Primzahl kongruent -1 modulo 3 teilbar, hat also ausschließlich Primteiler kongruent 1 modulo 3 und wäre daher selbst kongruent 1 modulo 3. Dieser Widerspruch widerlegt die Annahme.   □

Satz 1.5.2. *Es gibt unendlich viele Primzahlen kongruent -1 modulo 4.*

Beweis. Wir nehmen an, es gäbe nur endlich viele solche Primzahlen. Sei P ihr Produkt. Dann gilt $4P - 1 \equiv -1 \bmod 4$. Andererseits ist $4P - 1$ ungerade und durch keine Primzahl kongruent -1 modulo 4 teilbar. Also sind alle Primteiler von $4P - 1$ kongruent 1 modulo 4, und folglich $4P - 1 \equiv 1 \bmod 4$. Dieser Widerspruch widerlegt die Annahme.   □

Aufgabe: Man zeige, dass es unendlich viele Primzahlen $p \equiv \pm 3 \bmod 8$ gibt.

1.6 Polynomkongruenzen

Nachdem wir Restklassen ganzer Zahlen betrachtet haben, betrachten wir nun Restklassen von Polynomen. Wir betrachten Polynome in $\mathbb{Z}[X]$, d.h. Ausdrücke der Form

$$f = a_n X^n + a_{n-1} X^{n-1} + \cdots + a_0$$

mit ganzen Zahlen $a_0, a_1, \ldots, a_n$, die man die **Koeffizienten** von f nennt. Die ganze Zahl $grad(f) := \max(i \mid a_i \neq 0)$ heißt der **Grad** von f. Dem Nullpolynom wird der Grad $-\infty$ zugeordnet. Polynome werden entsprechend den Regeln

$$\sum_i a_i X^i + \sum_i b_i X^i = \sum_i (a_i + b_i) X^i$$

$$\sum_i a_i X^i \cdot \sum_i b_i X^i = \sum_i \sum_{j+k=i} (a_j \cdot b_k) X^i$$

addiert und multipliziert. Setzt man für die Variable X eine Zahl a ein, erhält man eine Zahl $f(a)$, den **Wert** von f in a. Wie zuvor sei $m > 1$ eine fixierte natürliche Zahl.

Definition 1.6.1. *Zwei Polynome $f, g \in \mathbb{Z}[X]$ heißen* **kongruent modulo** m *(symbolisch: $f \equiv g \bmod m$), falls alle Koeffizienten des Polynoms $f - g$ durch m teilbar sind.*

Den Beweis des folgenden Lemmas überlassen wir dem Leser.

Lemma 1.6.2. *Gilt $f_1 \equiv f_2 \bmod m$ und $g_1 \equiv g_2 \bmod m$, so gilt*

$$f_1 + g_1 \equiv f_2 + g_2 \quad \bmod m,$$
$$f_1 - g_1 \equiv f_2 - g_2 \quad \bmod m,$$
$$f_1 g_1 \equiv f_2 g_2 \quad \bmod m.$$

Mit anderen Worten: Polynomkongruenzen können addiert, subtrahiert und multipliziert werden.

Es ist wohlbekannt, dass man Nullstellen von Polynomen als Linearfaktoren abspalten kann. Gleiches gilt auch für Nullstellen modulo m.

Satz 1.6.3. *Es sei $f \in \mathbb{Z}[X]$ ein Polynom vom Grad n. Ist $a \in \mathbb{Z}$ eine Nullstelle von f modulo m, d.h.*

$$f(a) \equiv 0 \quad \bmod m,$$

so existiert ein Polynom $f_1 \in \mathbb{Z}[X]$ vom Grad $n - 1$ mit

$$f \equiv f_1 \cdot (X - a) \quad \bmod m.$$

Beweis. Sei $f = a_n X^n + \cdots + a_0$. Wir setzen $h_1 = a_n X^{n-1}$ und erhalten eine Gleichung

$$f = h_1 \cdot (X - a) + g_1,$$

wobei $g_1 \in \mathbb{Z}[X]$ einen kleineren Grad als f hat. Es gilt $g_1(a) \equiv 0 \mod m$. Wir führen den Prozess mit g_1 fort und erhalten eine Gleichung

$$g_1 = h_2 \cdot (X - a) + g_2.$$

In jedem Schritt fällt der Grad um mindestens 1, weshalb dieser Prozess abbricht. Folglich gibt es ein n, so dass

$$g_n = h_{n+1} \cdot (X - a) + g_{n+1},$$

wobei g_{n+1} ein konstantes Polynom, d.h. eine ganze Zahl b ist. Nun ist $g_{n+1}(a) \equiv 0 \mod m$, d.h. $m|b$, und wir erhalten mit $f_1 = h_1 + \cdots + h_{n+1}$ die Kongruenz

$$f = (h_1 + \cdots + h_{n+1})(X - a) + b$$
$$\equiv f_1 \cdot (X - a) \mod m.$$

Das beendet den Beweis. $\square$

Ist a eine Nullstelle von f modulo m, dann ist jedes $b \equiv a \mod m$ auch Nullstelle von f modulo m. Daher fasst man die Nullstellen von $f \mod m$ als Elemente in $\mathbb{Z}/m\mathbb{Z}$ auf. Die Anzahl der Nullstellen modulo m eines Polynoms f kann im Allgemeinen den Grad von f übersteigen. Z.B. hat das quadratische Polynom $f = X^2 - 1$ modulo 8 die vier verschiedenen Nullstellen $\bar{1}, \bar{3}, \bar{5}, \bar{7}$. Einfacher ist die Situation, wenn m eine Primzahl ist:

Satz 1.6.4. *Sei p eine Primzahl und $f \in \mathbb{Z}[X]$ ein Polynom vom Grad n, dessen Koeffizienten nicht alle durch p teilbar sind. Dann hat f höchstens n verschiedene Nullstellen modulo p.*

Beweis. Angenommen, das Polynom f hätte die $n+1$ verschiedenen Nullstellen $\bar{b}_1, \dots, \bar{b}_{n+1}$ modulo p. Nach Satz 1.6.3 können wir Linearfaktoren abspalten und finden also ein Polynom f_1 vom Grad $n - 1$ mit

$$f \equiv f_1 \cdot (X - b_1) \mod p.$$

Wegen $\bar{b}_i \neq \bar{b}_1$ für $i > 1$ sind nach Korollar 1.3.12 die Zahlen $b_2, \dots, b_{n+1}$ Nullstellen modulo p von f_1. Führen wir diesen Prozess fort, erhalten wir eine ganze Zahl c (ein Polynom vom Grad 0) mit

$$f \equiv c \cdot (X - b_1) \cdots (X - b_n) \mod p.$$

Dann ist

$$0 \equiv f(b_{n+1}) \equiv c \cdot (b_{n+1} - b_1) \cdots (b_{n+1} - b_n) \mod p.$$

Für $i = 1, \dots, n$ gilt nach Voraussetzung $(b_{n+1} - b_i) \not\equiv 0 \mod p$, weshalb c nach Korollar 1.3.12 durch p teilbar ist. Aber dann sind alle Koeffizienten von f durch p teilbar, was ausgeschlossen war. Dieser Widerspruch zeigt, dass f höchstens n Nullstellen modulo p hat. $\square$

Aufgabe 1. Es sei p eine Primzahl. Man finde ein Polynom $f \in \mathbb{Z}[X]$, so dass $f \not\equiv 0 \bmod p$, aber $f(a) \equiv 0 \bmod p$ für alle $a \in \mathbb{Z}$ gilt.

Aufgabe 2. Sei p eine Primzahl und n eine p-Potenz. Man zeige die Polynomkongruenz

$$(X + 1)^n \equiv X^n + 1 \quad \bmod p.$$

Aufgabe 3. Sei p eine Primzahl. Man zeige: Gilt die Polynomkongruenz

$$(X + 1)^n \equiv X^n + 1 \quad \bmod p,$$

so ist n eine p-Potenz.

Hinweis: Sei $n = p^k m$, $(m, p) = 1$. Dann gilt

$$(X + 1)^n \equiv (X + 1)^{p^k m} \equiv (X^{p^k} + 1)^m \equiv X^n + m X^{p^k(m-1)} + \cdots \quad \bmod p.$$

1.7 Primitive Wurzeln

Additiv bauen sich die Restklassen modulo m auf die denkbar einfachste Art auf: Man erhält alle Restklassen, indem man die Klasse $\bar{1}$ hinreichend oft zu sich selbst addiert. Multiplikativ stellt sich diese Frage für die primen Restklassen und wird im Primzahlfall $m = p$ in diesem Abschnitt beantwortet. Wir führen zunächst den Begriff der Ordnung einer Restklasse ein.

Definition 1.7.1. *Sei p eine Primzahl und sei $\bar{a} \in (\mathbb{Z}/p\mathbb{Z})^\times$ eine prime Restklasse. Die* **Ordnung** *von $\bar{a}$ (symbolisch: $ord(\bar{a})$) ist die kleinste natürliche Zahl mit*

$$\bar{a}^{ord(\bar{a})} = \bar{1}.$$

Der Kleine Fermatsche Satz impliziert $ord(\bar{a}) \leq \varphi(p) = p - 1$, insbesondere ist die Ordnung wohldefiniert. Als Nächstes zeigen wir, dass die auftretenden Ordnungen sogar Teiler von $p - 1$ sein müssen.

Satz 1.7.2. *Sei $\bar{a}$ eine prime Restklasse modulo p. Dann gilt für $r \in \mathbb{N}$*

$$\bar{a}^r = \bar{1} \Longleftrightarrow ord(\bar{a}) | r.$$

Insbesondere gilt: $ord(\bar{a}) | (p - 1)$.

Beweis. Die Richtung $\Leftarrow$ ist trivial. Sei nun r eine natürliche Zahl mit $\bar{a}^r = \bar{1}$. Wir setzen $d = (r, ord(\bar{a}))$ und wählen gemäß Satz 1.1.4 ganze Zahlen x, y mit $rx + ord(\bar{a})y = d$. Dann gilt

$$\bar{a}^d = \bar{a}^{rx + ord(\bar{a})y} = (\bar{a}^r)^x (\bar{a}^{ord(\bar{a})})^y = \bar{1}.$$

Folglich gilt $ord(\bar{a}) \leq d$, also $ord(\bar{a}) = d$ und $ord(\bar{a}) | r$. Dies zeigt die Implikation $\Rightarrow$. Schließlich gilt nach dem Kleinen Fermatschen Satz $\bar{a}^{p-1} = \bar{1}$, also $ord(\bar{a}) | (p - 1)$. $\quad\square$

Lemma 1.7.3. *Sei d ein positiver Teiler von $p-1$. Dann gibt es entweder keine oder genau $\varphi(d)$ verschiedene prime Restklassen modulo p der Ordnung d.*

Beweis. Angenommen es existiert ein $\bar{a} \in (\mathbb{Z}/p\mathbb{Z})^\times$ der Ordnung d. Dann ist $\bar{a}$ Nullstelle modulo p des Polynoms

$$f = X^d - 1.$$

Die Restklassen $\bar{a}, \bar{a}^2, \ldots, \bar{a}^d$ sind wegen der Minimalität von d paarweise verschieden. Außerdem sind sie sämtlich Nullstellen von $f \bmod p$. Nach Satz 1.6.4 ist daher $\{\bar{a}, \bar{a}^2, \ldots, \bar{a}^d\}$ die genaue Nullstellenmenge von f modulo p. Jede Restklasse der Ordnung d ist Nullstelle von f und somit von der Form $\bar{a}^i$, $1 \leq i \leq d$. Genau die Potenzen $\bar{a}^i$ mit $(i, d) = 1$ haben die Ordnung d. Das sieht man folgendermaßen ein: Ist $(i, d) > 1$, so ist $(\bar{a}^i)^{\frac{d}{(i,d)}} = \bar{a}^{\frac{i}{(i,d)}d} = (\bar{a}^d)^{\frac{i}{(i,d)}} = \bar{1}$, also $ord(\bar{a}^i) < d$. Gilt andererseits $(i, d) = 1$ und ist $(\bar{a}^i)^r = \bar{1}$, so ist $\bar{a}^{ir} = \bar{1}$, also $d \mid ir$ und folglich $d \mid r$. □

Definition 1.7.4. *Eine Restklasse $\bar{a} \in \mathbb{Z}/p\mathbb{Z}$ heißt* **primitive Wurzel modulo** p, *wenn $\bar{a}$ die (maximal mögliche) Ordnung $p - 1$ hat.*

Satz 1.7.5 (Gauß). *Sei d ein positiver Teiler von $p - 1$. Dann gibt es genau $\varphi(d)$ verschiedene prime Restklassen modulo p der Ordnung d. Insbesondere gibt es genau $\varphi(p - 1)$ verschiedene primitive Wurzeln modulo p.*

Beweis. Für $d \mid (p - 1)$ bezeichne $A(d)$ die Anzahl der primen Restklassen modulo p der Ordnung d. Jede prime Restklasse hat eine Ordnung, also gilt

$$\sum_{d \mid p-1} A(d) = p - 1.$$

Unter Ausnutzung von Lemma 1.7.3 und Satz 1.3.17 erhalten wir

$$p - 1 = \sum_{d \mid p-1} A(d) \leq \sum_{d \mid p-1} \varphi(d) = p - 1.$$

Also ist $A(d) = \varphi(d)$ für alle $d \mid (p - 1)$. Insbesondere gilt $A(p-1) = \varphi(p-1)$, d.h. es gibt genau $\varphi(p - 1)$ verschiedene primitive Wurzeln modulo p. □

Korollar 1.7.6. *Sei $\bar{a}$ eine primitive Wurzel modulo p. Dann durchläuft die Menge der Potenzen*

$$\bar{a}, \bar{a}^2, \ldots, \bar{a}^{p-1}$$

alle primen Restklassen modulo p. Mit anderen Worten: Jede prime Restklasse modulo p ist von der Form $\bar{a}^n$ für ein eindeutig bestimmtes n, $1 \leq n \leq p - 1$.

Beweis. Die primen Restklassen

$$\bar{a}, \bar{a}^2, \ldots, \bar{a}^{p-1}$$

sind paarweise verschieden: Ansonsten würde man durch Dividieren ein j, $1 \leq j \leq p - 2$, mit $\bar{a}^j = \bar{1}$ erhalten, was im Widerspruch dazu stünde, dass a primitive Wurzel ist. Es gibt aber nur $p - 1$ prime Restklassen und daher sind die angegebenen Restklassen bereits alle. □

Aufgabe 1. Sei p eine Primzahl. Wie viele verschiedene Funktionen

$$f : \mathbb{Z}/p\mathbb{Z} \longrightarrow \{0, +1, -1\}$$

mit der Eigenschaft $f(\bar{a}\bar{b}) = f(\bar{a})f(\bar{b})$ für alle a, b gibt es?

Aufgabe 2. Sei p eine Primzahl. Man zeige: Hat $\bar{a}$ in $\mathbb{Z}/p\mathbb{Z}$ die Ordnung 3, so hat $\overline{a+1}$ die Ordnung 6.

Hinweis: Man zeige zuerst die Kongruenz $(a+1)^2 \equiv a \bmod p$.

Kapitel 2

Das Quadratische Reziprozitätsgesetz

Das Quadratische Reziprozitätsgesetz (QRG) wurde von EULER vermutet und zuerst von GAUSS bewiesen. Es ist einer der wichtigsten Sätze der klassischen Zahlentheorie. Es setzt die Frage, ob eine Primzahl p quadratischer Rest modulo einer Primzahl q ist, in Beziehung zu der „reziproken" Frage, ob q quadratischer Rest modulo p ist. Ein solcher Zusammenhang ist erstaunlich und tiefliegend, da eine Aussage über Reste modulo q mit einer über Reste modulo p verknüpft wird. Das Quadratische Reziprozitätsgesetz ist von *globaler* Natur, d.h. nicht durch Rechnen mit Restklassen modulo einer festen Zahl zu verstehen. Ein tieferes Verständnis des QRG erhält man erst im Rahmen seiner modernen Verallgemeinerung, der sogenannten *Klassenkörpertheorie*, die z.B. in [Neu] behandelt wird.

2.1 Quadratische Reste modulo p

Im Folgenden bezeichne p stets eine von 2 verschiedene Primzahl.

Definition 2.1.1. *Eine ganze Zahl a (bzw. ihre Restklasse* $\mod p$*) heißt* **quadratischer Rest** *modulo p, wenn $p \nmid a$ und $\bar{a} = \bar{b}^2 \in \mathbb{Z}/p\mathbb{Z}$ für ein $b \in \mathbb{Z}$. Wenn $p \nmid a$ und a kein quadratischer Rest ist, dann heißt a* **quadratischer Nichtrest**.

Lemma 2.1.2. *Sind a und b quadratische Reste modulo p, so ist dies auch ab. Ist a quadratischer Rest und b quadratischer Nichtrest, so ist ab ein Nichtrest.*

Beweis. Zunächst ist mit a und b auch ab prim zu p. Ist $a \equiv c^2 \mod p$ und $b \equiv d^2 \mod p$, so gilt $ab \equiv (cd)^2 \mod p$, was die erste Aussage zeigt. Nun sei a quadratischer Rest und b quadratischer Nichtrest. Sei $a \equiv c^2 \mod p$. Wäre $ab \equiv e^2 \mod p$ für ein $e \in \mathbb{Z}$, so wäre $\bar{b} = \bar{a}^{-1}\overline{ab} = \bar{c}^{-2}\bar{e}^2 = (\bar{c}^{-1}\bar{e})^2$, und somit b ein quadratischer Rest. Widerspruch. $\square$

Definition 2.1.3. *Für* $a \in \mathbb{Z}$ *ist das* **Legendre-Symbol** $\left(\frac{a}{p}\right)$ *folgendermaßen definiert:*

$$\left(\frac{a}{p}\right) = \begin{cases} +1, & \text{wenn } a \text{ quadratischer Rest } \bmod p, \\ 0, & \text{wenn } p \mid a, \\ -1, & \text{wenn } a \text{ quadratischer Nichtrest } \bmod p. \end{cases}$$

Aus $a \equiv b \bmod p$ folgt offenbar $\left(\frac{a}{p}\right) = \left(\frac{b}{p}\right)$. Wir benutzen daher auch die Notation $\left(\frac{\bar{a}}{p}\right)$, d.h. wir fassen das Legendre-Symbol als Funktion auf den Restklassen modulo p auf. Wir sagen, eine ganze Zahl g sei primitive Wurzel modulo p, wenn ihre Restklasse $\bar{g} \in \mathbb{Z}/p\mathbb{Z}$ eine primitive Wurzel ist.

Lemma 2.1.4. *Sei g eine primitive Wurzel modulo p. Dann gilt für $r \in \mathbb{N}$*

$$\left(\frac{g^r}{p}\right) = (-1)^r.$$

Beweis. Zu zeigen ist: g^r ist quadratischer Rest $\iff 2 \mid r$.
($\Longrightarrow$): Sei $\bar{g}^r = \bar{h}^2$. Dann ist $\bar{h} = \bar{g}^n$ für ein n. Also ist $\bar{g}^r = \bar{g}^{2n}$. Nach Satz 1.7.2 gilt somit $p - 1 = ord(\bar{g}) \mid (r - 2n)$ und folglich ist r gerade.
($\Longleftarrow$): Ist r gerade, so gilt $\bar{g}^r = (\bar{g}^{r/2})^2$. $\qquad\square$

Korollar 2.1.5. *In $\mathbb{Z}/p\mathbb{Z}$ gibt es genau $\frac{p-1}{2}$ quadratische Reste und $\frac{p-1}{2}$ quadratische Nichtreste.*

Beweis. Nach Korollar 1.7.6 durchlaufen die Werte g^r, $r = 1, \ldots, p-1$, genau die primen Restklassen modulo p. Nach Lemma 2.1.4 sind die quadratischen Reste genau die Werte mit geradem Exponenten und die quadratischen Nichtreste genau die Werte mit ungeradem Exponenten. $\qquad\square$

Eine Quadratzahl n^2 ist offenbar quadratischer Rest modulo aller Primzahlen p mit $p \nmid n$. Für eine feste ganze Zahl a, die keine Quadratzahl ist, stellt sich die Frage, ob a quadratischer Rest (bzw. Nichtrest) modulo unendlich vieler Primzahlen ist. Wir werden diese Frage später positiv beantworten. Zunächst zeigen wir die Multiplikativität des Legendre-Symbols.

Satz 2.1.6.
$$\left(\frac{ab}{p}\right) = \left(\frac{a}{p}\right)\left(\frac{b}{p}\right).$$

Beweis. Es gilt die Implikation $p \mid ab \Longrightarrow p \mid a$ oder $p \mid b$. Daher ist die linke Seite der Gleichung genau dann gleich Null, wenn es die rechte ist. Sei g eine primitive Wurzel modulo p. Sind a und b nicht durch p teilbar, so existieren r, s mit $\bar{a} = \bar{g}^r$, $\bar{b} = \bar{g}^s$, und es gilt

$$\left(\frac{ab}{p}\right) = \left(\frac{g^{r+s}}{p}\right) = (-1)^{r+s} = (-1)^r(-1)^s = \left(\frac{g^r}{p}\right)\left(\frac{g^s}{p}\right) = \left(\frac{a}{p}\right)\left(\frac{b}{p}\right).$$

$\qquad\square$

Korollar 2.1.7. *Das Produkt zweier quadratischer Nichtreste ist ein quadratischer Rest.*

Beweis. Sind a und b quadratische Nichtreste, so gilt $\left(\frac{ab}{p}\right) = \left(\frac{a}{p}\right)\left(\frac{b}{p}\right) = (-1)(-1) = 1$. Daher ist ab quadratischer Rest. $\qquad\square$

Mit Hilfe des Legendre-Symbols können wir das Lösungsverhalten quadratischer Gleichungen modulo p angeben.

Satz 2.1.8. *Die quadratische Gleichung $X^2 + aX + b = 0$ hat modulo p*

- *genau zwei verschiedene Lösungen,* wenn $\left(\frac{a^2-4b}{p}\right) = +1$,

- *genau eine Lösung,* wenn $\left(\frac{a^2-4b}{p}\right) = 0$,

- *keine Lösung,* wenn $\left(\frac{a^2-4b}{p}\right) = -1$.

Beweis. Da p als ungerade vorausgesetzt ist, können wir Restklassen modulo p durch 2 teilen. Die gegebene Gleichung ist äquivalent zu

$$\left(X + \frac{a}{2}\right)^2 - \frac{a^2}{4} + b \equiv 0 \mod p$$

bzw. zu

$$(2X + a)^2 \equiv a^2 - 4b \mod p.$$

Hieraus folgt die Behauptung. $\qquad\square$

Wegen $p > 2$ sind die Restklassen modulo p der Zahlen -1, 0 und 1 paarweise verschieden. Daher ist das Legendre-Symbol bereits durch seine Restklasse modulo p eindeutig bestimmt. Diese berechnet sich wie folgt.

Satz 2.1.9 (Euler). *Für $a \in \mathbb{Z}$ gilt*

$$\overline{\left(\frac{a}{p}\right)} = \bar{a}^{\frac{p-1}{2}} \qquad \text{in } \mathbb{Z}/p\mathbb{Z}.$$

Beweis. Ist a durch p teilbar, so sind beide Seiten gleich Null. Also können wir $p \nmid a$ annehmen. Wegen $(\bar{a}^{\frac{p-1}{2}})^2 = \bar{a}^{p-1} = \bar{1}$ nimmt $\bar{a}^{\frac{p-1}{2}}$ nur die Werte $+\bar{1}, -\bar{1}$ an, und wir müssen zeigen: $\left(\frac{a}{p}\right) = 1 \iff \bar{a}^{\frac{p-1}{2}} = \bar{1}$.

($\Longrightarrow$): Ist $\left(\frac{a}{p}\right) = 1$, so ist $\bar{a} = \bar{b}^2$ für ein b. Also ist $\bar{a}^{\frac{p-1}{2}} = \bar{b}^{p-1} = \bar{1}$.

($\Longleftarrow$): Sei g eine primitive Wurzel und $\bar{a} = \bar{g}^r$. Dann ist $\bar{g}^{r\frac{p-1}{2}} = \bar{1}$, also $(p-1)|r\frac{p-1}{2}$, weshalb r gerade ist. Dann ist $\left(\frac{a}{p}\right) = (-1)^r = 1$. $\qquad\square$

2.2 Das Quadratische Reziprozitätsgesetz

Theorem 2.2.1 (Quadratisches Reziprozitätsgesetz). *Es seien* $p, q > 2$
Primzahlen. Dann gilt

$$\left(\frac{p}{q}\right) = (-1)^{\frac{p-1}{2}\frac{q-1}{2}} \left(\frac{q}{p}\right).$$

Mit anderen Worten: Ist eine der beiden Primzahlen p *und* q *kongruent 1
modulo 4, so gilt* $\left(\frac{p}{q}\right) = \left(\frac{q}{p}\right)$. *Im verbleibenden Fall gilt* $\left(\frac{p}{q}\right) = -\left(\frac{q}{p}\right)$.

Bevor wir das QRG beweisen, formulieren wir noch seine zwei sogenannten
Ergänzungssätze. Mit Hilfe des QRG und seiner Ergänzungssätze kann man
dann die Legendre-Symbole $\left(\frac{a}{p}\right)$ bequem ausrechnen.

Theorem 2.2.2 (1. Ergänzungssatz zum QRG).

$$\left(\frac{-1}{p}\right) = (-1)^{\frac{p-1}{2}}.$$

Mit anderen Worten: -1 *ist genau dann quadratischer Rest modulo einer
Primzahl* p, *wenn* p *kongruent 1 modulo 4 ist.*

Theorem 2.2.3 (2. Ergänzungssatz zum QRG).

$$\left(\frac{2}{p}\right) = (-1)^{\frac{p^2-1}{8}}.$$

Mit anderen Worten: 2 *ist genau dann quadratischer Rest modulo einer Primzahl* p, *wenn* p *kongruent* ± 1 *modulo 8 ist.*

Zum Beweis des QRG benötigen wir das sogenannte Gauß-Lemma. Sei

$$H = \left\{ \bar{1}, \bar{2}, \dots, \overline{\frac{p-1}{2}} \right\}.$$

Dann hat jedes Element aus $(\mathbb{Z}/p\mathbb{Z})^\times$ die Gestalt $\pm\bar{h}$ mit $\bar{h} \in H$. Sei nun $\bar{a} \in$
$(\mathbb{Z}/p\mathbb{Z})^\times$ ein fixiertes Element. Dann erhalten wir Gleichungen der folgenden
Form

$$\begin{aligned}
\bar{a} \cdot \bar{1} &= \varepsilon_1 \cdot \bar{h}_1, & \bar{h}_1 \in H, \varepsilon_1 \in \{+1, -1\} \\
\bar{a} \cdot \bar{2} &= \varepsilon_2 \cdot \bar{h}_2, & \bar{h}_2 \in H, \varepsilon_2 \in \{+1, -1\} \\
&\ \vdots & \vdots \\
\bar{a} \cdot \overline{\tfrac{p-1}{2}} &= \varepsilon_{\frac{p-1}{2}} \cdot \bar{h}_{\frac{p-1}{2}}, & \bar{h}_{\frac{p-1}{2}} \in H, \varepsilon_{\frac{p-1}{2}} \in \{+1, -1\}.
\end{aligned}$$

Lemma 2.2.4 (Gauß-Lemma). $\qquad \left(\dfrac{a}{p}\right) = \displaystyle\prod_{i=1}^{\frac{p-1}{2}} \varepsilon_i.$

Beweis. Zunächst zeigen wir, dass die $\bar{h}_i$ paarweise verschieden sind. Wäre nämlich $\bar{h}_i = \bar{h}_j$, so schließt man $\bar{a}^2 \bar{i}^2 = \bar{a}^2 \bar{j}^2$, also $\bar{i}^2 = \bar{j}^2$, also $\bar{i} = \pm \bar{j}$. Wegen $\bar{i}, \bar{j} \in H$ folgt $i = j$. Also taucht jedes Element aus H genau einmal als $\bar{h}_i$ auf, und wir erhalten

$$\bar{a}^{\frac{p-1}{2}} \cdot \prod_{i=1}^{\frac{p-1}{2}} \bar{i} = \prod_{i=1}^{\frac{p-1}{2}} \varepsilon_i \cdot \prod_{i=1}^{\frac{p-1}{2}} \bar{h}_i = \prod_{i=1}^{\frac{p-1}{2}} \varepsilon_i \cdot \prod_{i=1}^{\frac{p-1}{2}} \bar{i} \, .$$

Teilen wir beide Seiten durch $\prod_{i=1}^{\frac{p-1}{2}} \bar{i}$ und wenden Satz 2.1.9 an, erhalten wir

$$\overline{\left(\frac{a}{p}\right)} = \bar{a}^{\frac{p-1}{2}} = \overline{\left(\prod_{i=1}^{\frac{p-1}{2}} \varepsilon_i\right)} \quad \text{in } \mathbb{Z}/p\mathbb{Z},$$

was wegen $p \geq 3$ die Behauptung zeigt. $\qquad\qquad\qquad\qquad\qquad\qquad\qquad\square$

Beweis des QRG und seiner Ergänzungssätze.

1. Schritt: Satz 2.1.9 für $a = -1$ impliziert die Behauptung des 1. Ergänzungssatzes.

2. Schritt: Wir schreiben für $1 \leq i \leq \frac{p-1}{2}$

$$a \cdot i = \varepsilon_i \cdot h_i + e_i \cdot p$$

mit $1 \leq h_i \leq \frac{p-1}{2}$, $\varepsilon_i \in \{\pm 1\}$ und $e_i \in \mathbb{Z}$. Ist $\varepsilon_i = +1$, so gilt $2ai = 2h_i + 2e_i p$ und daher

$$\frac{2ai}{p} = \frac{2h_i}{p} + 2e_i.$$

Folglich gilt

$$\left[\frac{2ai}{p}\right] = 2e_i,$$

und $\left[\frac{2ai}{p}\right]$ ist in diesem Fall eine gerade ganze Zahl. Ist $\varepsilon_i = -1$, so gilt $2ai = p - 2h_i + (2e_i - 1)p$, und daher

$$\frac{2ai}{p} = \frac{p - 2h_i}{p} + 2e_i - 1.$$

Folglich gilt

$$\left[\frac{2ai}{p}\right] = 2e_i - 1,$$

und $\left[\frac{2ai}{p}\right]$ ist in diesem Fall eine ungerade ganze Zahl. Zusammen erhalten wir die Gleichung

$$\varepsilon_i = (-1)^{\left[\frac{2ai}{p}\right]}.$$

3. Schritt: Nach dem Gauß-Lemma (2.2.4) und Schritt 2 gilt

$$\left(\frac{a}{p}\right) = (-1)^{\sum_{i=1}^{p_1} \left[\frac{2ai}{p}\right]},$$

wobei $p_1 = \frac{p-1}{2}$ ist.

4. Schritt: Sei a ungerade. Dann gilt

$$\left(\frac{2a}{p}\right) = \left(\frac{2a+2p}{p}\right) = \left(\frac{4\frac{a+p}{2}}{p}\right) = \left(\frac{4}{p}\right)\left(\frac{\frac{a+p}{2}}{p}\right).$$

Beachtet man nun $\left(\frac{4}{p}\right) = 1$, so folgt unter Verwendung der wohlbekannten Formel für die Summe der ersten n natürlichen Zahlen aus Schritt 3 die Formel

$$\left(\frac{2a}{p}\right) = (-1)^{\sum_{i=1}^{p_1}\left[\frac{(a+p)i}{p}\right]}$$
$$= (-1)^{\sum_{i=1}^{p_1} i + \sum_{i=1}^{p_1}\left[\frac{ai}{p}\right]}$$
$$= (-1)^{\frac{p^2-1}{8}+\sum_{i=1}^{p_1}\left[\frac{ai}{p}\right]}.$$

Setzt man in dieser Gleichung $a = 1$, so erhält man die Aussage des 2. Ergänzungssatzes.

5. Schritt: Aus der Multiplikativität des Legendre-Symbols, dem 2. Ergänzungssatz und der letzten Gleichung in Schritt 4 erhält man für ungerades a die Gleichung

$$\left(\frac{a}{p}\right) = (-1)^{\sum_{i=1}^{p_1}\left[\frac{ai}{p}\right]}.$$

6. Schritt: Von nun an sei $a = q$ eine von p verschiedene Primzahl größer als 2 und $q_1 = \frac{q-1}{2}$. Wir setzen

$$S_1 = \#\left\{(i,j) \mid 1 \le i \le p_1, 1 \le j \le q_1, qi > pj\right\}$$
$$S_2 = \#\left\{(i,j) \mid 1 \le i \le p_1, 1 \le j \le q_1, qi < pj\right\}.$$

Weil stets $qi \ne pj$ ist, gilt

$$S_1 + S_2 = p_1 q_1.$$

Für ein fest gewähltes i ist $qi > pj$ äquivalent zu $j \le \left[\frac{qi}{p}\right]$. Also gilt

$$S_1 = \sum_{i=1}^{p_1}\left[\frac{qi}{p}\right].$$

Analog erhält man

$$S_2 = \sum_{j=1}^{q_1}\left[\frac{pj}{q}\right].$$

Zusammen mit Schritt 5 zeigt dies

$$\left(\frac{p}{q}\right)\left(\frac{q}{p}\right) = (-1)^{\left(\sum_{i=1}^{p_1}\left[\frac{qi}{p}\right]+\sum_{j=1}^{q_1}\left[\frac{pj}{q}\right]\right)} = (-1)^{(S_1+S_2)} = (-1)^{p_1 q_1},$$

und der Beweis des QRG ist erbracht. $\square$

Mit Hilfe dieser Sätze ist das Legendre-Symbol $\left(\frac{a}{p}\right)$ schnell ausgerechnet. Zum Beispiel:

$$\left(\frac{17}{19}\right) = \left(\frac{19}{17}\right) = \left(\frac{2}{17}\right) = +1$$

$$\left(\frac{21}{23}\right) = \left(\frac{3}{23}\right)\left(\frac{7}{23}\right) = (-1)\left(\frac{23}{3}\right)(-1)\left(\frac{23}{7}\right) = \left(\frac{2}{3}\right)\left(\frac{2}{7}\right) = (-1)(+1) = -1.$$

2.3 Primzahlen mit vorgegebener Restklasse II

Jetzt wenden wir das Quadratische Reziprozitätsgesetz an. Wir beginnen mit einem Lemma.

Lemma 2.3.1. *Für beliebiges $a \in \mathbb{Z}$ hat die Zahl $n = 4a^2 + 1$ nur Primteiler kongruent 1 modulo 4.*

Beweis. Zunächst ist n stets positiv und ungerade. Ist p ein Primteiler von n, so ist -1 quadratischer Rest modulo p. Nach dem ersten Ergänzungssatz zum QRG folgt $p \equiv 1 \bmod 4$. $\square$

Satz 2.3.2. *Es gibt unendlich viele Primzahlen kongruent 1 modulo 4.*

Beweis. Angenommen es gäbe nur endlich viele. Sei P ihr Produkt. Dann ist die Zahl $4P^2 + 1$ durch keine Primzahl kongruent 1 modulo 4 teilbar. Nach dem obigen Lemma hat sie aber nur solche Primteiler. Widerspruch. $\square$

Dieses Vorgehen kann verallgemeinert werden.

Satz 2.3.3. *Zu jeder ganzen Zahl $a \neq 0$ existieren unendlich viele Primzahlen p, so dass a quadratischer Rest modulo p ist.*

Beweis. Wir nehmen an, dass es nur endlich viele (ungerade) Primzahlen $p_1, \ldots, p_n$ mit $\left(\frac{a}{p_i}\right) = 1$ gäbe. Wir wählen eine ganze Zahl A prim zu a. Ist a ungerade, so wählen wir A gerade und umgekehrt. Ferner sei A so groß gewählt, dass die ganze Zahl

$$N = (p_1 \cdots p_n A)^2 - a$$

größer als 1 ist. Entsprechend unseren Wahlen ist N ungerade, durch keines der p_i teilbar und es gilt $(N, a) = 1$. Sei q ein Primteiler von N. Dann ist a quadratischer Rest modulo q. Widerspruch. $\square$

Satz 2.3.4. *Es gibt unendlich viele Primzahlen kongruent 1 modulo 3.*

Beweis. Nach dem letzten Satz gibt es unendlich viele Primzahlen p mit $\left(\frac{-3}{p}\right) = 1$. Daher folgt alles aus dem nächsten Lemma. $\square$

Lemma 2.3.5. *Eine ungerade Primzahl p ist genau dann $\equiv 1 \bmod 3$, wenn*

$$\left(\frac{-3}{p}\right) = 1.$$

Beweis. Zunächst ist $\left(\frac{-3}{3}\right) = 0$, so dass wir $p > 3$ annehmen können. Dann gilt

$$\left(\frac{-3}{p}\right) = \left(\frac{-1}{p}\right)\left(\frac{3}{p}\right) = (-1)^{\frac{p-1}{2}}(-1)^{\frac{p-1}{2}}\left(\frac{p}{3}\right) = \left(\frac{p}{3}\right).$$

Nun ist aber $\left(\frac{p}{3}\right) = +1 \iff p \equiv 1 \bmod 3$. $\square$

Satz 2.3.6. *Sei $a \in \mathbb{Z}$ kein Quadrat. Dann existieren unendlich viele Primzahlen p mit $\left(\frac{a}{p}\right) = -1$.*

Beweis. Sei zunächst $a = -1$. Nach dem 1. Ergänzungssatz zum QRG ist $\left(\frac{-1}{p}\right) = -1$ äquivalent zu $p \equiv -1 \bmod 4$. Nach Satz 1.5.2 gibt es unendlich viele solche Primzahlen. Im Fall $a = 2$ müssen wir nach dem 2. Ergänzungssatz zum QRG zeigen, dass es unendlich viele Primzahlen kongruent ± 3 modulo 8 gibt. Angenommen es gäbe nur endlich viele. Seien $p_1 = 3, p_2, \ldots, p_n$ diese Primzahlen und sei

$$N = 8p_2 \cdots p_n + 3.$$

Dann ist $N > 1$ ungerade und durch keines der p_i teilbar, d.h. N hat nur Primteiler kongruent $\pm 1 \bmod 8$. Das widerspricht $N \equiv 3 \bmod 8$. Daher gibt es unendlich viele Primzahlen p mit $\left(\frac{2}{p}\right) = -1$.

Im Fall $a = -2$ schließen wir so: Seien $p_1 = 5, p_2, \ldots, p_n$ alle ungeraden Primzahlen mit $\left(\frac{-2}{p}\right) = -1$ (das sind die kongruent $-1, -3 \bmod 8$). Sei

$$N = 8p_2 \cdots p_n + 5.$$

Dann ist $N > 1$ ungerade und durch keines der p_i teilbar. Daher hat N nur Primteiler kongruent $1, 3 \bmod 8$. Das widerspricht $N \equiv -3 \bmod 8$. Daher gibt es unendlich viele Primzahlen p mit $\left(\frac{-2}{p}\right) = -1$.

Da sich das Legendre-Symbol nicht ändert, wenn wir a um ein Quadrat abändern, können wir nun annehmen, dass $a = (-1)^\epsilon 2^e q_1 \cdots q_n$ mit paarweise verschiedenen ungeraden Primzahlen q_i und $n \geq 1$, $e, \epsilon \in \{0, 1\}$ gilt. Wir nehmen nun an, dass $p_1, \ldots, p_m$ alle Primzahlen mit $\left(\frac{a}{p}\right) = -1$ sind. Dann gilt insbesondere $p_i \neq q_j$ für beliebige i, j. Sei α ein quadratischer Nichtrest modulo q_n. Mit Hilfe des Chinesischen Restklassensatzes finden wir ein $N \in \mathbb{N}$ mit

$$
\begin{aligned}
N &\equiv 1 && \mod 8, \\
N &\equiv 1 && \mod p_1, \ldots, p_m, \\
N &\equiv 1 && \mod q_1, \ldots, q_{n-1}, \\
N &\equiv \alpha && \mod q_n.
\end{aligned}
$$

Sei

$$N = \ell_1 \cdots \ell_r$$

die Primfaktorzerlegung von N. Da N weder durch 2 noch durch eines der p_i oder q_i teilbar ist, sind die ℓ_i sämtlich ungerade und von den p_i und q_i verschieden. Daher gilt

$$\prod_i \left(\frac{a}{\ell_i}\right) = \prod_i \left(\frac{-1}{\ell_i}\right)^\epsilon \cdot \prod_i \left(\frac{2}{\ell_i}\right)^e \cdot \prod_{i,j} \left(\frac{q_j}{\ell_i}\right).$$

Wegen $N \equiv 1 \bmod 4$ ist eine gerade Anzahl der ℓ_i kongruent 1 modulo 4, weshalb der erste Faktor gleich 1 ist. Wegen $N \equiv 1 \bmod 8$ ist eine gerade Anzahl der ℓ_i kongruent ± 3 modulo 8. Also ist der zweite Faktor gleich 1. Für festes q_j gilt

$$\prod_i \left(\frac{q_j}{\ell_i}\right) = \prod_i \left(\frac{\ell_i}{q_j}\right).$$

Entsprechend unserer Wahl von N erhalten wir die Gleichung

$$\prod_i \left(\frac{a}{\ell_i}\right) = \prod_{i,j} \left(\frac{\ell_i}{q_j}\right) = \prod_j \left(\frac{N}{q_j}\right) = -1.$$

Daher muss $\left(\frac{a}{\ell_i}\right) = -1$ für mindestens ein i gelten. Widerspruch.   □

Aufgabe 1. Man zeige, dass es unendlich viele Primzahlen kongruent 5 modulo 6 gibt.

Aufgabe 2. Man zeige, dass es unendlich viele Primzahlen kongruent 1 modulo 6 gibt.

Aufgabe 3. Man zeige: Für jedes $a \in \mathbb{Z}$ hat die Zahl $n = 9a^2 + 3a + 1$ nur Primteiler kongruent 1 modulo 3.

2.4 Quadratsummen I

Wir wollen mit Hilfe des Quadratischen Reziprozitätsgesetzes Darstellungen von Primzahlen als Quadratsummen herleiten. Der folgende Satz ist ein Klassiker.

Satz 2.4.1 (Lagrange). *Eine ungerade Primzahl ist genau dann als Summe zweier Quadrate darstellbar, wenn sie kongruent 1 modulo 4 ist.*

Da die Summe zweier Quadrate stets $\equiv 0, 1, 2 \bmod 4$ ist, ist die gegebene Bedingung notwendig. Auch die Primzahlbedingung ist notwendig, wie das Beispiel der Zahl 21 zeigt (aber siehe Satz 4.4.1). Um die wesentlich tieferliegende Tatsache zu zeigen, dass die Bedingung auch hinreichend ist, brauchen wir den

Satz 2.4.2 (Satz von Thue). *Ist p eine Primzahl und sind e, f natürliche Zahlen mit $ef > p$, so existieren zu jedem $r \in \mathbb{Z}$ ganze Zahlen x, y mit $0 \le x < e$, $1 \le y < f$ und $(p, y) = 1$, so dass gilt*

$$r \equiv \pm\frac{x}{y} \mod p.$$

Beweis. Ist $e \ge p$, so finden wir zu $y = 1$ schon das gesuchte x. Ist $f \ge p$, so setzen wir $x = 0$, $y = 1$, falls $p | r$. Ansonsten ist $r \bmod p$ eine prime Restklasse und wir finden zu $x = 1$ ein passendes y. Daher können wir ohne Einschränkung annehmen, dass $e, f < p$ gilt. Wir betrachten die Differenzen

$$yr - x, \quad x = 1, \dots, e, \ y = 1, \dots, f.$$

Mindestens zwei dieser $ef > p$ Zahlen sind kongruent modulo p. Sei also $y_1 r - x_1 \equiv y_2 r - x_2 \bmod p$ mit $x_1 \ne x_2$ oder $y_1 \ne y_2$. Wäre $y_1 - y_2 \equiv 0$

mod p, dann wäre auch $x_1 - x_2 = r(y_1 - y_2) \equiv 0 \mod p$ und wegen $e, f < p$
erhielten wir $x_1 = x_2$, $y_1 = y_2$. Also ist $y_1 - y_2 \not\equiv 0 \mod p$. Nun ist

$$r \equiv \frac{x_1 - x_2}{y_1 - y_2} \equiv \pm \frac{|x_1 - x_2|}{|y_1 - y_2|}$$

und Zähler und Nenner des letzten Bruches liegen offensichtlich im geforderten
Bereich.   □

Beweis von Satz 2.4.1. Es verbleibt zu zeigen, dass die Bedingung hinreichend
ist, also sei $p \equiv 1 \mod 4$ eine Primzahl. Nach dem ersten Ergänzungssatz zum
QRG existiert ein $r \in \mathbb{Z}$ mit $r^2 \equiv -1 \mod p$. Wir setzen nun $e = f = [\sqrt{p}] + 1$
und wenden den Satz von Thue an. Da $\sqrt{p}$ keine ganze Zahl ist, existieren
$x, y \in \mathbb{Z}$, $0 \leq x < \sqrt{p}$, $1 \leq y < \sqrt{p}$, mit

$$r \equiv \pm \frac{x}{y} \mod p \quad \Longrightarrow \quad -1 \equiv r^2 \equiv \frac{x^2}{y^2} \mod p.$$

Also ist $x^2 + y^2 \equiv 0 \mod p$. Aber $0 < x^2 + y^2 < 2p$, also $x^2 + y^2 = p$.   □

In ganz analoger Weise zeigt man die folgende Aussage.

Satz 2.4.3. *Eine Primzahl $p > 3$ ist genau dann von der Form*

$$p = x^2 + 3y^2$$

mit ganzen Zahlen x und y, wenn $p \equiv 1 \mod 3$.

Beweis. Die Notwendigkeit der Bedingung ist klar. Ist $p \equiv 1 \mod 3$, dann
gilt nach Lemma 2.3.5 die Gleichung $\left(\frac{-3}{p}\right) = 1$, also existiert ein $r \in \mathbb{Z}$ mit
$r^2 \equiv -3 \mod p$. Wir setzen wieder $e = f = [\sqrt{p}] + 1$. Nach dem Satz von Thue
existieren $x, y \in \mathbb{Z}$, $0 \leq x < \sqrt{p}$, $1 \leq y < \sqrt{p}$, mit

$$r \equiv \pm \frac{x}{y} \mod p \quad \Longrightarrow \quad -3 \equiv r^2 \equiv \frac{x^2}{y^2} \mod p.$$

Also ist $x^2 + 3y^2 \equiv 0 \mod p$. Aber $0 < x^2 + 3y^2 < 4p$, also $x^2 + 3y^2 = cp$, mit
$c \in \{1, 2, 3\}$. Ist $c = 1$, sind wir fertig. Ist $c = 2$, betrachten wir die Gleichung
$x^2 + 3y^2 = 2p$ modulo 4. Die linke Seite nimmt nur die Werte $\bar{0}, \bar{1}, \bar{3}$ und die
rechte Seite nur den Wert $\bar{2}$ an. Also kann dieser Fall nicht auftreten. Bleibt
der Fall $c = 3$. Dann ist x durch 3 teilbar, $x = 3x'$. Dann gilt $y^2 + 3x'^2 = p$
und wir sind auch in diesem Fall fertig.   □

Eine etwas kompliziertere Variante dieser Art der Argumentation ergibt
die folgende Aussage.

Satz 2.4.4. *Eine Primzahl $p \neq 163$ hat genau dann eine Darstellung der Form*

$$p = x^2 + xy + 41y^2$$

mit ganzen Zahlen x, y, wenn p quadratischer Rest modulo 163 ist.

Bemerkung: $163 = (-1)^2 + (-1) \cdot 2 + 41 \cdot 2^2$.

Beweis. Ist p quadratischer Rest modulo 163, so ist $p \neq 2$ und es gilt

$$\left(\frac{-163}{p}\right) = \left(\frac{p}{163}\right) = 1.$$

Daher finden wir ein $r \in \mathbb{Z}$ mit $r^2 \equiv -163 \bmod p$. Jetzt wenden wir den Satz von Thue an und setzen $e = [\sqrt[4]{163}\sqrt{p}] + 1$ sowie $f = [(\sqrt[4]{163})^{-1}\sqrt{p}] + 1$. Dann erhalten wir $x, y \in \mathbb{Z}$, $0 \leq x < e$, $1 \leq y < f$ mit $x^2 + 163y^2 = cp$. Wegen $x^2 + 163y^2 < 2p\sqrt{163} < 26p$ folgt $c \in \{1, \ldots, 25\}$. Angenommen, c hätte einen ungeraden Primteiler q. Dann ist $q \in \{3, 5, 7, 11, 13, 17, 19, 23\}$. Wir berechnen

$$\left(\tfrac{-163}{3}\right) = \left(\tfrac{-1}{3}\right) = -1, \qquad \left(\tfrac{-163}{13}\right) = \left(\tfrac{6}{13}\right) = -1,$$

$$\left(\tfrac{-163}{5}\right) = \left(\tfrac{2}{5}\right) = -1, \qquad \left(\tfrac{-163}{17}\right) = \left(\tfrac{7}{17}\right) = \left(\tfrac{17}{7}\right) = \left(\tfrac{3}{7}\right) = -1,$$

$$\left(\tfrac{-163}{7}\right) = \left(\tfrac{-2}{7}\right) = -1, \qquad \left(\tfrac{-163}{19}\right) = \left(\tfrac{8}{19}\right) = \left(\tfrac{2}{19}\right) = -1,$$

$$\left(\tfrac{-163}{11}\right) = \left(\tfrac{2}{11}\right) = -1, \qquad \left(\tfrac{-163}{23}\right) = \left(\tfrac{-2}{23}\right) = -\left(\tfrac{2}{23}\right) = -1.$$

Also ist -163 kein quadratischer Rest modulo q und deshalb folgt aus $x^2 + 163y^2 \equiv 0 \bmod q$, dass $x \equiv y \equiv 0 \bmod q$. Mit $x = qx'$, $y = qy'$ folgt $q^2 | cp$ und wegen $\left(\frac{-163}{p}\right) = 1$ gilt $p \neq q$. Daher gilt $c = q^2 c'$ mit $c' \in \mathbb{Z}$. Wir erhalten $x'^2 + 163y'^2 = c'p$ und haben unser gegebenes c verkleinert. Infolge dessen können wir annehmen, dass c eine 2-Potenz ist, $c = 2^i$, $0 \leq i \leq 4$. Der Fall $i = 1$ kann nicht auftreten, was man modulo 8 einsieht, weil die Quadrate modulo 8 genau $\bar{0}, \bar{1}, \bar{4}$ sind. Daher kann $x^2 + 163y^2$ modulo 8 nur die Werte $\bar{0}, \bar{1}, \bar{3}, \bar{4}, \bar{5}, \bar{7}$ annehmen. Aber $2p$ ist stets kongruent 2 oder 6 modulo 8. Ist $i \geq 3$, so folgt aus $x^2 + 163y^2 \equiv x^2 + 3y^2 \equiv 0 \bmod 8$, dass $x^2 \equiv y^2 \equiv 0 \bmod 4$ gilt. Also sind x und y gerade, und wir können $c = 2^i$ durch $c' = 2^{i-2}$ ersetzen. Insgesamt haben wir nun eine Gleichung der Form

$$x^2 + 163y^2 = cp$$

mit $c \in \{1, 4\}$ erreicht. Indem wir gegebenenfalls x und y verdoppeln, erreichen wir eine Darstellung mit $c = 4$. Nun ist $x \equiv y \bmod 2$, d.h. $z = \frac{x-y}{2} \in \mathbb{Z}$ und wir erhalten die Gleichung $4p = (2z + y)^2 + 163y^2$, also

$$p = z^2 + zy + 41y^2.$$

Es bleibt die andere Richtung zu zeigen. Ist $p = x^2 + xy + 41y^2$, so ist $p \neq 2$ und es gilt

$$4p = (2x + y)^2 + 163y^2.$$

Also ist $4p \equiv (2x + y)^2 \bmod 163$ und für $p \neq 163$ folgt $\left(\frac{p}{163}\right) = \left(\frac{4p}{163}\right) = 1$. $\qquad \square$

Wir nennen eine ganze Zahl *Quadratzahl*, wenn sie das Quadrat einer ganzen Zahl ist, d.h. wir zählen die Zahl 0 mit zu den Quadratzahlen.

Theorem 2.4.5 (Lagrange). *Jede natürliche Zahl ist Summe von vier Quadratzahlen.*

Zentral für den Beweis ist die folgende Bemerkung, die besagt, dass das Produkt zweier Summen von vier Quadraten wieder eine Summe von vier Quadraten ist.

Lemma 2.4.6 (Euler-Identität). *Für* $x_1, x_2, x_3, x_4, y_1, y_2, y_3, y_4 \in \mathbb{Z}$ *gilt die Identität*

$$
\begin{aligned}
(x_1^2 + x_2^2 + x_3^2 + x_4^2)(y_1^2 + y_2^2 + y_3^2 + y_4^2) = \ & (x_1 y_1 + x_2 y_2 + x_3 y_3 + x_4 y_4)^2 \\
& + (x_1 y_2 - x_2 y_1 + x_3 y_4 - x_4 y_3)^2 \\
& + (x_1 y_3 - x_2 y_4 - x_3 y_1 + x_4 y_2)^2 \\
& + (x_1 y_4 + x_2 y_3 - x_3 y_2 - x_4 y_1)^2.
\end{aligned}
$$

Zum Beweis ist nichts zu sagen, man multipliziert einfach aus. Ihren Ursprung hat diese Gleichung in den Quaternionen. Eine **Quaternion** (oder auch **hyperkomplexe Zahl**) ist ein Ausdruck der Form $z = x_1 + x_2 i + x_3 j + x_4 k$, wobei x_1, x_2, x_3, x_4 reelle Zahlen und i, j, k Symbole sind, die den Rechenregeln $-1 = i^2 = j^2 = k^2$ und $ij = -ji = k$, $jk = -kj = i$ und $ki = -ik = j$ genügen. Die Norm einer Quaternion ist durch $N(z) = x_1^2 + x_2^2 + x_3^2 + x_4^2$ definiert und die obige Identität entspricht genau dem Multiplikationsgesetz $N(z)N(z') = N(zz')$ für die Quaternionennorm.

Beweis von Theorem 2.4.5. Wegen der Euler-Identität genügt es zu zeigen, dass jede Primzahl Summe von vier Quadratzahlen ist. Sei p eine Primzahl, die wir ohne Einschränkung als ungerade annehmen können. Es gibt $(p+1)/2$ Quadrate modulo p, also auch genauso viele Restklassen der Form $-1-x^2$. Da es insgesamt nur p verschiedene Restklassen gibt, muss unter diesen wenigstens ein Quadrat sein, d.h. die Gleichung $x^2 + y^2 + 1 = 0$ hat eine Lösung modulo p. Wählen wir Repräsentanten x, y mit $-p/2 < x, y < p/2$, so folgt

$$
0 < x^2 + y^2 + 1 < 3\left(\frac{p}{2}\right)^2 < p^2.
$$

Also gibt es ein $n \in \mathbb{N}$, $n < p$, so dass np Summe von drei, also insbesondere auch von vier Quadraten ist. Sei m die kleinste natürliche Zahl, so dass mp Summe von vier Quadraten ist. Offenbar gilt $m < p$. Wir zeigen $m = 1$. Angenommen m wäre echt größer als 1 und

$$
mp = x_1^2 + x_2^2 + x_3^2 + x_4^2. \tag{$*$}
$$

Sei nun $x_i \equiv y_i \bmod m$ mit $-m/2 < y_i \leq m/2$ für $i = 1, 2, 3, 4$. Dann gilt $y_1^2 + y_2^2 + y_3^2 + y_4^2 \equiv 0 \bmod m$, also existiert ein $r \in \mathbb{Z}$, $r \geq 0$, mit

$$
rm = y_1^2 + y_2^2 + y_3^2 + y_4^2. \tag{$**$}
$$

Wegen $y_1^2 + y_2^2 + y_3^2 + y_4^2 \leq m^2/4 + m^2/4 + m^2/4 + m^2/4 = m^2$, gilt $r \leq m$. Multiplizieren wir die Gleichungen $(*)$ und $(**)$, so erhalten wir eine Darstellung von rpm^2 als Summe von vier Quadraten

$$rpm^2 = A^2 + B^2 + C^2 + D^2, \qquad (\ast\ast\ast)$$

wobei A, B, C und D gerade die Terme auf der rechten Seite der Euler-Identität sind. Wegen $x_i \equiv y_i \bmod m$ sind B, C und D durch m teilbar. Außerdem gilt

$$A = x_1 y_1 + x_2 y_2 + x_3 y_3 + x_4 y_4 \equiv x_1^2 + x_2^2 + x_3^2 + x_4^2 = mp \equiv 0 \bmod m.$$

Folglich ist auch $rp = (A/m)^2 + (B/m)^2 + (C/m)^2 + (D/m)^2$ Summe von vier Quadraten. Wir zeigen nun, dass r weder gleich 0 noch gleich m sein kann:

Aus $r = 0$ folgt $y_1 = y_2 = y_3 = y_4 = 0$. Daher sind x_1, x_2, x_3, x_4 durch m teilbar und $(\ast\ast)$ impliziert $m^2 | mp$, also $m | p$.

Aus $r = m$ folgt $y_i = m/2$ für $i = 1, 2, 3, 4$, insbesondere ist m gerade. Es gilt $x_i = m/2 + c_i m$ mit $c_i \in \mathbb{Z}$, $i = 1, 2, 3, 4$. Wir erhalten $x_i^2 = m^2/4 + c_i m^2 + c_i^2 m^2 \equiv m^2/4 \bmod m^2$. Durch Aufsummieren folgt $mp = x_1^2 + x_2^2 + x_3^2 + x_4^2 \equiv m^2 \bmod m^2$, woraus wieder $m | p$ folgt.

In beiden Fällen haben wir $m | p$ erhalten, was, da p eine Primzahl ist, im Widerspruch zu $1 < m < p$ steht. Daher gilt $1 \le r \le m - 1$. Dies steht wiederum im Widerspruch zur Minimalität von m. Die Annahme $m > 1$ ist damit zum Widerspruch geführt. Es folgt $m = 1$, und der Beweis ist beendet. $\qquad\square$

Schlussbemerkung: Wir haben gezeigt, dass jede natürliche Zahl Summe von vier Quadraten ist. Der Beweis benutzte zum einen die entsprechende Aussage über Primzahlen und zum anderen die von den Quaternionen herkommende Euler-Identität. Die Normgleichung $N(z)N(z') = N(zz')$ für komplexe Zahlen $z = x_1 + ix_2$, $z' = y_1 + iy_2$ impliziert die Identität

$$(x_1^2 + x_2^2)(y_1^2 + y_2^2) = (x_1 y_2 + x_2 y_1)^2 + (x_1 y_1 - x_2 y_2)^2,$$

und zeigt uns, dass auch das Produkt von Summen zweier Quadrate wieder Summe zweier Quadrate ist. Nach Satz 2.4.1 ist daher jedes Produkt von Primzahlen inkongruent 3 modulo 4 Summe zweier Quadrate. Um alle natürlichen Zahlen zu bestimmen, die Summe zweier Quadrate sind, brauchen wir allerdings mehr Einsicht. Hier wird uns die Arithmetik der Gaußschen Zahlen weiterhelfen (siehe Abschnitt 4.4). Die Frage, welche natürlichen Zahlen sich als Summe dreier Quadrate darstellen lassen, lässt sich nicht durch Normgleichungen behandeln. Sie wird im allgemeinen Kontext quadratischer Formen erst in Abschnitt 10.6 beantwortet.

Aufgabe: Eine ungerade Primzahl p ist genau dann von der Form $p = x^2 + 2y^2$ mit ganzen Zahlen x und y, wenn p kongruent 1 oder 3 modulo 8 ist.

Hinweis: Man benutze die Äquivalenz $\left(\frac{-2}{p}\right) = +1 \Longleftrightarrow p \equiv 1, 3 \bmod 8$.

Kapitel 3

Diophantische Gleichungen

Diophantische Gleichungen sind Polynomgleichungen mit ganzen (oder rationalen) Koeffizienten, bei denen man nach ganzzahligen (oder rationalen) Lösungen sucht.

3.1 Hindernisse

Manchmal ist es einfach festzustellen, dass eine Gleichung keine ganzzahligen Lösungen besitzt, weil es ein offensichtliches Hindernis gegen die Existenz von Lösungen gibt. Im Wesentlichen sind dies zwei Arten von Hindernissen.

Reelle Hindernisse: *Hat eine Gleichung keine reellen Lösungen, so hat sie auch keine rationalen und keine ganzzahligen Lösungen.*

Zum Beispiel hat die Gleichung
$$X^2 + XY + Y^2 + 1 = 0$$
wegen $X^2 + XY + Y^2 + 1 = (X + \frac{1}{2}Y)^2 + \frac{3}{4}Y^2 + 1 > 0$ keine reellen Lösungen. Bei sehr einfach gebauten Gleichungen (z.B. Polynomen in einer Variablen) kann man manchmal auch (Zwischenwertsatz) die Bereiche eingrenzen, in denen sich die reellen Nullstellen befinden. Liegt in diesen Bereichen keine ganze Zahl, so gibt es keine ganzzahligen Lösungen. Ein Beispiel hierfür ist die Gleichung
$$f(X) = 2X^3 + 5X^2 - 1 = 0.$$
Wegen $f(-3) = -10$, $f(-2) = 3$, $f(-1) = 2$, $f(0) = -1$ und $f(1) = 6$ liegen die drei Lösungen in den offenen Intervallen $(-3, -2)$, $(-1, 0)$ und $(0, 1)$ und können daher nicht ganzzahlig sein. Auf diese Art kann man natürlich niemals die Existenz rationaler Lösungen ausschließen.

Grundsätzlich verschieden zu den reellen Hindernissen sind die

Hindernisse modulo m: *Hat eine Gleichung keine Lösungen modulo einer natürlichen Zahl m, so hat sie auch keine ganzzahligen Lösungen.*

Dies wendet sich zum Beispiel auf die Gleichung $X^2 + 3Y^2 = 23242$ an, die keine Lösung modulo 4 hat.

Im Folgenden werden wir die Phrase ‚fast alle' oder ‚fast jede' als Synonym für ‚alle bis auf endlich viele' verwenden. So sagen wir beispielsweise, dass eine Gleichung Lösungen modulo fast jeder Primzahl hat, wenn es höchstens endlich viele Primzahlen gibt, modulo derer die Gleichung keine Lösungen besitzt. Ein Beispiel, in dem das Ausbleiben von Hindernissen schon hinreichend für die Existenz von ganzzahligen Lösungen ist, ist das folgende.

Satz 3.1.1. *Für $a \in \mathbb{Z}$ hat die Gleichung*

$$X^2 - a = 0$$

genau dann eine ganzzahlige Lösung, wenn sie eine Lösung modulo fast jeder Primzahl hat.

Beweis. Wäre die Gleichung in $\mathbb{Z}$ nicht lösbar, so gäbe es nach Satz 2.3.6 unendlich viele Primzahlen p mit $\left(\frac{a}{p}\right) = -1$. Das bedeutet aber, dass die Gleichung keine Lösungen modulo p für unendlich viele Primzahlen p hat. $\square$

Allerdings gibt es, wie wir bald sehen werden, Gleichungen, bei denen es kein direktes Hindernis gegen die Existenz ganzzahliger Lösungen gibt, die aber trotzdem keine solchen Lösungen haben. Der Nachweis der Nichtexistenz fordert dann aber deutlich mehr mathematische Einsicht.

Üblicherweise ist man an der Existenz simultaner Lösungen einer endlichen Anzahl $f_1 = 0, \ldots, f_n = 0$ ganzzahliger Polynomgleichungen in einer oder vor allem auch mehreren Variablen interessiert. Nun kann es sein, dass man eine Anzahl simultaner ganzzahliger Lösungen gefunden hat und nachweisen will, dass dies alle sind. Ein hinreichendes Kriterium ist das folgende.

Lemma 3.1.2. *Sei*

$$f_1(X_1, \ldots, X_r) = 0$$
$$\vdots \qquad \vdots \vdots$$
$$f_n(X_1, \ldots, X_r) = 0$$

ein System ganzzahliger diophantischer Gleichungen, d.h. $f_1, \ldots, f_n$ sind Polynome mit Koeffizienten in $\mathbb{Z}$, und sei k eine natürliche Zahl. Angenommen, es gibt zu jeder natürlichen Zahl N eine natürliche Zahl $m > N$, so dass das gegebene Gleichungssystem modulo m höchstens k verschiedene Lösungen besitzt. Dann hat das Gleichungssystem auch höchstens k verschiedene ganzzahlige Lösungen.

Beweis. Seien $(x_i^{(i)}, x_2^{(i)}, \ldots, x_r^{(i)})$, $i = 1, \ldots, k+1$, verschiedene ganzzahlige Lösungen. Dann sind diese für hinreichend großes m auch modulo m verschieden und geben also $k+1$ verschiedene Lösungen modulo m. Wir wissen aber, dass es beliebig große m gibt, so dass höchstens k verschiedene Lösungen modulo m existieren. Widerspruch. $\square$

Aufgabe 1. Man zeige, dass für $p = 2, 3, 5$ die Fermat-Gleichung
$$X^p + Y^p = Z^p$$
keine ganzzahlige Lösung (x, y, z) mit $p \nmid xyz$ besitzt.

Aufgabe 2. Man betrachte die folgenden Beweise für die Irrationalität von $\sqrt{2}$ und lege sich Rechenschaft darüber ab, welche Art von Hindernis benutzt wird.

Beweis 1: Wäre $\sqrt{2} \in \mathbb{Q}$, so gäbe es ein minimales ganzes $k \geq 1$ mit $k\sqrt{2} \in \mathbb{Z}$. Wir betrachten die ganze Zahl $\ell = (\sqrt{2} - 1)k$. Wegen $0 < \sqrt{2} - 1 < 1$ ist $1 \leq \ell < k$ und es gilt $\ell\sqrt{2} = 2k - k\sqrt{2} \in \mathbb{Z}$. Widerspruch.

Beweis 2: Angenommen,, $\sqrt{2} = a/b$, $a, b \in \mathbb{Z}$. Durch Kürzen des Bruches erreichen wir, dass a oder b ungerade ist. Durch Quadrieren erhalten wir $2b^2 = a^2$. Also ist a gerade und b ungerade. Nun ist $b^2 \equiv 1 \bmod 4$ und die Gleichung $2 = X^2$ hat keine Lösungen modulo 4. Widerspruch.

Beweis 3: Angenommen, $\sqrt{2} = a/b$, $a, b \in \mathbb{Z}$, und es sei p eine Primzahl mit $p \equiv \pm 3 \bmod 8$. Durch Kürzen des Bruches erreichen wir, dass a oder b nicht durch p teilbar ist. Durch Quadrieren erhalten wir $2b^2 = a^2$. Also sind a und b nicht durch p teilbar. Nach dem zweiten Ergänzungssatz zum QRG ist 2 kein quadratischer Rest modulo p. Nach Lemma 2.1.2 ist folglich auch a^2 kein quadratischer Rest modulo p. Widerspruch.

Aufgabe 3. Ist p eine Primzahl mit $p \equiv \pm 1 \bmod 8$, so gibt es kein Hindernis modulo p gegen die Existenz einer Quadratwurzel aus 2. Kann es ein Hindernis modulo p^2 geben?

3.2 Lineare Gleichungssysteme

Wir betrachten nun ein lineares Gleichungssystem der Form
$$
\begin{aligned}
a_{11}X_1 + \cdots + a_{1m}X_m &= b_1 \\
a_{21}X_1 + \cdots + a_{2m}X_m &= b_2 \\
&\ \ \vdots \qquad \vdots \ \vdots \\
a_{n1}X_1 + \cdots + a_{nm}X_m &= b_n
\end{aligned}
\tag{S}
$$
mit ganzen Zahlen a_{ij}, b_i.

Wir suchen nun nach ganzzahligen Lösungen des Systems (S), d.h. nach Lösungen $(x_1, \ldots, x_m) \in \mathbb{Z}^m$. Im Fall $n = m = 1$ ist das einfach: Die Gleichung $aX = b$ ist genau dann lösbar, wenn b durch a teilbar ist. Am einfachsten wäre es, wenn ein lineares Gleichungssystem genau dann eine ganzzahlige

Lösung hätte, wenn es eine Lösung in $\mathbb{R}$ und eine Lösung modulo p für jede Primzahl p hätte. Das ist aber nicht richtig, wie man am Beispiel der Gleichung

$$p^2 X = p$$

sieht, die ja offensichtlich keine ganzzahlige Lösung aber eine eine Lösung in $\mathbb{R}$ und eine Lösung modulo jeder Primzahl hat. Wir müssen daher Hindernisse modulo beliebiger Primpotenzen oder, was auf das gleiche hinausläuft, modulo beliebiger natürlicher Zahlen betrachten. Tun wir das, ist sogar das reelle Hindernis entbehrlich:

Satz 3.2.1. *Das lineare Gleichungssystem (S) hat genau dann eine ganzzahlige Lösung, wenn es eine Lösung modulo jeder natürlichen Zahl hat.*

Zum Beweis des Satzes vereinfachen wir das Gleichungssystem, d.h. wir formen es zu einem anderen („äquivalenten") Gleichungssystem um, dessen Lösungen sich auf einfache Weise aus den Lösungen des ursprünglichen Systems ergeben und umgekehrt. Erlaubte Umformungen der $n \times (m+1)$-Matrix

$$\begin{pmatrix} a_{11} & \cdots & a_{1m} & b_1 \\ a_{21} & \cdots & a_{2m} & b_2 \\ \vdots & \ddots & \vdots & \vdots \\ a_{n1} & \cdots & a_{nm} & b_n \end{pmatrix}$$

sind die folgenden:

1) Vertausche zwei Zeilen (nichts passiert).

2) Multipliziere eine Zeile mit -1 (nichts passiert).

3) Ziehe für $i \neq j$ ein ganzzahliges Vielfaches der i-ten Zeile von der j-ten Zeile ab (nichts passiert).

4) Vertausche für $1 \leq i < j \leq m$ die i-te mit der j-ten Spalte (entspricht der Substitution $X_i \to X_j$, $X_j \to X_i$).

5) Ziehe für $1 \leq i, j \leq m$, $i \neq j$, ein ganzzahliges Vielfaches der i-ten Spalte von der j-ten Spalte ab (entspricht der Substitution $X_j \to X_j - aX_i$).

Lemma 3.2.2. *Mit Hilfe der Umformungen 1) – 5) kann man jede gegebene Matrix in eine Matrix der Form*

$$\begin{pmatrix} e_1 & 0 & \cdots & 0 & 0 & \cdots & 0 & c_1 \\ 0 & e_2 & \cdots & 0 & 0 & \cdots & 0 & c_2 \\ \vdots & & \ddots & & & \vdots & & \vdots \\ 0 & 0 & \cdots & e_r & 0 & \cdots & 0 & c_r \\ 0 & 0 & \cdots & 0 & 0 & \cdots & 0 & c_{r+1} \\ \vdots & & \ddots & & & \ddots & & \vdots \\ 0 & 0 & \cdots & 0 & 0 & \cdots & 0 & c_n \end{pmatrix}$$

mit $0 \leq r \leq \min(n, m)$, einander sukzessive teilenden natürlichen Zahlen $e_1 \mid e_2 \mid \cdots \mid e_r$ und ganzen Zahlen $c_1, \ldots, c_n$ umwandeln.

Bevor wir das Lemma beweisen, zeigen wir, wie sich der Satz daraus ableitet.

Beweis von Satz 3.2.1. Hat das lineare Gleichungssystem (S) eine ganzzahlige Lösung, so hat es auch Lösungen modulo N für jedes $N \in \mathbb{N}$. Um die
nichttriviale Aussage zu beweisen, formen wir das System in ein äquivalentes
System um, dessen Matrix die in Lemma 3.2.2 beschriebene Form hat. Die
Existenz einer Lösung modulo N impliziert $c_{r+1} \equiv \cdots \equiv c_n \equiv 0 \bmod N$ und,
weil N beliebig war, folgt $c_{r+1} = \cdots = c_n = 0$. Ist $r = 0$, so beendet dies
den Beweis. Sei nun $r \geq 1$. Wegen der Existenz einer Lösung modulo e_i erhalten wir $c_i \equiv 0 \bmod e_i$ für $1 \leq i \leq r$. Hieraus erhalten wir eine ganzzahlige
Lösung.   □

Beweis von Lemma 3.2.2. Wir bringen mit Hilfe der Operationen 1)–5) den
Teil der Matrix, der von den a_{ij} gebildet wird, auf die gewünschte Form. Bei
Umformungen der Art 1)–3) müssen wir auch die rechte Spalte entsprechend
mit umformen. Sind alle $a_{ij} = 0$, ist nichts zu tun. Ansonsten erreichen wir
durch Zeilen- und Spaltenvertauschungen, dass links oben der betragsmäßig
kleinste Wert ungleich Null steht, d.h. $a_{11} \neq 0$ und $|a_{11}| \leq |a_{ij}|$ für alle i, j mit
$a_{ij} \neq 0$. Ist nun eines der von Null verschiedenen Elemente der ersten Spalte nicht durch a_{11} teilbar, so erreichen wir durch Abziehen eines Vielfachen
der ersten Zeile einen kleineren Absolutbetrag an dieser Stelle und bringen
durch Zeilenvertauschung diesen Wert nach links oben. Bei jedem Schritt ver-
ringert sich der Absolutbetrag von a_{11}. Nach endlich vielen Schritten sind
alle von Null verschiedenen Elemente der ersten Spalte durch a_{11} teilbar und
durch Abziehen von Vielfachen der ersten Zeile erreichen wir $a_{i1} = 0$, für
$i = 2, \ldots, n$. Mit Hilfe des analogen Prozesses erreichen wir dann auch $a_{1j} = 0$,
für $j = 2, \ldots, m$.

Ist nun eines der a_{ij}, $2 \leq i \leq n$, $2 \leq j \leq m$, nicht durch a_{11} teilbar,
so addieren wir die erste Spalte zur j-ten und ziehen dann ein geeignetes
Vielfaches der ersten Zeile von der i-ten ab, um an der Stelle a_{ij} ein von Null
verschiedenes Element zu erhalten, das betragsmäßig kleiner als a_{11} ist. Dies
bringen wir nach links oben und räumen dann wieder die erste Spalte und
Zeile aus. Nach endlich vielen Schritten erhalten wir eine Matrix mit $a_{11} \neq 0$,
$a_{1j} = 0$ für $2 \leq j \leq m$, $a_{i1} = 0$ für $2 \leq i \leq n$ und $a_{11}|a_{ij}$ für alle i, j. Falls
a_{11} negativ ist, multiplizieren wir noch die erste Zeile mit -1. Dann machen
wir in gleicher Weise mit der Manipulation der Restmatrix weiter, die durch
Streichen der ersten Zeile und Spalte entsteht. Alle Manipulationen an dieser
Restmatrix ändern nichts daran, dass ihre Einträge sämtlich durch a_{11} teilbar
sind. Jetzt gehen wir induktiv voran. Am Ende dieses Prozesses bekommt die
Matrix die gewünschte Form.   □

Die Frage nach rationalen Lösungen ist nun einfach zu beantworten. Wir
erhalten die beiden folgenden Kriterien.

Satz 3.2.3. *Das lineare Gleichungssystem (S) hat genau dann eine rationale
Lösung, wenn es eine reelle Lösung hat.*

Beweis. Hat das lineare Gleichungssystem (S) eine rationale Lösung, so hat es auch eine reelle Lösung. Um die nichttriviale Aussage zu beweisen, formen wir das System in ein äquivalentes System um, dessen Matrix die in Lemma 3.2.2 beschriebene Form hat. Hinreichend und notwendig für die Existenz reeller, wie auch rationaler Lösungen ist dann die Bedingung $c_{r+1} = \cdots = c_n = 0$. $\square$

Bemerkung: Satz 3.2.3 bleibt richtig, wenn wir im Gleichungssystem (S) rationale Koeffizienten erlauben. Wir können nämlich das Gleichungssystem mit einer geeigneten natürlichen Zahl multiplizieren, um ein äquivalentes System mit ganzzahligen Koeffizienten zu erhalten. Auch kann man in der Aussage von Satz 3.2.3 die reellen Zahlen durch einen beliebigen *Körper* (siehe Abschnitt 4.1) ersetzen, der die rationalen Zahlen enthält. Der Beweis bleibt wörtlich der gleiche.

Satz 3.2.4. *Das lineare Gleichungssystem (S) hat genau dann eine rationale Lösung, wenn für unendlich viele Primzahlen p eine Lösung modulo p existiert.*

Beweis. Das Gleichungssystem (S) habe die rationale Lösung $(x_1, \ldots, x_m)$. Wir wählen $N \in \mathbb{N}$ mit $(Nx_1, \ldots, Nx_m) \in \mathbb{Z}^m$. Sei p eine Primzahl mit $(p, N) = 1$. Dann existiert ein $M \in \mathbb{Z}$ mit $NM \equiv 1 \bmod p$. Eine Lösung von (S) modulo p ist dann durch das Tupel $(MNx_1, \ldots, MNx_m) \in \mathbb{Z}^m$ gegeben. Also hat (S) eine Lösung modulo fast jeder Primzahl, insbesondere modulo unendlich vieler Primzahlen. Wir nehmen nun an, dass (S) eine Lösung modulo p für unendlich viele Primzahlen p hat. Wir formen das System in ein äquivalentes System um, dessen Matrix die in Lemma 3.2.2 beschriebene Form hat. Die Existenz einer Lösung modulo p impliziert $c_{r+1} \equiv \cdots \equiv c_n \equiv 0 \bmod p$. Da diese Kongruenz für unendlich viele Primzahlen p erfüllt ist, folgt $c_{r+1} = \cdots = c_n = 0$. Daher existiert eine rationale Lösung. $\square$

3.3 Diophantische Gleichungen modulo p

Wir betrachten ein System diophantischer Gleichungen

$$f_1(X_1, \ldots, X_r) = 0$$
$$\vdots \qquad \vdots \qquad \vdots \qquad\qquad (S)$$
$$f_n(X_1, \ldots, X_r) = 0$$

mit ganzzahligen Polynomen $f_i \in \mathbb{Z}[X_1, \ldots, X_r]$, und suchen nach simultanen Lösungen modulo einer Primzahl p. Infolge dessen können wir die Koeffizienten der Polynome f_i auch als Elemente in $\mathbb{Z}/p\mathbb{Z}$ auffassen, weil das Ersetzen eines Polynoms f_i durch ein Polynom $g_i \equiv f_i \bmod p$ die Lösungsmenge modulo p invariant lässt. Das heißt, wir sehen die f_i als Elemente von $\mathbb{Z}/p\mathbb{Z}[X_1, \ldots, X_r]$ an und lassen insbesondere Monome, deren Koeffizient durch p teilbar ist, weg. Die Lösungsmenge $L(S)$ modulo p ist eine Teilmenge von $(\mathbb{Z}/p\mathbb{Z})^r$.

Bezeichnen wir mit $A(S)$ die Mächtigkeit von $L(S)$, so gilt trivialerweise

$$0 \leq A(S) \leq p^r.$$

Für ein Monom der Form $X_1^{\mu_1} X_2^{\mu_2} \cdots X_r^{\mu_r}$ heiße $\mu = \mu_1 + \cdots + \mu_r$ der **Grad des Monoms**. Für ein Polynom f ist der Grad als das Maximum der Grade der in f auftretenden Monome definiert.

Unser nächstes Ziel ist der Satz von Chevalley-Warning, welcher eine Aussage über $A(S)$ macht, wenn in (S) vergleichsweise „viele" Variablen auftauchen.

Theorem 3.3.1 (Chevalley-Warning). *Es seien von Null verschiedene Polynome $f_1, \ldots, f_n \in \mathbb{Z}/p\mathbb{Z}[X_1, \ldots, X_r]$ gegeben. Ist $\sum_{i=1}^{n} grad(f_i) < r$, so gilt für die Anzahl $A(S)$ der Lösungen des Gleichungssystems (S) in $(\mathbb{Z}/p\mathbb{Z})^r$ die Kongruenz*

$$A(S) \equiv 0 \mod p.$$

Wir werden das Theorem im Verlauf des Abschnitts beweisen. Zunächst geben wir ein Korollar an.

Korollar 3.3.2. *Sind die konstanten Terme von $f_1, \ldots, f_n$ sämtlich gleich 0 und gilt $\sum_{i=1}^{n} grad(f_i) < r$, so hat das System (S) in $\mathbb{Z}/p\mathbb{Z}$ eine von $(0, \ldots, 0)$ verschiedene, d.h. eine nichttriviale Lösung.*

Beweis. Weil es die triviale Lösung $(0, \ldots, 0)$ gibt, gilt $A(S) \geq 1$. Außerdem ist $A(S)$ durch p teilbar, weshalb es mindestens noch $p - 1$ weitere Lösungen geben muss. □

Beispiel: Die Gleichung $X_1^2 + X_2^2 + X_3^2 = 0$ hat eine nichttriviale Lösung modulo jeder Primzahl p.

Nun beweisen wir Theorem 3.3.1. Zunächst betrachten wir für jedes $u \in \mathbb{N}$ das Monom X^u (also eine Variable, Grad u). Wir setzen die übliche Konvention, dass X^0 das konstante Monom 1 ist.

Lemma 3.3.3. *Die Summe*

$$s(X^u) := \sum_{x \in \mathbb{Z}/p\mathbb{Z}} x^u$$

ist gleich 0 für $u = 0$ und wenn $u \geq 1$ und nicht durch $p - 1$ teilbar ist. Für $u \geq 1$ und $(p-1) \mid u$ ist die Summe gleich -1.

Beweis. Für $u = 0$ gilt offensichtlich $\sum_{x \in \mathbb{Z}/p\mathbb{Z}} x^u = p \cdot 1 = 0$. Ist $u = (p-1)v$ mit $v \geq 1$, so gilt

$$\sum_{x \in \mathbb{Z}/p\mathbb{Z}} x^u = \sum_{x \in \mathbb{Z}/p\mathbb{Z}} (x^{p-1})^v.$$

Auf der rechten Seite sind $p-1$ Summanden gleich 1 und einer 0. Also ist die Summe gleich $p-1 = -1 \in \mathbb{Z}/p\mathbb{Z}$. Ist nun $u \geq 1$ und nicht durch $p-1$ teilbar, so gibt es eine prime Restklasse $x_0 \in \mathbb{Z}/p\mathbb{Z}$ mit $x_0^u \neq 1$. Multiplizieren wir $\sum_{x \in \mathbb{Z}/p\mathbb{Z}} x^u$ mit x_0^u, so permutieren sich nach Lemma 1.4.3 die Summanden und wir erhalten

$$x_0^u \left(\sum_{x \in \mathbb{Z}/p\mathbb{Z}} x^u \right) = \sum_{x \in \mathbb{Z}/p\mathbb{Z}} x^u \, .$$

Daher gilt $(x_0^u - 1)(\sum_{x \in \mathbb{Z}/p\mathbb{Z}} x^u) = 0$. Wegen $x_0^u \neq 1$ folgt hieraus, dass die Summe gleich 0 ist. $\square$

Beweis des Satzes von Chevalley-Warning. Zunächst können wir annehmen, dass keines der von Null verschiedenen Polynome $f_1, \ldots, f_n$ konstant ist. In diesem Fall gilt nämlich $A(S) = 0$ und die Kongruenz $A(S) \equiv 0 \bmod p$ ist trivialerweise erfüllt.

Wir setzen $P = \prod_{i=1}^{n}(1 - f_i^{p-1})$. Ist $x = (x_1, \ldots, x_r)$ eine simultane Nullstelle der f_i, so gilt $P(x) = 1 \in \mathbb{Z}/p\mathbb{Z}$. Ist $f_i(x) \neq 0$ für ein i, so ist $f_i(x)^{p-1} = 1$, also $1 - f_i(x)^{p-1} = 0$ und folglich auch $P(x) = 0$. (Man sagt, dass P die charakteristische Funktion von $L(S)$ ist.) Daher gilt

$$A(S) \equiv \sum_{x \in (\mathbb{Z}/p\mathbb{Z})^r} P(x) \quad \bmod p.$$

Es bleibt daher zu zeigen, dass $\sum_{x \in (\mathbb{Z}/p\mathbb{Z})^r} P(x) = 0$ gilt. Der Grad des Polynoms $(1 - f_i^{p-1})$ ist gleich $(p-1) \cdot grad(f_i)$. Nach Voraussetzung ist P ein Polynom in r Variablen vom Grad echt kleiner als $r(p-1)$. Wir können daher P als Linearkombination von Monomen der Form $X_1^{\mu_1} \cdots X_r^{\mu_r}$ mit $\mu_1 + \cdots + \mu_r < r(p-1)$ schreiben. Insbesondere ist in jedem dieser Monome mindestens ein μ_i kleiner als $p-1$. Nun gilt

$$\sum_{x \in (\mathbb{Z}/p\mathbb{Z})^r} x_1^{\mu_1} \cdots x_r^{\mu_r} = \left(\sum_{x_1 \in \mathbb{Z}/p\mathbb{Z}} x_1^{\mu_1} \right) \cdots \left(\sum_{x_r \in \mathbb{Z}/p\mathbb{Z}} x_r^{\mu_r} \right).$$

Nach Lemma 3.3.3 ist mindestens einer der Faktoren und damit auch das Produkt gleich 0. Daher ist $\sum_{x \in (\mathbb{Z}/p\mathbb{Z})^r} P(x)$ eine Summe von Nullen und selbst gleich 0. $\square$

Sind die Bedingungen des Satzes von Chevalley-Warning nicht erfüllt, so kann man oft zeigen, dass für hinreichend großes p Lösungen existieren. Als ein Beispiel sei der folgende Satz angegeben.

Satz 3.3.4. *Sei p eine Primzahl kongruent 1 modulo 4 und seien a, b, c ganze Zahlen, die nicht durch p teilbar sind. Dann hat die Gleichung*

$$aX^4 + bY^4 = c$$

für $p > 41$ stets eine Lösung modulo p.

Den Beweis werden wir später führen (siehe Theorem 8.3.4).

Aufgabe 1. Man zeige: Für jede Primzahl p hat die Gleichung $2X_1^2 + 3X_2^2 + 4X_3^2 = 0$ eine nichttriviale Lösung modulo p.

Aufgabe 2. Für welche Primzahlen p hat die Gleichung $X_1^2 + X_2^2 = 0$ eine nichttriviale Lösung modulo p ?

3.4 Diophantische Gleichungen modulo Primpotenzen

Bei Gleichungen in einer Variablen zeigt sich, dass die Existenz einer Lösung modulo einer hinreichend hohen (von der Gleichung abhängenden) p-Potenz die Existenz von Lösungen modulo beliebig hoher p-Potenzen impliziert. Dies wird mit einer Variation über das aus der Numerik bekannte „Newton-Verfahren" gezeigt. Dieses Verfahren erweckt ein wenig den Anschein, als ob sich Baron Münchhausen am eigenen Zopf aus dem Sumpf ziehe. Wie von Zauberhand wird die Lösung besser und besser. Wir benutzen im Folgenden die Notation

$$p^n \| a, \text{ wenn } p^n \mid a \text{ und } p^{n+1} \nmid a.$$

Satz 3.4.1. *Sei* $f = a_m X^m + \cdots + a_0 \in \mathbb{Z}[X]$ *ein Polynom mit ganzzahligen Koeffizienten und* $f' = a_m m X^{m-1} + \cdots + a_1$ *seine Ableitung. Sei* $n \geq 1$ *und es existiere ein* $x \in \mathbb{Z}$ *mit*

$$f(x) \equiv 0 \mod p^n.$$

Gilt $p^k \| f'(x)$ *mit* $2k < n$, *so gibt es ein* $y \in \mathbb{Z}$ *mit*

$$f(y) \equiv 0 \mod p^{n+1},$$

so dass außerdem $p^k \| f'(y)$ *und* $y \equiv x \mod p^{n-k}$ *gilt.*

Beweis. Sei $f(x) = p^n a$ und $f'(x) = p^k b$ mit $a, b \in \mathbb{Z}$, $(b, p) = 1$, und $2k < n$. Dann existiert eine ganze Zahl s mit $sb \equiv -a \mod p$. Wir setzen $y = x + p^{n-k}s$. Nach der binomischen Formel gilt für $i = 1, \ldots, m$

$$a_i y^i = a_i x^i + a_i i x^{i-1} p^{n-k} s + p^{2n-2k} s^2 R_i, \quad R_i \in \mathbb{Z}.$$

Summieren wir diese Gleichungen auf und addieren a_0, erhalten wir die „Taylorentwicklung"

$$f(y) = f(x) + p^{n-k} s f'(x) + p^{2n-2k} s^2 R, \quad R \in \mathbb{Z}.$$

Einsetzen ergibt

$$f(y) = p^n(a + sb) + p^{2n-2k} s^2 R.$$

Nun gilt $p \mid (a + sb)$ und $2n - 2k > n$, also $f(y) \equiv 0 \mod p^{n+1}$. Die Aussage $y \equiv x \mod p^{n-k}$ folgt nach Konstruktion. Es bleibt die Behauptung über die Ableitung zu zeigen. Entwickeln wir $f'(y) = f'(x + p^{n-k}s)$ wie oben, erhalten wir

$$f'(y) = f'(x) + p^{n-k} s f''(x) + p^{2n-2k} s^2 Q, \quad Q \in \mathbb{Z}.$$

Wegen $n - k > k$ und $2n - 2k > k$ ist $f'(y)$ genau k mal durch p teilbar. $\square$

Ist im letzten Satz $k = 0$, d.h. ist $f'(x)$ zu p teilerfremd, so gilt $y \equiv x \bmod p^n$ und $f'(y)$ ist auch zu p teilerfremd.

Korollar 3.4.2. *Ist $x_1 \in \mathbb{Z}$ eine Lösung von der Kongruenz $f(X) \equiv 0 \bmod p$, so dass $f'(x_1) \not\equiv 0 \bmod p$ gilt, so existieren ganze Zahlen $x_2, x_3, \dots$ mit*

$$f(x_n) \equiv 0 \quad \bmod p^n$$

und $x_{n+1} \equiv x_n \bmod p^n$ für alle $n \geq 1$.

Dies lässt sich jetzt leicht auf den Fall einer Gleichung in mehreren Variablen ausdehnen.

Definition 3.4.3. *Sei $F \in \mathbb{Z}[X_1, \dots, X_r]$ und $x = (x_1, \dots, x_r) \in \mathbb{Z}^r$ mit $F(x_1, \dots, x_r) \equiv 0 \bmod p$, so dass*

$$\frac{\partial F}{\partial X_i}(x) \not\equiv 0 \quad \bmod p$$

*für mindestens einen Wert i, $1 \leq i \leq r$ gilt. Dann heißt x **primitive Lösung** der Gleichung $F(X_1, \dots, X_r) = 0$ modulo p.*

Korollar 3.4.4. *Sei $F \in \mathbb{Z}[X_1, \dots, X_r]$ und $x^{(1)} = (x_1^{(1)}, \dots, x_r^{(1)}) \in \mathbb{Z}^r$ eine primitive Lösung von $F(X_1, \dots, X_r) = 0$ modulo p. Dann existiert eine Folge von r-Tupeln $x^{(2)}, x^{(3)}, \dots \in \mathbb{Z}^r$, so dass*

$$F(x^{(n)}) \equiv 0 \quad \bmod p^n$$

und $x^{(n+1)} \equiv x^{(n)} \bmod p^n$ für alle $n \geq 1$.

Beweis. Sei i so gewählt, dass $\frac{\partial F}{\partial X_i}(x^{(1)}) \not\equiv 0 \bmod p$. Indem wir alle bis auf die i-te Variable festhalten, erhalten wir ein Polynom in einer Variablen

$$f(X) = F(x_1^{(1)}, \dots, x_{i-1}^{(1)}, X, x_{i+1}^{(1)}, \dots, x_r^{(1)}).$$

Die ganze Zahl $x_i^{(1)}$ ist Nullstelle von f modulo p und erfüllt die Bedingung $f'(x_i^{(1)}) \not\equiv 0 \bmod p$. Nun folgt die Behauptung aus dem letzten Satz, sogar mit der Zusatzinformation, dass wir $x_j^{(n)} = x_j^{(1)}$ für $j \neq i$ und alle n setzen können. $\square$

Aufgabe 1. Man zeige: Für jede Primzahl $p \neq 2$ und jedes $n \in \mathbb{N}$ hat die Gleichung $X_1^2 + X_2^2 + X_3^2 = 0$ eine Lösung (x_1, x_2, x_3) modulo p^n, so dass x_1, x_2, x_3 nicht alle durch p teilbar sind.

Aufgabe 2. Man finde alle Primzahlen p für die die folgende Aussage richtig ist: Für jedes $n \in \mathbb{N}$ hat die Gleichung $X_1^2 + X_2^2 = 0$ eine Lösung (x_1, x_2) modulo p^n, so dass $p \nmid x_1 x_2$.

3.5 Anwendung des QRG auf diophantische Gleichungen

Unter Zuhilfenahme der Ergebnisse des letzten Abschnitts findet man diophantische Gleichungen, bei denen es kein offensichtliches Hindernis gegen die Existenz einer ganzzahligen Lösung gibt. Im Allgemeinen folgt daraus allerdings nicht, dass eine solche existiert. Eines der ersten bekannten Beispiele war das folgende.

Theorem 3.5.1 (Lind, Reichardt). *Die Gleichung*

$$X^4 - 17 = 2Y^2$$

hat sowohl Lösungen in $\mathbb{R}$ *als auch Lösungen modulo jeder natürlichen Zahl* $m > 1$. *Aber es existieren keine rationalen, also insbesondere auch keine ganzzahligen Lösungen.*

Wir führen den Beweis in mehreren Schritten.

Lemma 3.5.2. *Die Gleichung von Lind und Reichardt hat eine Lösung in* $\mathbb{R}$.

Beweis. Das ist offensichtlich. $\square$

Lemma 3.5.3. *Die Gleichung von Lind und Reichardt hat eine Lösung modulo* p, *wenn* p *kongruent 1, 3 oder 7 modulo 8 ist.*

Beweis. Nach den Ergänzungssätzen zum QRG folgt $\left(\frac{-2}{p}\right) = 1$ oder $\left(\frac{2}{p}\right) = 1$.
Ist $\left(\frac{-2}{p}\right) = 1$ und $b^2 \equiv -2 \bmod p$, so ist $1^4 - 17 \equiv 2(2b)^2 \bmod p$.
Ist $\left(\frac{2}{p}\right) = 1$ und $b^2 \equiv 2 \bmod p$, so ist $3^4 - 17 \equiv 2(4b)^2 \bmod p$. $\square$

Lemma 3.5.4. *Die Gleichung von Lind und Reichardt hat eine Lösung modulo* p, *wenn* p *kongruent 5 modulo 8 ist.*

Beweis. Nach Satz 3.3.4 haben wir für $p > 41$ immer eine Lösung. Es verbleiben die Fälle $p = 5, 13, 29, 37$. In jedem Fall ist $\left(\frac{2}{p}\right) = -1$ und $\left(\frac{-1}{p}\right) = 1$. Falls $\left(\frac{17}{p}\right) = -1$, so ist $-17 = 2t^2$ modulo p lösbar und $x = 0$, $y = t$ ist eine Lösung modulo p. Wir berechnen

$$\left(\tfrac{17}{5}\right) = \left(\tfrac{2}{5}\right) = -1,$$
$$\left(\tfrac{17}{29}\right) = \left(\tfrac{29}{17}\right) = \left(\tfrac{12}{17}\right) = \left(\tfrac{3}{17}\right) = \left(\tfrac{17}{3}\right) = \left(\tfrac{2}{3}\right) = -1,$$
$$\left(\tfrac{17}{37}\right) = \left(\tfrac{37}{17}\right) = \left(\tfrac{3}{17}\right) = -1.$$

Es verbleibt der Fall $p = 13$. Hier findet man wegen $4^4 - 17 = 239 \equiv 5 \equiv 18 = 2 \cdot 3^2 \bmod 13$ die Lösung $x = 4$, $y = 3$. $\square$

Lemma 3.5.5. *Die Gleichung von Lind und Reichardt hat für jede ungerade Primzahl* p *eine primitive Lösung modulo* p.

Beweis. Ist $x^4 - 17 - 2y^2 = 0$ und $4x^3 \equiv 0 \equiv -4y \bmod p$, so folgt $p|x$ und $p|y$, d.h. $p|17$. Folglich ist für $p \neq 17$ jede Lösung modulo p primitiv. Für $p = 17$ ist $x = 3$, $y = 7$ eine primitive Lösung modulo p. $\square$

Korollar 3.5.6. *Für ungerades p und $n \geq 1$ hat die Gleichung von Lind und Reichardt eine Lösung modulo p^n.*

Beweis. Dies folgt aus Lemma 3.5.5 und Korollar 3.4.4. $\square$

Lemma 3.5.7. *Die Gleichung von Lind und Reichardt hat Lösungen modulo 2^n für alle n.*

Beweis. Wir setzen $y = 4$ und suchen Lösungen von $X^4 \equiv 17 + 2 \cdot 4^2 = 49 \bmod 2^n$. Modulo $2^5 = 32$ ist $x = 3$ eine Lösung und die Ableitung $4 \cdot 3^3$ ist genau zweimal durch 2 teilbar. Daher sind die Voraussetzungen von Satz 3.4.1 mit $k = 2$ und $n = 5$ erfüllt und wir erhalten sukzessive Lösungen x_n der Gleichungen $x_n^4 \equiv 49 \bmod 2^n$ für jedes n. Dann ist $x = x_n$, $y = 4$ eine Lösung modulo 2^n. $\square$

Korollar 3.5.8. *Die Gleichung von Lind und Reichardt hat Lösungen modulo jeder natürlichen Zahl $m > 1$.*

Beweis. Dies folgt aus Korollar 3.5.6, Lemma 3.5.7 und dem Chinesischen Restklassensatz 1.3.5. $\square$

Satz 3.5.9. *Die Gleichung*

$$X^4 - 17Y^4 = 2Z^2$$

hat keine von $(0,0,0)$ verschiedene ganzzahlige Lösung.

Beweis. Sei (x, y, z) eine von $(0,0,0)$ verschiedene ganzzahlige Lösung. Ist $z = 0$, so impliziert $x^4 = 17y^4$ sofort $x = y = 0$. Entsprechend kann man für $x = 0$ oder $y = 0$ argumentieren. Also sind x, y und z von Null verschieden. Die Tripel $(\pm x, \pm y, \pm z)$ sind auch Lösungen, also können wir o.B.d.A. annehmen, dass $x, y, z \geq 1$. Sind die drei Zahlen x, y, z nicht paarweise teilerfremd, so können wir die Lösung verkleinern. Gibt es z.B. eine Primzahl p mit $p|x$ und $p|z$, so gilt $p^2|17y^4$, also $p \mid y$. Dann gilt $p^4|2z^2$ und folglich $p^2|z$. Wir erhalten mit $(x/p, y/p, z/p^2)$ eine kleinere Lösung. Also können wir annehmen, dass die drei Zahlen x, y, z paarweise teilerfremd sind. Wir sehen insbesondere, dass z nicht durch 17 teilbar sein kann, weil sonst auch x durch 17 teilbar wäre, und dass x nicht durch 17 teilbar sein kann, weil sonst auch z durch 17 teilbar wäre.

Wir nehmen für einem Moment $z > 1$ an. Sei $z = p_1^{e_1} \cdots p_r^{e_r}$ die Primzahlzerlegung. Für p_i, $i = 1, \ldots, r$, gilt dann $x^4 \equiv 17y^4 \bmod p_i$. Daher ist 17 quadratischer Rest modulo jedem ungeraden p_i. Nach dem QRG folgt

$$\left(\frac{p_i}{17}\right) = \left(\frac{17}{p_i}\right) = 1.$$

Außerdem gilt $\left(\frac{2}{17}\right) = 1$, und aus der Multiplikativität des Legendre-Symbols folgt

$$\left(\frac{z}{17}\right) = 1.$$

Für $z = 1$ gilt diese Gleichung trivialerweise auch. Sei nun $t \in \mathbb{Z}$ mit $z \equiv t^2 \bmod 17$ gewählt. Dann erhalten wir nacheinander die folgenden Kongruenzen:

$$\begin{aligned} x^4 - 17y^4 &\equiv 2t^4 &&\bmod 17, \\ x^4 &\equiv 2t^4 &&\bmod 17, \\ x^{16} &\equiv 2^4 t^{16} &&\bmod 17. \end{aligned}$$

Nach dem Kleinen Fermatschen Satz gilt $x^{16} \equiv 1 \equiv t^{16} \bmod 17$. Aus der letzten Kongruenz folgt also $1 \equiv 16 \bmod 17$, und wir erhalten den gesuchten Widerspruch. □

Korollar 3.5.10. *Die Gleichung von Lind und Reichardt hat keine ganzzahligen Lösungen.*

Beweis. Man setze $y = 1$ in Satz 3.5.9. □

Der folgende Satz vervollständigt den Beweis von Theorem 3.5.1.

Satz 3.5.11. *Die Gleichung von Lind und Reichardt hat keine rationalen Lösungen.*

Beweis. Angenommen, es gäbe $x, y \in \mathbb{Q}$ mit $x^4 - 17 = 2y^2$. Seien $x = \frac{a}{b}$, $y = \frac{c}{d}$ $(a, b, c, d \in \mathbb{Z}, b, d > 0)$ die gekürzten Darstellungen. Durch Multiplizieren mit den Nennern erhalten wir die Gleichung

$$a^4 d^2 - 17 b^4 d^2 = 2c^2 b^4.$$

Also gilt $d^2 | 2c^2 b^4$. Wegen $(c, d) = 1$ folgt $d^2 | 2b^4$, also $d | b^2$. Andererseits gilt $b^4 | a^4 d^2$ und wegen $(a, b) \doteq 1$ folgt $b^4 | d^2$, also $b^2 | d$. Folglich ist $d = b^2$ und durch Kürzen erhalten wir die Gleichung

$$a^4 - 17 b^4 = 2c^2.$$

Nach Satz 3.5.9 folgt $a = b = c = 0$, aber b ist von Null verschieden. Widerspruch. □

Kapitel 4

Die Gaußschen Zahlen

Jede komplexe Zahl lässt sich eindeutig in der Form $x + yi$ mit reellen Zahlen x, y schreiben. Komplexe Zahlen der Form

$$a + bi, \quad a, b \in \mathbb{Z},$$

heißen **Gaußsche Zahlen**. Man sieht leicht, dass die Summe und das Produkt Gaußscher Zahlen wieder Gaußsche Zahlen sind, d.h. die Gaußschen Zahlen bilden einen *Ring*, der mit $\mathbb{Z}[i]$ oder auch mit $\mathbb{Z}[\sqrt{-1}]$ bezeichnet wird. Bestimmte Schlüsse, die wir gleich auf die Gaußschen Zahlen anwenden werden, sind auch für allgemeinere Ringe richtig. Der Effektivität halber beginnen wir mit einigen abstrakten algebraischen Definitionen.

4.1 Abelsche Gruppen, Ringe und Körper

Definition 4.1.1. *Ein Paar $(A, +)$ bestehend aus einer Menge A und einer binären Operation $+ : A \times A \to A$, $(a, b) \mapsto a + b$, heißt* **abelsche Gruppe**, *wenn die folgenden Axiome erfüllt sind:*

  (i) $a + (b + c) = (a + b) + c$ *für alle* $a, b, c \in A$,
 (ii) $a + b = b + a$ *für alle* $a, b \in A$,
(iii) *es existiert ein Element* $0 \in A$ *mit* $a + 0 = a$ *für alle* $a \in A$,
 (iv) *für alle* $a \in A$ *existiert ein* $b \in A$ *mit* $a + b = 0$.

Die in (i) und (ii) geforderten Eigenschaften der Operation $+$ heißen Assoziativität und Kommutativität. Das Element 0 in (iii) ist eindeutig bestimmt (siehe Aufgabe 1). Man nennt es das **neutrale Element**. Das Element b in (iv) ist auch eindeutig bestimmt, heißt das zu a **inverse** Element und wird mit $-a$ bezeichnet. Wenn es der Kontext nahelegt, schreibt man die Operation manchmal auch in multiplikativer Form als $(a, b) \mapsto ab$. Dann bezeichnet man das neutrale Element mit 1 und das inverse Element zu $a \in A$ mit a^{-1}.

Beispiele: $(\mathbb{Z}, +)$, $(\mathbb{Z}/n\mathbb{Z}, +)$, $((\mathbb{Z}/n\mathbb{Z})^{\times}, \cdot)$, $(\mathbb{Q}, +)$, $(\mathbb{R}, +)$, $(\mathbb{C}, +)$, $((\mathbb{R} \smallsetminus \{0\}), \cdot)$, $(\mathbb{R}_{>0}, \cdot)$ sind abelsche Gruppen.

Man kann Elemente einer abelschen Gruppe mit ganzen Zahlen multiplizieren. Dies geschieht nach der Regel $0 \cdot a = 0$,

$$n \cdot a = \underbrace{a + \cdots + a}_{n\text{-mal}} \quad \text{für } n > 0$$

und $n \cdot a = -(-n) \cdot a$ für $n < 0$.

Ein **Homomorphismus** abelscher Gruppen ist eine Abbildung

$$f \colon A \longrightarrow A',$$

die mit den Gruppenoperationen $+_A$ und $+_{A'}$ von A und A' kompatibel ist, d.h. es gilt $f(a +_A b) = f(a) +_{A'} f(b)$ für alle $a, b \in A$. Wegen $f(0_A) = f(0_A + 0_A) = f(0_A) + f(0_A)$ erhält man $f(0_A) = 0_{A'}$, d.h. jeder Homomorphismus bildet das neutrale Element 0_A von A auf das neutrale Element $0_{A'}$ von A' ab. Ein bijektiver Homomorphismus heißt **Isomorphismus** und man nennt zwei abelsche Gruppen **isomorph**, wenn es einen Isomorphismus zwischen ihnen gibt. Eine nichtleere Teilmenge $B \subset A$ heißt **Untergruppe** von A, wenn für alle $a, b \in B$ auch $-a$ und $a + b$ in B enthalten sind. B ist dann insbesondere selbst eine Gruppe.

Wie im Abschnitt 1.3 im Fall der Untergruppe $m\mathbb{Z} \subset \mathbb{Z}$ geschehen, kann man ganz allgemein von einer abelschen Gruppe A zur Menge der Restklassen modulo einer Untergruppe B übergehen und mit den Restklassen rechnen. Das geschieht folgendermaßen:

Sei $B \subset A$ eine Untergruppe und $a, a' \in A$. Man sagt, dass a und a' **kongruent modulo B** sind (symbolisch: $a \equiv a' \bmod B$), wenn $a - a' \in B$ gilt. Man verifiziert leicht, dass Kongruenz modulo B eine Äquivalenzrelation ist. Die Äquivalenzklassen haben die Form

$$a + B = \{a + b \mid b \in B\} \subset A$$

und heißen **Restklassen modulo B**. Es gilt genau dann $a + B = a' + B$, wenn $a - a' \in B$. Die Menge aller Restklassen modulo B in A wird mit A/B bezeichnet. Die Operation $+ : A/B \times A/B \to A/B$

$$(a_1 + B) + (a_2 + B) := (a_1 + a_2) + B$$

ist wohldefiniert, d.h. unabhängig von der Auswahl der die Restklassen repräsentierenden Elemente $a_1, a_2 \in A$ und macht A/B in natürlicher Weise zu einer abelschen Gruppe. Man nennt A/B die **Faktorgruppe** von A nach B.

Definition 4.1.2. *Ein Tripel $(A, +, \cdot)$ bestehend aus einer Menge A und Operationen $+, \cdot : A \times A \to A$ heißt (kommutativer)* **Ring** *(mit 1-Element), wenn $(A, +)$ eine abelsche Gruppe ist und außerdem die folgenden Axiome erfüllt sind:*

(i) *$a(bc) = (ab)c$ für alle $a, b, c \in A$,*

(ii) *$ab = ba$ für alle $a, b \in A$,*

(iii) *es existiert ein Element $1 \in A$ mit $a1 = a$ für alle $a \in A$,*

(iv) *$a(b + c) = ab + ac$ für alle $a, b, c \in A$.*

Für jedes $a \in A$ gilt $a \cdot 0 = a(1 - 1) = a - a = 0$. Das Element $1 \in A$ ist eindeutig bestimmt (siehe Aufgabe 1).

Bemerkung: Allgemeiner kann man auch Ringe betrachten, in denen die Multiplikation nicht notwendig kommutativ ist (d.h. Axiom (ii) wird nicht gefordert), und man kann auch auf die Existenz der 1 (Axiom (iii)) verzichten. In diesem Buch werden wir nur kommutative Ringe mit 1-Element betrachten.

Beispiele: 1. $\mathbb{Z}$, $\mathbb{Z}/n\mathbb{Z}$, $\mathbb{Q}$, $\mathbb{R}$, $\mathbb{C}$ mit der üblichen Addition und Multiplikation sind Ringe.
2. Die einelementige Menge $A = \{0\}$ mit $0 + 0 = 0$, $0 \cdot 0 = 0$ heißt **Nullring**. Im Nullring ist $0 = 1$. Dies ist aber der einzige Ring, für den das der Fall ist, weil aus $0 = 1$ für ein beliebiges Element $a \in A$ folgt: $a = a1 = a0 = 0$.
3. Ist A ein Ring, so ist die Menge $A[X]$ der Polynome mit Koeffizienten in A auch wieder ein Ring.

Definition 4.1.3. *Ein Ring A heißt* **nullteilerfrei**, *wenn aus $ab = 0$ stets $a = 0$ oder $b = 0$ folgt.*

Beispiele: 1. $\mathbb{Z}$, $\mathbb{Q}$, $\mathbb{R}$, $\mathbb{C}$ sind nullteilerfrei.
2. $\mathbb{Z}/n\mathbb{Z}$ ist nullteilerfrei $\Longleftrightarrow$ n ist Primzahl.
3. Ist A nullteilerfrei, so gilt dies auch für $A[X]$.

Ist A nullteilerfrei, und $ab = ac$ mit $a \neq 0$, so folgt $a(b - c) = 0$, daher $b - c = 0$, also $b = c$. Mit anderen Worten: In nullteilerfreien Ringen kann man Gleichungen kürzen.

Definition 4.1.4. *Die Menge $A^\times$ der* **Einheiten** *eines Ringes A besteht aus den Elementen, die ein Inverses bezüglich Multiplikation haben. D.h. für $a \in A$ gilt genau dann $a \in A^\times$, wenn ein $b \in A$ mit $ab = 1$ existiert. Die Multiplikationsabbildung macht $A^\times$ zu einer abelschen Gruppe mit 1 als neutralem Element. Man nennt $(A^\times, \cdot)$ die* **Einheitengruppe** *von A.*

Beispiele: 1. $\mathbb{Z}^\times = \{\pm 1\}$.
2. $\mathbb{Q}^\times = \mathbb{Q} \smallsetminus \{0\}$.
3. $(\mathbb{Z}/n\mathbb{Z})^\times$ ist die in Kapitel 1 definierte Gruppe der primen Restklassen modulo n.
4. In $\mathbb{C}[X]$ sind die Einheiten gerade die von Null verschiedenen konstanten Polynome.

Definition 4.1.5. *Ein Ring K heißt* **Körper**, *wenn $K^\times = K \smallsetminus \{0\}$.*

Beispiele: 1. $\mathbb{Q}$, $\mathbb{R}$, $\mathbb{C}$ sind Körper.
2. $\mathbb{Z}/n\mathbb{Z}$ ist ein Körper $\Longleftrightarrow$ n ist Primzahl.
3. Der Nullring ist kein Körper.

Definition 4.1.6. *Sei A ein Ring und $a, b \in A$. Man sagt, dass b durch a* **teilbar** *ist (symbolisch: $a|b$), wenn ein $c \in A$ mit $b = ac$ existiert.*

Definition 4.1.7. *Wir nennen zwei Elemente $a, b \in A$* **assoziiert** *(symbolisch: $a \mathrel{\hat{=}} b$), wenn $a|b$ und $b|a$ gilt.*

Assoziiertheit ist offensichtlich eine Äquivalenzrelation.

Lemma 4.1.8. *Ist A nullteilerfrei, so gilt $a \mathrel{\hat{=}} b$ dann und nur dann, wenn eine Einheit $u \in A^\times$ mit $a = ub$ existiert.*

Beweis. Ist $a = 0$, so ist auch $b = 0$. Ist $a \neq 0$ und $a = ub$ und $b = va$, so gilt $a(uv - 1) = 0$. Wegen der Nullteilerfreiheit gilt $uv = 1$, also $u, v \in A^\times$. Gilt umgekehrt $a = ub$ mit $u \in A^\times$, so folgt $a|b$ und $b|a$, also $a \mathrel{\hat{=}} b$.   □

Definition 4.1.9. *Ein Element $d \in A$ heißt* **größter gemeinsamer Teiler** *von a und b, wenn die folgenden zwei Eigenschaften erfüllt sind.*

(i) *$d|a$ und $d|b$,*
(ii) *aus ($e|a$ und $e|b$) folgt $e|d$.*

Im Ring $\mathbb{Z}$ ist die in (1.1.3) definierte Zahl $d = (a, b)$ *ein* größter gemeinsamer Teiler von a und b, siehe Korollar 1.1.5. Ein weiterer ist durch $-d$ gegeben. Im allgemeinen müssen größte gemeinsame Teiler nicht existieren.

Lemma 4.1.10. *Es seien d und d' größte gemeinsame Teiler der Ringelemente $a, b \in A$. Dann gilt $d \mathrel{\hat{=}} d'$. Ist A nullteilerfrei, so existiert eine Einheit $u \in A^\times$ mit $d' = ud$.*

Beweis. Nach Definition gilt $d|d'$ und $d'|d$, also sind d und d' assoziiert. Der zweite Teil der Aussage folgt aus Lemma 4.1.8.   □

Definition 4.1.11. *Ein Element $\pi \in A$ heißt* **irreduzibel**, *wenn es von Null verschieden und keine Einheit ist (d.h. $\pi \in A \setminus (A^\times \cup \{0\})$) und die folgende Implikation gilt: $\pi = ab \implies a \in A^\times$ oder $b \in A^\times$.*

Mit $\pi \in A$ sind auch alle Elemente der Form πu, $u \in A^\times$, irreduzibel.

Beispiele: 1. In $\mathbb{Z}$ sind die irreduziblen Elemente gerade die von der Form $\pm p$ mit p Primzahl.
2. In $\mathbb{C}[X]$ sind die irreduziblen Elemente die Polynome vom Grad 1 (Hauptsatz der Algebra).
3. Das Polynom $X^2 + 1$ ist irreduzibel in $\mathbb{R}[X]$.

Definition 4.1.12. *Ein nullteilerfreier Ring heißt* **faktoriell**, *wenn jede von Null verschiedene Nichteinheit $a \in A \setminus (A^\times \cup \{0\})$ eine, bis auf Einheiten und Reihenfolge, eindeutige Zerlegung in ein Produkt irreduzibler Elemente hat.*

Das heißt, jedes $a \in A \smallsetminus (A^\times \cup \{0\})$ kann als Produkt irreduzibler Elemente geschrieben werden, und ist

$$a = \pi_1 \cdots \pi_n = \pi_1' \cdots \pi_m',$$

mit irreduziblen Elementen $\pi_1, \ldots, \pi_n$ und $\pi_1', \ldots, \pi_m'$, so gilt $n = m$ und nach geeigneter Umnumerierung $\pi_i \hat{=} \pi_i'$ für alle i.

Beispiele: 1. $\mathbb{Z}$ ist faktoriell (siehe Satz 1.2.3).
2. $\mathbb{C}[X]$ ist faktoriell (siehe Satz 4.2.4 unten).
3. Allgemeiner gilt (Gauß): Ist A faktoriell, so ist auch $A[X]$ faktoriell.

Definition 4.1.13. *Ein Element $\pi \in A$ heißt* **Primelement**, *wenn es von Null verschieden und keine Einheit ist (d.h. $\pi \in A \smallsetminus (A^\times \cup \{0\})$) und die folgende Implikation gilt: $\pi | ab \Longrightarrow \pi | a$ oder $\pi | b$.*

Lemma 4.1.14. *In einem nullteilerfreien Ring ist jedes Primelement irreduzibel. In einem faktoriellen Ring ist jedes irreduzible Element auch Primelement.*

Beweis. Ist π ein Primelement im nullteilerfreien Ring A und $\pi = ab$, so gilt insbesondere $\pi | ab$, also $\pi | a$ oder $\pi | b$. Nehmen wir ohne Einschränkung $\pi | a$ an, so folgt wegen $a | \pi$ aus Lemma 4.1.8, dass $\pi = au$ für ein $u \in A^\times$ gilt. Durch Subtrahieren erhalten wir $0 = a(u - b)$ und deshalb $b = u \in A^\times$. Also ist π irreduzibel.

Ist nun A faktoriell und π irreduzibel, so folgt aus $\pi | ab$, dass π (bzw. ein zu π assoziiertes Element) entweder in der Zerlegung von a in irreduzible Elemente oder in der von b auftauchen muss. Also gilt $\pi | a$ oder $\pi | b$ und π ist deshalb ein Primelement. $\qquad\square$

Aufgabe 1. Man zeige, dass das 0-Element in einer abelschen Gruppe und das 1-Element in einem Ring eindeutig bestimmt sind.

Aufgabe 2. Man bestimme die Einheitengruppen der Ringe $\mathbb{Z}[X]$ und $\mathbb{Q}[X]$.

Aufgabe 3. Sei A ein nullteilerfreier Ring. Man zeige: Ist jede von Null verschiedene Nichteinheit $a \in A \smallsetminus (A^\times \cup \{0\})$ Produkt von Primelementen, dann ist A faktoriell.

4.2 Euklidische Ringe

Die einfachsten unter den faktoriellen Ringen sind die *euklidischen* Ringe, die durch die Existenz eines euklidischen Algorithmus zur Berechnung eines größten gemeinsamen Teilers charakterisiert sind. Der Abbruch des Algorithmus wird durch einen „absteigenden Zähler" erzwungen, den man euklidische Normfunktion nennt.

Definition 4.2.1. *Ein nullteilerfreier Ring A heißt* **euklidisch**, *wenn es eine Abbildung („euklidische Normfunktion") $\nu : A \smallsetminus \{0\} \to \mathbb{N}$ gibt, so dass es zu $a, b \in A$, $b \neq 0$, stets $q, r \in A$ mit*

$$a = qb + r \quad \text{und} \quad (\,\nu(r) < \nu(b) \text{ oder } r = 0\,)$$

gibt.

Beispiele: 1. Der Ring $\mathbb{Z}$ der ganzen Zahlen ist euklidisch. Eine Normfunktion ist durch den Absolutbetrag gegeben.
2. Für jeden Körper k ist der Polynomring $k[X]$ euklidisch. Als Normfunktion verwendet man $\nu(f) = grad(f) + 1$. Man findet zu $a, b \in k[X]$ die gesuchten Elemente $q, r \in k[X]$, indem man so lange Vielfache des Polynoms b vom Polynom a abzieht, bis der Rest einen Grad echt kleiner als $grad(b)$ hat.

Auf einem Ring können verschiedene euklidische Normfunktionen existieren. Der nächste Satz zeigt, dass jeder euklidische Ring eine euklidische Normfunktion besitzt, die einer zusätzlichen Bedingung genügt. Manche Autoren fordern diese Zusatzbedingung schon in der Definition, so dass der folgende Satz zeigt, dass die in der Literatur vorkommenden Definitionen für die Euklidizität eines Ringes äquivalent sind.

Satz 4.2.2. *Es sei A ein euklidischer Ring. Dann gibt es auf A eine euklidische Normfunktion $\nu \colon A \smallsetminus \{0\} \longrightarrow \mathbb{N}$ mit*

$$\nu(ab) \geq \nu(a)$$

für alle von Null verschiedenen $a, b \in A$.

Beweis. Sei $\mu \colon A \smallsetminus \{0\} \longrightarrow \mathbb{N}$ eine euklidische Normfunktion. Wir setzen

$$\nu(a) = \min_{a' \,\hat{=}\, a} \mu(a').$$

Wir zeigen zunächst, dass auch ν eine euklidische Normfunktion ist. Seien also $a, b \in A$, $b \neq 0$, gegeben und sei b' unter den zu b assoziierten Elementen eines, für das $\mu(b')$ minimal ist, d.h. $\nu(b) = \mu(b')$. Nach Voraussetzung gibt es $q, r \in A$ mit $a = b'q + r$ und $r = 0$ oder $\mu(r) < \mu(b')$. Nun gilt $b' = be$ mit einer Einheit $e \in A^{\times}$, und wir erhalten $a = qeb + r$ mit $r = 0$ oder $\nu(r) \leq \mu(r) < \mu(b') = \nu(b)$. Also ist ν eine euklidische Normfunktion. Um die im Satz formulierte Eigenschaft zu zeigen, sei $0 \neq a \in A$ beliebig und $0 \neq b \in A$ so gewählt, dass $\nu(ab)$ minimal ist. Angenommen, es wäre $\nu(ab) < \nu(a)$. Weil ν auf assoziierten Elementen gleiche Werte annimmt, ist dann b keine Einheit. Wir schreiben $a = abq + r$ mit $q, r \in A$ und $r = 0$ oder $\nu(r) < \nu(ab)$. Wegen $r = a(1 - qb)$ gilt $r \neq 0$, sonst wäre b eine Einheit. Also gilt $\nu(a(1 - qb)) < \nu(ab)$ im Widerspruch zur Wahl von b. $\qquad\qquad\Box$

Analog wie in Kapitel 1 für den Ring $\mathbb{Z}$ der ganzen Zahlen zeigt man nun, dass euklidische Ringe stets faktoriell sind.

Lemma 4.2.3. *In einem euklidischen Ring existieren zu beliebigen Elementen $a, b \in A$ größte gemeinsame Teiler. Jeder größte gemeinsame Teiler d von a und b lässt sich in der Form $d = ax + by$ mit $x, y \in A$ darstellen. In einem euklidischen Ring ist jedes irreduzible Element ein Primelement.*

Beweis. Es seien $a, b \in A$ gegeben. Wir müssen zeigen, dass ein größter gemeinsamer Teiler existiert und dass sich jeder größte gemeinsame Teiler linear aus a und b kombinieren lässt. Für $a = 0$ oder $b = 0$ ist die Aussage trivial, also sei $ab \neq 0$. Wir führen den Euklidischen Algorithmus aus, d.h. wir teilen sukzessive mit Rest:

$$\begin{aligned}
a &= bq_1 + r_1, & \nu(r_1) &< \nu(b) \\
b &= r_1 q_2 + r_2, & \nu(r_2) &< \nu(r_1) \\
r_1 &= r_2 q_3 + r_3, & \nu(r_3) &< \nu(r_2) \\
&\ \,\vdots & &\ \,\vdots \\
r_{n-2} &= r_{n-1} q_n + r_n, & r_n &= 0.
\end{aligned}$$

Die Folge $\nu(b) > \nu(r_1) > \nu(r_2) > \cdots$ ist eine strikt fallende Folge natürlicher Zahlen. Daher bricht der Prozess ab, d.h. es gibt ein n mit $r_n = 0$. Wir behaupten, dass $d := r_{n-1}$ ein größter gemeinsamer Teiler von a und b ist. Das sieht man folgendermaßen. Von unten nach oben durch die Gleichungen gehend sehen wir, dass d sowohl a als auch b teilt. Starten wir nun von der vorletzten Zeile $r_{n-3} = r_{n-2} q_{n-1} + d$ und setzen sukzessive ein, erhalten wir eine Darstellung $d = ax + by$ mit $x, y \in A$. Ist nun $e \in A$ ein Element mit $e | a$ und $e | b$, so folgt $e | (ax + by) = d$. Daher ist d ein größter gemeinsamer Teiler von a und b. Ist nun d' ein weiterer größter gemeinsamer Teiler, so gilt nach Lemma 4.1.10 $d' = du$ mit $u \in A^\times$. Folglich gilt $d' = uxa + uyb$, d.h. jeder größte gemeinsame Teiler lässt sich linear kombinieren.

Es bleibt zu zeigen, dass jedes irreduzible Element ein Primelement ist. Sei $\pi \in A$ irreduzibel und seien $ab \in A$ mit $\pi | ab$. Wir müssen zeigen, dass π eines der Elemente a, b teilt. Angenommen, $\pi \nmid a$. Dann ist $1 \in A$ ein größter gemeinsamer Teiler von π und a. Wir wählen $x, y \in A$ mit $\pi x + ay = 1$. Dann gilt $b = b\pi x + aby$ und folglich $\pi | b$. Daher ist π ein Primelement. $\qquad\square$

Satz 4.2.4. *Euklidische Ringe sind faktoriell.*

Beweis. Wir müssen zeigen, dass jedes Element $a \in A \smallsetminus (A^\times \cup \{0\})$ eine bis auf Reihenfolge und Assoziiertheit eindeutige Zerlegung in irreduzible Elemente hat. Wir zeigen zunächst die Existenz einer Zerlegung. Es sei ν eine euklidische Normfunktion auf A, die der Bedingung von Satz 4.2.2 genügt. Wir nehmen an, dass es Elemente $a \in A \smallsetminus (A^\times \cup \{0\})$ gibt, die sich nicht als Produkt irreduzibler Elemente schreiben lassen, und führen diese Annahme zum Widerspruch. Unter diesen Elementen sei a ein Element mit minimalem Wert $\nu(a)$. Da a selbst nicht irreduzibel ist, gibt es $b, c \in A \smallsetminus (A^\times \cup \{0\})$ mit $a = bc$. Da sich a nicht als Produkt irreduzibler Elemente schreiben lässt, muss dies auch für b oder c gelten. Sei o.B.d.A. b nicht als Produkt irreduzibler Elemente darstellbar. Wir zeigen $\nu(b) < \nu(a)$.

Wegen $c \notin A^\times$ gilt $a \nmid b$. Da A euklidisch ist, existieren $q, r \in A$, $r \neq 0$, mit

$$b = aq + r, \quad \nu(r) < \nu(a).$$

Wir erhalten $r = b - aq = b(1 - cq)$ und daher $\nu(r) \geq \nu(b)$. Wir erhalten $\nu(b) < \nu(a)$, im Widerspruch zur Wahl von a. Daher lässt sich jedes $a \in A \smallsetminus (A^\times \cup \{0\})$ als Produkt irreduzibler Elemente schreiben.

Es verbleibt die Eindeutigkeit zu zeigen. Ein Element $a \in A \smallsetminus (A^\times \cup \{0\})$ habe die zwei Zerlegungen

$$a = p_1 \ldots p_r = q_1 \ldots q_s$$

mit irreduziblen Elementen $p_1, \ldots, p_r, q_1, \ldots, q_s$. Zu zeigen: Es gilt $r = s$ und, nach eventueller Umnummerierung, $p_i \hat{=} q_i$, $i = 1, \ldots, r$.

Sei ohne Einschränkung $r \leq s$. Nach Lemma 4.2.3 sind $p_1, \ldots, p_r$ Primelemente. Aus $p_1 | a = q_1 \cdots q_s$ folgt $p_1 | q_j$ für ein j. Nach Umnummerierung sei dies q_1. Also gilt $q_1 = \varepsilon_1 p_1$ für ein $\varepsilon_1 \in A$. Da q_1 irreduzibel und p_1 keine Einheit ist, gilt $\varepsilon_1 \in A^\times$ und $p_1 \hat{=} q_1$. Kürzen durch p_1 ergibt

$$p_2 \cdots p_r = \varepsilon_1 q_2 \ldots q_s.$$

Da p_2 ein Primelement und daher keine Einheit ist, gilt $p_2 \nmid \varepsilon_1$. Folglich gilt $p_2 | q_2 \ldots q_s$. Jetzt fahren wir induktiv fort und erhalten, nach eventueller Umnummerierung, die Gleichungen $q_i = \varepsilon_i p_i \hat{=} p_i$, $\varepsilon_i \in A^\times$, $i = 1, \ldots, r$, sowie

$$1 = \varepsilon_1 \cdots \varepsilon_r \cdot q_{r+1} \cdots q_s.$$

Die irreduziblen Elemente $q_{r+1}, \ldots, q_s$ sind daher Einheiten, was nicht möglich ist. Folglich gilt $r = s$. □

4.3 Primzerlegung in den Gaußschen Zahlen

Nach diesen allgemeinen und ganz abstrakten Vorbereitungen wenden wir uns dem Ring

$$\mathbb{Z}[i] = \{a + bi, \; a, b \in \mathbb{Z}\}$$

der *Gaußschen Zahlen* zu. Wir bestimmen zunächst die Einheitengruppe. Dann zeigen wir, dass $\mathbb{Z}[i]$ euklidisch, also insbesondere faktoriell ist und charakterisieren die Primelemente.

Definition 4.3.1. *Für eine komplexe Zahl $z = x + yi$, $x, y \in \mathbb{R}$, heißt*

$$N(z) = |z|^2 = x^2 + y^2$$

die **Norm** *von z.*

Bezeichnen wir mit $\bar{z} = x - yi$ die zu z komplex-konjugierte Zahl, so gilt

$$N(z) = z\bar{z}.$$

Insbesondere gilt für $z, z' \in \mathbb{C}$ die Identität $N(zz') = N(z)N(z')$. Man sieht leicht, dass die Norm einer Gaußschen Zahl stets eine nichtnegative ganze Zahl ist. Ferner ist $N(z) = 0$ äquivalent zu $z = 0$. Als Nächstes bestimmen wir die Einheitengruppe von $\mathbb{Z}[i]$.

Satz 4.3.2. *Es gilt*
$$\mathbb{Z}[i]^{\times} = \{\pm i, \pm 1\}.$$
Die Einheiten in $\mathbb{Z}[i]$ sind genau die Elemente der Norm 1.

Beweis. Ist $1 = N(u) = u\bar{u}$, so ist u eine Einheit. Ist u eine Einheit und $uv = 1$, so gilt $N(u)N(v) = 1$ und deshalb $N(u) = N(v) = 1$. Daher sind die Einheiten genau die Elemente der Norm 1. Setzt man $u = a + bi$, $a, b \in \mathbb{Z}$, so impliziert $a^2 + b^2 = N(u) = 1$, dass $u \in \{\pm i, \pm 1\}$. Daher sind die angegebenen Elemente die einzigen Einheiten. □

Satz 4.3.3. *Die Norm auf $\mathbb{Z}[i]$ ist eine euklidische Normfunktion.*

Beweis. Zunächst ist die Norm einer von Null verschiedenen Gaußschen Zahl von Null verschieden, d.h. die Norm nimmt auf $\mathbb{Z}[i] \setminus \{0\}$ Werte in $\mathbb{N}$ an. Seien $a, b \in \mathbb{Z}[i]$, $b \neq 0$. Die komplexe Zahl $\frac{a}{b}$ hat rationalen Real- und Imaginärteil, d.h. es gibt $u, v \in \mathbb{Q}$ mit
$$\frac{a}{b} = u + vi.$$
Nun wählen wir ganze Zahlen $x, y \in \mathbb{Z}$ mit $|u - x| \leq \frac{1}{2}$, $|v - y| \leq \frac{1}{2}$. Mit $q = x + yi$ erhalten wir
$$N\left(\frac{a}{b} - q\right) = (u - x)^2 + (v - y)^2 \leq \frac{1}{4} + \frac{1}{4} < 1.$$
Setzen wir $r = a - bq \in \mathbb{Z}[i]$, so gilt
$$N(r) = N(b)N\left(\frac{a}{b} - q\right) < N(b).$$
Also erfüllen q und r das Gewünschte. □

Aus den Sätzen 4.3.3 und 4.2.4 erhalten wir:

Satz 4.3.4. *Der Ring $\mathbb{Z}[i]$ der Gaußschen Zahlen ist euklidisch, insbesondere faktoriell. Jedes irreduzible Element in $\mathbb{Z}[i]$ ist ein Primelement.*

Wir wollen nun die Primelemente in $\mathbb{Z}[i]$ genauer kennenlernen. Insbesondere interessieren wir uns dafür, ob eine Primzahl $p \in \mathbb{Z}$ in $\mathbb{Z}[i]$ prim bleibt oder ob sie (und wenn, dann wie) in Primfaktoren zerfällt.

Lemma 4.3.5. *Ist $\pi \in \mathbb{Z}[i]$ mit $N(\pi) = p$ mit p Primzahl, so ist π Primelement in $\mathbb{Z}[i]$.*

Beweis. Ist $\pi = ab$, so ist $p = N(\pi) = N(a)N(b)$. Daher gilt $N(a) = 1$ oder $N(b) = 1$ und nach Korollar 4.3.2 ist a oder b eine Einheit. Daher ist π irreduzibel und, da $\mathbb{Z}[i]$ faktoriell ist, ein Primelement. □

Wegen $N(1 + i) = N(1 - i) = 2$ sind $1 + i$ und $1 - i$ Primelemente und

$$2 = (1 + i)(1 - i)$$

ist eine Primelementzerlegung von $2 \in \mathbb{Z}[i]$. Allerdings haben nicht alle Primelemente in $\mathbb{Z}[i]$ eine Primzahl als Norm. Zum Beispiel ist $3 \in \mathbb{Z}[i]$ irreduzibel, also ein Primelement, und es gilt $N(3) = 9$.

Satz 4.3.6. *Sei $\pi \in \mathbb{Z}[i]$ ein Primelement. Dann tritt genau einer der beiden folgenden Fälle auf:*

(a) $N(\pi) = p^2$ *für eine Primzahl p und $\pi \,\hat{=}\, p$.*

(b) $N(\pi) = \pi\bar{\pi} = p$ *ist eine Primzahl.*

Umgekehrt ist jede Primzahl p entweder Primelement in $\mathbb{Z}[i]$ oder von der Form $p = \pi\bar{\pi}$ mit einem Primelement π der Norm p.

Beweis. Sei $p = \pi_1 \cdots \pi_n$ eine Primelementzerlegung der Primzahl p in $\mathbb{Z}[i]$. Dann gilt
$$p^2 = N(p) = N(\pi_1) \cdots N(\pi_n).$$
Nach Satz 4.3.2 gilt $N(\pi_j) > 1$ für $j = 1, \ldots, n$. Folglich ist $n \leq 2$. Im Fall $n = 1$ ist p Primelement. Im Fall $n = 2$ gilt $p = N(\pi_1) = \pi_1\bar{\pi}_1$. Sei nun $\pi \in \mathbb{Z}[i]$ ein Primelement. Dann teilt π die natürliche Zahl $N(\pi) > 1$ und deshalb auch eine Primzahl p. Ist p Primelement in $\mathbb{Z}[i]$, so folgt $\pi \,\hat{=}\, p$ und $N(\pi) = N(p) = p^2$. Gilt $p = \pi_1\bar{\pi}_1$ mit einem Primelement π_1 der Norm p, so ist, wegen der Eindeutigkeit der Primzerlegung, π assoziiert zu π_1 oder zu $\bar{\pi}_1$. In jedem Fall gilt $\pi\bar{\pi} = N(\pi) = N(\pi_1) = p$.   □

Es verbleibt zu klären, wann welcher Fall eintritt.

Satz 4.3.7. *Eine Primzahl p ist genau dann ein Primelement in $\mathbb{Z}[i]$, wenn p kongruent 3 modulo 4 ist.*

Beweis. Zunächst ist 2 kein Primelement in $\mathbb{Z}[i]$. Sei $p \neq 2$ und kein Primelement. Nach Satz 4.3.6 gilt $p = \pi\bar{\pi}$ für ein Primelement π. Setzt man $\pi = a + bi$, $a, b \in \mathbb{Z}$, so folgt $p = a^2 + b^2$, also $p \equiv 1 \bmod 4$. Dies zeigt eine Richtung. Ist $p \equiv 1 \bmod 4$, so existiert nach dem 1. Ergänzungssatz zum QRG ein $x \in \mathbb{Z}$ mit $x^2 \equiv -1 \bmod p$. Es gilt $p \mid (x^2 + 1) = (x + i)(x - i)$. Aber $x + i$ und $x - i$ sind nicht durch p teilbar und p daher kein Primelement.   □

Wir schließen, dass eine ungerade Primzahl p genau dann von der Form $p = \pi\bar{\pi} = (a + bi)(a - bi) = a^2 + b^2$ ist, wenn sie kongruent 1 modulo 4 ist. Dies gibt einen neuen und struktureInteren Beweis von Theorem 2.4.1! Wir können jetzt sogar zeigen, dass die Darstellung als Summe zweier Quadrate eindeutig ist (siehe Aufgabe 2).

Ist p von der Form $\pi\bar{\pi}$ und gilt $\pi\,\hat{=}\,\bar{\pi}$, so erhalten wir mit $\pi = a + bi$

$$a + bi = u(a - bi), \quad u \in \{\pm 1, \pm i\}.$$

Aus $u = \pm 1$ würde folgen, dass p ein Quadrat ist, also scheidet diese Möglichkeit aus. Für $u = \pm i$ erhalten wir $a = \pm b$. Aus $p = N(\pi) = 2a^2$ folgt dann $p = 2$. In der Tat gilt $2 = (1 + i)(1 - i)$ und $(1 - i) = (-i)(1 + i)$.

Zusammenfassend erhalten wir das

Theorem 4.3.8 (Zerlegungsgesetz in $\mathbb{Z}[i]$). *Eine Primzahl p ist in $\mathbb{Z}[i]$*

    Produkt zweier assoziierter Primelemente $\quad\Longleftrightarrow p = 2,$

    Produkt zweier nicht assoziierter Primelemente $\Longleftrightarrow p \equiv 1 \bmod 4,$

    Primelement $\qquad\qquad\qquad\qquad\qquad\quad\Longleftrightarrow p \equiv 3 \bmod 4.$

Wir haben gesehen, dass die Arithmetik der Gaußschen Zahlen $\mathbb{Z}[i]$ sich nur unwesentlich von der des gewohnten Ringes $\mathbb{Z}$ unterscheidet. Dass es vier anstelle von nur zwei Einheiten gibt, stellt kein wirkliches Problem dar. Der entscheidende Punkt unserer Betrachtungen ist das gerade bewiesene Zerlegungsgesetz, das die Schnittstelle zwischen der Arithmetik von $\mathbb{Z}$ und der von $\mathbb{Z}[i]$ ist. Wir werden es ausnutzen, um mit Hilfe des Umwegs über die Gaußschen Zahlen Eigenschaften gewöhnlicher ganzer Zahlen nachzuweisen.

Aufgabe 1. Man gebe eine Primelementzerlegung der Zahl $30 \in \mathbb{Z}[i]$ an.

Aufgabe 2. Es sei $p \equiv 1 \bmod 4$ eine Primzahl. Man zeige, dass die nach Satz 2.4.1 existierende Darstellung von p als Summe zweier Quadratzahlen bis auf Vertauschung der Summanden eindeutig ist.

Hinweis: Man schreibe $p = a^2 + b^2$ in der Form $p = N(a + bi) = (a + bi)(a - bi)$.

4.4 Quadratsummen II

Als direkte Anwendung des Zerlegungsgesetzes in $\mathbb{Z}[i]$ zeigen wir den

Satz 4.4.1. *Eine natürliche Zahl ist genau dann Summe zweier Quadratzahlen, wenn in ihrer Primfaktorzerlegung jede Primzahl kongruent 3 modulo 4 in gerader Vielfachheit vorkommt.*

Beweis. Eine natürliche Zahl ist genau dann Summe zweier Quadrate, wenn sie als Norm einer Gaußschen Zahl $\alpha \in \mathbb{Z}[i]$ vorkommt. Sei nun $n = N(\alpha)$ und

$$\alpha = \pi_1 \cdots \pi_r$$

eine Primzerlegung von α in $\mathbb{Z}[i]$. Dann gilt

$$n = N(\alpha) = N(\pi_1) \cdots N(\pi_r).$$

Nach Satz 4.3.6 und dem Zerlegungsgesetz ist für ein Primelement $\pi \in \mathbb{Z}[i]$ die Norm $N(\pi)$ entweder gleich 2, eine Primzahl kongruent 1 modulo 4 oder das Quadrat einer Primzahl kongruent 3 modulo 4. Dies zeigt, dass die gegebene Bedingung notwendig ist.

Sei nun
$$n = (p_1 \cdots p_r) \cdot (n')^2$$
mit Primzahlen $p_i \not\equiv 3 \bmod 4$, $i = 1, \ldots, r$. Nach dem Zerlegungsgesetz finden wir Primelemente $\pi_i \in \mathbb{Z}[i]$ mit $N(\pi_i) = p_i$, $i = 1, \ldots, r$. Wir erhalten $n = N(\alpha)$ mit $\alpha = \pi_1 \cdots \pi_r \cdot n'$.   □

Eine weitere Anwendung des Zerlegungsgesetzes ist der folgende Satz.

Satz 4.4.2. *Die einzige ganzzahlige Lösung der Gleichung*
$$X^2 + 1 = Y^3$$
ist $x = 0$, $y = 1$. Mit anderen Worten: Für eine natürliche Zahl n ist die Zahl $n^2 + 1$ niemals eine Kubikzahl.

Beweis. Seien $x, y \in \mathbb{Z}$ mit $x^2 + 1 = y^3$ gegeben. Wir betrachten im Ring $\mathbb{Z}[i]$ die Gleichung
$$(x + i)(x - i) = y^3.$$
Wegen $2i = (x + i) - (x - i)$ ist der größte gemeinsame Teiler von $x + i$ und $x - i$ (bis auf Assoziiertheit) eine Potenz des Primelements $(1 + i)$. Ist π ein Primelement ungerader Norm mit $\pi | (x + i)$, so folgt $\pi \nmid (x - i)$. Daher ist die Vielfachheit, mit der π das Element $x + i$ teilt, gleich der Vielfachheit, mit der π das Element y^3 teilt. Folglich ist diese Vielfachheit durch 3 teilbar. Sei r die Vielfachheit, mit der $1 + i$ das Element $x + i$ teilt. Da $1 + i$ und $1 - i$ assoziiert sind, ist auch $x - i$ genau r mal durch $1 + i$ teilbar. Folglich ist y^3 genau $2r$ mal durch $1 + i$ teilbar, d.h. $3 | r$. Da nun jeder Primfaktor von $x + i$ in durch drei teilbarer Potenz auftritt, existieren $\alpha \in \mathbb{Z}[i]$ und $u \in \mathbb{Z}[i]^\times$ mit
$$x + i = \alpha^3 \cdot u.$$
Setze $\alpha = a + bi$, $a, b \in \mathbb{Z}$. Dann gilt $\alpha^3 = a(a^2 - 3b^2) + b(3a^2 - b^2)i$. Im Fall $u = \pm 1$ erhalten wir $b(3a^2 - b^2) = \pm 1$. Hieraus folgt $b = \pm 1$ und $a = 0$, daher $x = 0$. Im Fall $u = \pm i$ erhalten wir $a(a^2 - 3b^2) = \pm 1$. Hieraus folgt $a = \pm 1$ und $b = 0$. Wieder folgt $x = 0$. Das beendet den Beweis.   □

Aufgabe: Es sei n eine ungerade, quadratfreie natürliche Zahl, die sich als Summe zweier Quadratzahlen schreiben lässt. Man zeige: Diese Darstellung ist genau dann, bis auf Vertauschung der Summanden, eindeutig, wenn n eine Primzahl ist.

Hinweis: Sind zwei Darstellungen $n = a^2 + b^2 = c^2 + d^2$ bis auf Reihenfolge die gleichen, so folgt $a + bi = (c + di)u$ oder $a + bi = (c - di)u$ für eine Einheit $u \in \mathbb{Z}[i]^\times$. Ist n keine Primzahl, so benutze man die Primzerlegung von n in $\mathbb{Z}[i]$, um verschiedene Darstellungen zu erhalten.

4.5 Pythagoräische Tripel

Ein Tripel ganzer Zahlen (a, b, c) mit $a^2 + b^2 = c^2$ heißt **pythagoräisches Tripel**. Das Tripel $(3, 4, 5)$ ist wohl das populärste Beispiel. Der Name ist vom Satz des Pythagoras abgeleitet, da man zu einem solchen Tripel (a, b, c) mit $a, b, c > 0$ ein ebenes rechtwinkliges Dreieck mit den Seitenlängen a, b und c findet:

$$a^2 + b^2 = c^2$$

In diesem Abschnitt wollen wir alle pythagoräischen Tripel bestimmen. **Triviale** Tripel sind solche, in denen a oder b gleich 0 ist, und diese wollen wir aus der Betrachtung ausschließen. Mit (a, b, c) sind auch die Tripel $(\pm a, \pm b, \pm c)$, und für jedes $d \in \mathbb{Z}$ auch (da, db, dc) pythagoräische Tripel. Wir werden uns bei der Bestimmung aller pythagoräischen Tripel auf nicht kürzbare Lösungen beschränken. Auch nehmen wir an, dass $a, b, c > 0$ sind. Schließlich kann man noch a und b vertauschen. Da modulo 4 nur 0 und 1 Quadrate sind, muss bei einer nicht kürzbaren Lösung c ungerade und genau eine der Zahlen a, b gerade sein. Wir vermeiden Vieldeutigkeit, indem wir annehmen, dass a gerade ist. Ein pythagoräisches Tripel (a, b, c) mit $a, b, c > 0$, $ggT(a, b, c) = 1$ und geradem a nennt man **primitiv**, und offensichtlich kennt man alle pythagoräischen Tripel, wenn man alle primitiven kennt.

Indem wir die Gleichung $a^2 + b^2 = c^2$ durch c^2 teilen, werden wir zunächst auf die Frage nach den rationalen Lösungen der Gleichung

$$X^2 + Y^2 = 1$$

geführt, d.h. wir suchen alle Punkte auf der Einheitskreislinie $\{(x, y) \in \mathbb{R}^2 \mid x^2 + y^2 = 1\}$ mit rationalen Koordinaten (x, y). Wir interpretieren diese Punkte als komplexe Zahlen der Form

$$x + yi, \quad x, y \in \mathbb{Q}.$$

Die Menge solcher komplexer Zahlen ist abgeschlossen unter Addition, Multiplikation und Division und bildet daher einen Körper. Dieser heißt der Körper der **rationalen Gaußschen Zahlen** und wird mit $\mathbb{Q}(i)$ bezeichnet. Unser erstes Ziel ist die Bestimmung aller $z = x + yi \in \mathbb{Q}(i)$ mit

$$N(z) = z\bar{z} = x^2 + y^2 = 1.$$

Eine wichtiges Hilfsmittel in der Zahlentheorie ist *Hilberts Satz 90*. Dies ist ein Satz aus Hilberts berühmtem *Zahlbericht* von 1897 [Hi] und war in der dortigen Nummerierung Satz 90. Alle später gefundenen Verallgemeinerungen des Hilbertschen Satzes wurden stets auch mit diesem Namen bezeichnet. Für die Klassifizierung der pythagoräischen Tripel brauchen wir den folgenden Spezialfall.

Satz 4.5.1 (Hilberts Satz 90 für $\mathbb{Q}(i)/\mathbb{Q}$). *Eine rationale Gaußsche Zahl* $z \in \mathbb{Q}(i)$ *hat genau dann die Norm 1, wenn sie von der Gestalt*

$$z = y \cdot \bar{y}^{-1}$$

für ein von Null verschiedenes $y \in \mathbb{Q}(i)$ *ist.*

Beweis. Ist z von der angegebenen Gestalt, so gilt

$$N(z) = z\bar{z} = \frac{y}{\bar{y}} \cdot \frac{\bar{y}}{y} = 1.$$

Die Bedingung ist also hinreichend. Ist $z = -1$, so gilt $z = \frac{i}{-i}$. Für $z \neq -1$ mit $N(z) = 1$ gilt $z(1 + \bar{z}) = z + z\bar{z} = 1 + z$. Also hat $y = 1 + z$ die gewünschte Eigenschaft. $\square$

Nun sind wir in der Lage, unser Hauptergebnis zu formulieren, welches eine vollständige Auflistung aller pythagoräischen Tripel beinhaltet.

Theorem 4.5.2. *Ist (a, b, c) ein primitives pythagoräisches Tripel, so existieren eindeutig bestimmte ganze Zahlen $A > B > 0$, $(A, B) = 1$, A und B nicht beide ungerade, mit*

$$a = 2AB, \quad b = A^2 - B^2 \quad und \quad c = A^2 + B^2.$$

Umgekehrt ist für jedes solche Paar A, B das Tripel (a, b, c) ein primitives pythagoräisches Tripel.

Beweis. Seien A, B mit den angegebenen Eigenschaften gegeben. Dann rechnet man leicht die Gleichung $a^2 + b^2 = c^2$ nach. Auch gilt $a, b, c > 0$. Sei p eine Primzahl, die a, b und c teilt. Dann gilt $p \mid 2A^2$ und $p \mid 2B^2$. Wegen $(A, B) = 1$ verbleibt nur die Möglichkeit $p = 2$. Aber A und B sind nicht beide ungerade, also ist c ungerade. Folglich ist (a, b, c) primitiv.

Sei nun (a, b, c) ein primitives pythagoräisches Tripel und sei $z = \frac{b}{c} + \frac{a}{c}i$. Dann gilt $N(z) = 1$ und nach Satz 4.5.1 existieren $\alpha, \beta \in \mathbb{Q}$ mit

$$\frac{b}{c} + \frac{a}{c}i = z = \frac{\alpha + \beta}{\alpha - \beta i} = \frac{\alpha^2 - \beta^2}{\alpha^2 + \beta^2} + \frac{2\alpha\beta}{\alpha^2 + \beta^2}i.$$

Wegen $a/c \neq 0$ sind α und β von Null verschieden. Indem wir α und β mit einer geeigneten rationalen Zahl multiplizieren erreichen wir, dass α und β ganzzahlig, teilerfremd und nicht beide negativ sind. Wegen $a/c > 0$ haben α und β dasselbe Vorzeichen und sind folglich beide positiv. Aus $b/c > 0$ folgt $\alpha > \beta$. Wären α und β beide ungerade, so wäre der Bruch

$$\frac{2\alpha\beta}{\alpha^2 + \beta^2}$$

einmal durch 2 kürzbar und danach unkürzbar. Wegen $2\alpha\beta/(\alpha^2 + \beta^2) = a/c$ würde hieraus $a = \alpha\beta$ folgen, aber a ist als gerade vorausgesetzt. Daher sind α und β nicht beide ungerade. Wir haben am Anfang des Beweises gesehen, dass die Brüche $(\alpha^2 - \beta^2)/(\alpha^2 + \beta^2)$ und $2\alpha\beta/(\alpha^2 + \beta^2)$ dann bereits in gekürzter Form sind. Daher sind a, b, c von der angegebenen Gestalt für $A = \alpha$, $B = \beta$.

Schließlich bleibt die Eindeutigkeit von A und B zu zeigen, was leicht aus $2A^2 = b + c$ und $2B^2 = c - b$ folgt. Das beendet den Beweis. $\qquad\square$

4.6 Erweiterte Zahlringe

Wir betrachten nun allgemeinere Zahlbereiche. Sei $d \in \mathbb{Z}$ quadratfrei (d.h. durch keine Quadratzahl > 1 teilbar) und von 0 und 1 verschieden. Mit $\sqrt{d}$ bezeichnen wir eine (willkürlich, aber fest gewählte) komplexe Lösung der Gleichung $X^2 = d$ (die andere ist dann $-\sqrt{d}$). Die Menge der komplexen Zahlen
$$a + b\sqrt{d}, \quad a, b \in \mathbb{Z},$$
ist ein Ring und wird mit $\mathbb{Z}[\sqrt{d}]$ bezeichnet. Da d als quadratfrei angenommen ist, ist $\sqrt{d}$ keine rationale Zahl. Ist $a + b\sqrt{d} = a' + b'\sqrt{d}$, so gilt $(b' - b)\sqrt{d} = (a - a')$ und daher $a = a'$ und $b = b'$, d.h. die Darstellung ist eindeutig. Wir betrachten nun die folgende Normfunktion auf $\mathbb{Z}[\sqrt{d}]$:
$$N(a + b\sqrt{d}) = (a + b\sqrt{d})(a - b\sqrt{d}) = a^2 - db^2.$$
Ist d negativ, so ist $N(z)$, wie im Falle der Gaußschen Zahlen, gerade das Quadrat des Absolutbetrages von z als komplexe Zahl. Für positives d ist das nicht richtig, die Norm kann sogar negativ sein. So hat $\sqrt{2} - 1 \in \mathbb{Z}[\sqrt{2}]$ die Norm $(-1)^2 - 2 \cdot 1^2 = -1$. Unabhängig vom Vorzeichen von d verifiziert man leicht die Regel $N(zz') = N(z)N(z')$. Ist $N(z) = 0$, so folgt aus der Quadratfreiheit von d, dass $z = 0$ ist.

Satz 4.3.3 verallgemeinert sich in folgender Weise.

Satz 4.6.1. *Die Funktion*
$$\nu : \mathbb{Z}[\sqrt{d}] \setminus \{0\} \longrightarrow \mathbb{N}, \; z \longmapsto |N(z)|,$$
ist eine euklidische Normfunktion, falls
$$|x^2 - dy^2| < 1$$
für alle rationalen Zahlen $x, y \in \mathbb{Q}$ mit $|x| \leq \frac{1}{2}$, $|y| \leq \frac{1}{2}$ gilt.

Beweis. Der Beweis ist im Prinzip der gleiche wie der von Satz 4.3.3. Wir bemerken zunächst, dass für komplexe Zahlen $x, y \in \mathbb{C}$ der Form $x = a + b\sqrt{d}$, $y = a' + b'\sqrt{d}$ mit $a, a', b, b' \in \mathbb{Q}$ auch die komplexen Zahlen $x + y$, xy und x/y von dieser Gestalt sind. Für den Quotienten (wir nehmen natürlich $y \neq 0$ an) sieht man das durch
$$\frac{x}{y} = \frac{a + b\sqrt{d}}{a' + b'\sqrt{d}} = \frac{(a + b\sqrt{d})(a' - b'\sqrt{d})}{a'^2 - db'^2} = \frac{aa' - bb'd}{a'^2 - db'^2} + \frac{a'b - ab'}{a'^2 - db'^2}\sqrt{d}.$$
Seien $a, b \in \mathbb{Z}[\sqrt{d}]$, $b \neq 0$. Wie wir gerade gesehen haben, hat die komplexe Zahl a/b die Gestalt

$$\frac{a}{b} = u + v\sqrt{d}$$

mit $u, v \in \mathbb{Q}$. Nun wählen wir ganze Zahlen $x, y \in \mathbb{Z}$ mit $|u - x| \leq 1/2$, $|v - y| \leq 1/2$. Mit $q = x + y\sqrt{d}$ erhalten wir nach Voraussetzung

$$\left| N\left(\frac{a}{b} - q\right) \right| = \left| (u - x)^2 - d(v - y)^2 \right| < 1.$$

Setzen wir $r = a - bq \in \mathbb{Z}[\sqrt{d}]$, so gilt

$$\nu(r) = |N(r)| = \left| N(b)N\left(\frac{a}{b} - q\right) \right| < |N(b)| = \nu(b).$$

Also erfüllen q und r das Gewünschte.   □

Korollar 4.6.2. *Für $d = -2, -1, 2, 3$ ist der Ring $\mathbb{Z}[\sqrt{d}]$ euklidisch und daher auch faktoriell.*

Beweis. Es gilt in den verschiedenen Fällen:

$$d = -2: \ |x^2 + 2y^2| \leq \tfrac{3}{4} < 1; \qquad d = -1: \ |x^2 + y^2| \leq \tfrac{1}{2} < 1;$$
$$d = +2: \ |x^2 - 2y^2| \leq \tfrac{1}{2} < 1; \qquad d = +3: \ |x^2 - 3y^2| \leq \tfrac{3}{4} < 1. \quad □$$

Leider ist der Ring $\mathbb{Z}[\sqrt{d}]$ oft nicht faktoriell (und damit insbesondere nicht euklidisch). So haben wir beispielsweise im Ring $\mathbb{Z}[\sqrt{-5}]$ die Zerlegung

$$(1 + \sqrt{-5})(1 - \sqrt{-5}) = 6 = 2 \cdot 3.$$

Die Elemente $1 + \sqrt{-5}, 1 - \sqrt{-5}, 2, 3$ sind sämtlich irreduzibel, also ist $\mathbb{Z}[\sqrt{-5}]$ nicht faktoriell. Ein weiteres, ganz praktisches Problem ist das folgende. Die dritte Einheitswurzel

$$\zeta_3 = e^{2\pi i/3} = -\frac{1}{2} + \frac{1}{2}\sqrt{-3}$$

liegt nicht im Ring $\mathbb{Z}[\sqrt{-3}]$. Wir würden aber gerne mit ζ_3 arbeiten, um zum Beispiel zur Lösung der Fermat-Gleichung $X^3 + Y^3 = Z^3$ die Identität

$$X^3 + Y^3 = (X + Y)(X + \zeta_3 Y)(X - \zeta_3 Y)$$

heranziehen zu können. Wir werden uns diesem Problem in Kapitel 6 widmen.

Aufgabe 1. Man zeige: $\alpha \in \mathbb{Z}[\sqrt{d}]$ ist genau dann eine Einheit, wenn $N(\alpha) = \pm 1$.

Aufgabe 2. Es sei p eine Primzahl. Man zeige, dass die Elemente $\sqrt{p} \in \mathbb{Z}[\sqrt{p}]$ und $\sqrt{-p} \in \mathbb{Z}[\sqrt{-p}]$ irreduzibel sind.

Aufgabe 3. Man zeige: $n = 26$ ist die einzige natürliche Zahl mit der Eigenschaft „$n - 1$ ist Quadratzahl und $n + 1$ ist Kubikzahl".

Hinweis: Man betrachte die Gleichung $(x + \sqrt{-2})(x - \sqrt{-2}) = y^3$ im euklidischen Ring $\mathbb{Z}[\sqrt{-2}]$ und analysiere die Primzerlegung beider Seiten.

Aufgabe 4. Es sei d ungerade und kleiner als -2. Man zeige, dass $2 \in \mathbb{Z}[\sqrt{d}]$ irreduzibel, aber kein Primelement ist. Insbesondere ist $\mathbb{Z}[\sqrt{d}]$ nicht faktoriell.

Kapitel 5

Algebraische Zahlen

In diesem Kapitel betrachten wir algebraische Zahlen. Das sind die komplexen Zahlen, die als Nullstelle eines Polynoms mit rationalen Koeffizienten auftreten. Eine algebraische Zahl heißt ganz-algebraisch, wenn sie Nullstelle eines normierten Polynoms mit ganzzahligen Koeffizienten ist. Als Teilmenge der algebraischen Zahlen spielen die ganz-algebraischen eine analoge Rolle wie die ganzen Zahlen in den rationalen. Um grundsätzliche Eigenschaften algebraischer und ganz-algebraischer Zahlen elegant nachweisen zu können, beginnen wir mit vorbereitenden Betrachtungen über Polynomringe und endlich erzeugte abelsche Gruppen.

5.1 Polynomringe

Sei A ein Ring. Wir betrachten den **Polynomring** $A[X]$, dessen Elemente formale Ausdrücke der Form

$$a_n X^n + a_{n-1} X^{n-1} + \cdots + a_0, \quad n \geq 0, \ a_0, \ldots, a_n \in A,$$

mit den üblichen Rechenregeln (siehe Abschnitt 1.6) für Addition und Multiplikation sind. Wir fassen A als Teilring von $A[X]$ auf, indem wir einem $a \in A$ das konstante Polynom a zuordnen. Wir haben z.B. bereits Polynome mit ganzzahligen Koeffizienten untersucht. Betrachtet man, wie in Abschnitt 1.6, ganzzahlige Polynome modulo einer natürlichen Zahl m, so ist es sinnvoll, diese als Elemente im Polynomring $\mathbb{Z}/m\mathbb{Z}[X]$ aufzufassen.

Lemma 5.1.1. *Ist A nullteilerfrei, so ist auch $A[X]$ nullteilerfrei und es gilt*

$$(A[X])^\times = A^\times.$$

Beweis. Offensichtlich ist das konstante Polynom a mit $a \in A^\times$ eine Einheit in $A[X]$. Seien $f = a_n X^n + \cdots + a_0$, $a_n \neq 0$, und $g = b_m X^m + \cdots + b_0$, $b_m \neq 0$, von Null verschiedene Polynome. Dann gilt

$$fg = a_n b_m X^{n+m} + \text{Terme kleineren Grades}.$$

Aus $fg = 0$ folgt daher $a_n b_m = 0$ im Widerspruch zur Nullteilerfreiheit von A. Also ist $A[X]$ nullteilerfrei. Ist (mit den gleichen Bezeichnungen) $fg = 1$, so würde, wenn n oder m verschieden von 0 wären, $a_n b_m = 0$ folgen. Dies ist aber wegen der Nullteilerfreiheit von A nicht möglich. Also gilt $m = n = 0$ und $a_0 b_0 = 1$. $\square$

Wir nennen ein von Null verschiedenes Polynom $f \in A[X]$ vom Grad n **normiert**, wenn der höchste Koeffizient a_n gleich 1 ist, d.h. f ist von der Form

$$f = X^n + a_{n-1}X^{n-1} + \cdots + a_0, \quad a_i \in A, \ i = 0, \ldots, n-1.$$

Ist $A = k$ ein Körper, so ist wegen des letzten Lemmas für jedes Polynom $f = a_n X^n + \cdots + a_0 \in k[X]$, $a_n \neq 0$, das Polynom

$$\tilde{f} = X^n + \frac{a_{n-1}}{a_n}X^{n-1} + \cdots + \frac{a_0}{a_n}$$

das eindeutig bestimmte normierte Polynom $\tilde{f}$ mit $f \doteq \tilde{f}$. Wir haben schon gesehen (Beispiel 2, Seite 54), dass $k[X]$ euklidisch und damit nach Satz 4.2.4 auch faktoriell ist. Daher hat jedes Polynom $f \neq 0$ aus $k[X]$ eine eindeutige Zerlegung der Form

$$f = a \cdot P_1 \cdots P_r$$

mit einer Einheit $a \in k^\times$ und normierten Primpolynomen $P_1, \ldots, P_r$. Ist f selbst normiert, so gilt $a = 1$.

Lemma 5.1.2. *Seien $f, g \in \mathbb{Q}[X]$ normierte Polynome. Sind alle Koeffizienten ihres Produktes fg ganzzahlig, so sind auch schon alle Koeffizienten von f und g ganzzahlig, d.h. $f, g \in \mathbb{Z}[X]$.*

Beweis. Sei $f = X^n + a_{n-1}X^{n-1} + \cdots + a_0$ und $g = X^m + b_{m-1}X^{m-1} + \cdots + b_0$. Sei M die kleinste natürliche Zahl (das kleinste gemeinsame Vielfache der Nenner von $a_0, \ldots, a_{n-1}$ in gekürzter Schreibweise) mit $Mf \in \mathbb{Z}[X]$. Wir setzen $A_i = Ma_i \in \mathbb{Z}$, $i = 0, \ldots, n$. Analog sei N die kleinste natürliche Zahl mit $Ng \in \mathbb{Z}[X]$ und $B_j = Nb_j$, $j = 0, \ldots, m$. Es gilt

$$MNfg = A_n B_m X^{n+m} + (A_n B_{m-1} + A_{n-1}B_m)X^{n+m-1} + \cdots + A_0 B_0.$$

Wegen $fg \in \mathbb{Z}[X]$ sind sämtliche Koeffizienten auf der linken und daher auch auf der rechten Seite durch MN teilbar. Wir zeigen $MN = 1$, indem wir die Annahme $MN > 1$ zum Widerspruch führen. Angenommen, p wäre eine Primzahl, die MN teilt. Wegen der Minimalität der Wahl von M und N gibt es Koeffizienten A_i, B_j, die nicht durch p teilbar sind. Seien i_0, j_0 die jeweils größten darunter vorkommenden Indizes. Dann hat der Koeffizient vor $X^{i_0+j_0}$ die Gestalt

$$A_{i_0} B_{j_0} + p \cdot \text{Rest},$$

ist also insbesondere nicht durch p teilbar. Aber dieser Koeffizient ist durch MN teilbar, was einen Widerspruch ergibt. Folglich gilt $MN = 1$ und daher $M = N = 1$. Nach Definition von M und N folgt $f, g \in \mathbb{Z}[X]$.

Variante: Etwas abstrakter hätte man eben auch folgendermaßen schließen können: $\overline{(Nf)(Mg)} = \bar{0} \in \mathbb{Z}/p\mathbb{Z}[X]$, also $\overline{Nf} = \bar{0}$ oder $\overline{Mg} = \bar{0}$ wegen der Nullteilerfreiheit von $\mathbb{Z}/p\mathbb{Z}[X]$.   □

Mit Hilfe vollständiger Induktion folgt hieraus der

Satz 5.1.3. *Sei $f \in \mathbb{Z}[X]$ ein normiertes Polynom und sei*

$$f = P_1 \cdots P_r$$

seine Zerlegung in normierte Primpolynome in $\mathbb{Q}[X]$. Dann sind alle Koeffizienten der Polynome P_i ganzzahlig, d.h. $P_1, \ldots, P_r \in \mathbb{Z}[X]$.

Korollar 5.1.4. *Ein normiertes irreduzibles Polynom in $\mathbb{Z}[X]$ bleibt in $\mathbb{Q}[X]$ irreduzibel, ist also ein Primelement in $\mathbb{Q}[X]$.*

Auf diese Weise kann man Polynome in $\mathbb{Q}[X]$ als irreduzibel erkennen.

Satz 5.1.5 (Eisensteinkriterium). *Sei $f = X^n + a_{n-1}X^{n-1} + \cdots + a_0$ ein normiertes Polynom mit ganzzahligen Koeffizienten. Gibt es eine Primzahl p mit $p \mid a_i$ für $i = 0, \ldots, n-1$, aber $p^2 \nmid a_0$, so ist f ein Primpolynom in $\mathbb{Q}[X]$.*

Beweis. Sei $f = gh$ mit $g = X^k + b_{k-1}X^{k-1} + \cdots + b_0$, $h = X^l + c_{l-1}X^{l-1} + \cdots + c_0$, $k, l \geq 1$. Nach Satz 5.1.3 liegen g und h in $\mathbb{Z}[X]$. Sei i_0 der kleinste Index mit $p \nmid b_i$ und j_0 der kleinste Index mit $p \nmid c_j$. Dann gilt für den Koeffizienten $a_{i_0+j_0}$ vor $X^{i_0+j_0}$ in f

$$a_{i_0+j_0} = b_{i_0}c_{j_0} + p \cdot \text{Rest},$$

weshalb dieser nicht durch p teilbar ist. Aus der gemachten Voraussetzung an f folgt $i_0 + j_0 = n$ und daher $i_0 = k$, $j_0 = l$. Insbesondere gilt $p \mid b_0$ und $p \mid c_0$. Hieraus folgt $p^2 \mid a_0$ im Widerspruch zur Annahme. Also kann sich f nicht in der angegebenen Form zerlegen und ist daher irreduzibel.   □

Beispiele: Die Polynome $X^2 + 3X + 6$ und $X^5 + 2X^4 + 10$, $X^6 - 5$ sind Primpolynome in $\mathbb{Q}[X]$.

5.2 Endlich erzeugte abelsche Gruppen

Eine abelsche Gruppe A heißt **endlich erzeugt**, wenn es endlich viele Elemente $a_1, \ldots, a_n \in A$ gibt, so dass jedes Element $a \in A$ eine (nicht notwendig eindeutige) Darstellung der Form $a = \alpha_1 a_1 + \cdots + \alpha_n a_n$ mit $\alpha_1, \ldots, \alpha_n \in \mathbb{Z}$ hat. Eine abelsche Gruppe, die bereits von einem Element erzeugt wird, heißt **zyklische** Gruppe. Sind $a_1, \ldots, a_k$ Elemente einer abelschen Gruppe A, so heißt die Untergruppe

$$\langle a_1, \ldots, a_k \rangle := \{a \in A \mid a = \alpha_1 a_1 + \cdots + \alpha_k a_k, \ \alpha_1, \ldots, \alpha_k \in \mathbb{Z}\} \subset A$$

die von $a_1 \ldots, a_k$ in A erzeugte Untergruppe. Per Konvention ist die von der leeren Menge von Elementen erzeugte Untergruppe die Nullgruppe.

Beispiele: 1. Die abelsche Gruppe $(\mathbb{Z}, +)$ ist zyklisch, sie ist nämlich durch das Element 1 erzeugt. Ein anderer Erzeuger ist -1.

2. Für $m \in \mathbb{N}$ ist $(\mathbb{Z}/m\mathbb{Z}, +)$ eine zyklische Gruppe. Ein Erzeuger ist die Restklasse der 1. Allgemeiner ist für $a \in \mathbb{Z}$ die Restklasse $\bar{a}$ genau dann ein Erzeuger von $\mathbb{Z}/m\mathbb{Z}$, wenn $(a, m) = 1$ gilt.

3. Ist p eine Primzahl, so ist die Gruppe $((\mathbb{Z}/p\mathbb{Z})^\times, \cdot)$ zyklisch. Als Erzeuger kann man eine beliebige primitive Wurzel modulo p wählen (vgl. Abschnitt 1.7).

Die einfachsten Beispiele endlich erzeugter abelscher Gruppen sind endliche abelsche Gruppen, d.h. solche, die aus endlich vielen Elementen bestehen.

Definition 5.2.1. *Es sei A eine endliche abelsche Gruppe. Die Anzahl ihrer Elemente heißt ihre* **Ordnung** *und wird mit $\#A$ bezeichnet.*

Satz 5.2.2. *Es sei A eine endliche abelsche Gruppe der Ordnung $n = \#A$. Dann gilt $n \cdot a = 0$ für jedes $a \in A$.*

Beweis. Sei $a \in A$ fixiert. Für $b_1, b_2 \in A$ folgt durch Addition von $-a$ aus $a + b_1 = a + b_2$, dass $b_1 = b_2$ gilt. Auch gilt $b = a + (b - a)$ für jedes $b \in A$. Daher ist die Abbildung $A \to A$, $b \mapsto a + b$, eine Bijektion. Durch Aufaddieren aller Elemente von A ergibt sich die Gleichung

$$\sum_{b \in A} b = \sum_{b \in A} (a + b) = n \cdot a + \sum_{b \in A} b.$$

Zieht man von dieser Gleichung $\sum_{b \in A} b$ ab, so erhält man $n \cdot a = 0$. $\square$

Hieraus folgt beispielsweise der Kleine Fermatsche Satz 1.4.2: Für $m \in \mathbb{N}$ ist $(\mathbb{Z}/m\mathbb{Z})^\times$ eine endliche abelsche Gruppe der Ordnung $\varphi(m)$. Die Gruppenoperation wird multiplikativ geschrieben. Nach Korollar 5.2.2 gilt $x^{\varphi(m)} = \bar{1}$ für jedes $x \in (\mathbb{Z}/m\mathbb{Z})^\times$.

Als nächstes untersuchen wir die Untergruppen von $\mathbb{Z}$.

Lemma 5.2.3. *Sei $B \subset (\mathbb{Z}, +)$ eine von Null verschiedene Untergruppe. Dann gilt*
$$B = m\mathbb{Z} = \{ma \mid a \in \mathbb{Z}\},$$
wobei m die eindeutig bestimmte kleinste natürliche Zahl in B ist.

Beweis. Da mit b auch $-b$ in B liegt, enthält B mindestens eine natürliche Zahl. Sei
$$m = \min(b \in \mathbb{N} \mid b \in B).$$

Zunächst ist mit m auch jedes ganzzahlige Vielfache von m in B, also $m\mathbb{Z} \subset B$. Angenommen, es gäbe ein $b \in B$, $b \notin m\mathbb{Z}$. Dann gibt es ein $n \in \mathbb{Z}$ mit $nm < b < (n+1)m$, also $0 < b - nm < m$. Weil b und m in B liegen, gilt dies auch für $b - nm$, was im Widerspruch zur Minimalität von m steht. Also gilt $B = m\mathbb{Z}$. □

Wichtig für uns ist der folgende

Satz 5.2.4. *Jede Untergruppe einer endlich erzeugten abelschen Gruppe ist endlich erzeugt. Genauer: Kann man die abelsche Gruppe A durch n Elemente erzeugen, so kann man jede Untergruppe $B \subset A$ durch n oder weniger Elemente erzeugen. Insbesondere ist jede Untergruppe einer zyklischen Gruppe wieder zyklisch.*

Beweis. Sei A endlich erzeugt, d.h. $A = \langle a_1, \ldots, a_n \rangle$ für Elemente $a_1, \ldots, a_n \in A$, und $B \subset A$ eine Untergruppe. Für $i = 0, \ldots, n$ setzen wir $A_i = \langle a_1, \ldots, a_i \rangle$ sowie $B_i = B \cap A_i$, und zeigen per Induktion, dass B_i durch i oder weniger Elemente erzeugt werden kann. Im Fall $i = 0$ gilt $B_0 = 0$ und die Aussage ist trivial. Wir nehmen nun an, dass für $0 \leq i < n$ die Untergruppe B_i durch i oder weniger Elemente erzeugt werden kann und betrachten die Menge

$$H = \{\alpha \in \mathbb{Z} \mid \exists\, \alpha_1, \ldots, \alpha_i \in \mathbb{Z} \text{ mit } \alpha_1 a_1 + \cdots + \alpha_i a_i + \alpha a_{i+1} \in B\}.$$

Man überlegt sich leicht, dass H eine Untergruppe von $\mathbb{Z}$ ist, also gilt $H = 0$ oder $H = m\mathbb{Z}$, wobei m die kleinste natürliche Zahl in H ist. Im ersten Fall gilt $B_{i+1} = B_i$ und der Induktionsschritt ist beendet. Sei also $H = m\mathbb{Z}$, $m \in \mathbb{N}$. Wir wählen $m_1, \ldots, m_i \in \mathbb{Z}$ mit $b_{i+1} := m_1 a_1 + \cdots + m_i a_i + m a_{i+1} \in B_{i+1}$. Für jedes $b \in B_{i+1}$ gibt es ein $n \in \mathbb{Z}$ mit $b - n a_{i+1} \in A_i$. Dann gilt $n \in H$, also $m|n$. Folglich gilt

$$b - \frac{n}{m} b_{i+1} = (b - n a_{i+1}) - \frac{n}{m}(m_1 a_1 + \cdots + m_i a_i) \in A_i.$$

Daher gilt $b - \frac{n}{m} b_{i+1} \in B_{i+1} \cap A_i = B_i$. Wir können daher jedes $b \in B_{i+1}$ als Summe eines Elements aus B_i und eines ganzzahligen Vielfachen von b_{i+1} schreiben. Nach Induktionsvoraussetzung wird B_i durch i oder weniger Elemente erzeugt, also kann man B_{i+1} durch $i+1$ oder weniger Elemente erzeugen. □

Schließlich wollen wir endlich erzeugte abelsche Gruppen bis auf Isomorphie bestimmen. Hat man endlich viele abelsche Gruppen $A_1, \ldots, A_n$ gegeben, so ist ihr **Produkt**

$$A_1 \times \cdots \times A_n = \{(a_1, \ldots, a_n) \mid a_i \in A_i,\ i = 1, \ldots, n\}$$

mit komponentenweiser Addition eine abelsche Gruppe. Das r-fache Selbstprodukt einer abelschen Gruppe A wird mit A^r bezeichnet, wobei man die Konvention $A^0 = 0$ setzt, d.h. das nullfache Selbstprodukt ist die triviale Gruppe.

Satz 5.2.5 (Hauptsatz über endlich erzeugte abelsche Gruppen).
Sei A eine endlich erzeugte abelsche Gruppe. Dann existieren ganze Zahlen $r, s \geq 0$, einander sukzessive teilende natürliche Zahlen $1 < e_1 \mid e_2 \mid \cdots \mid e_s$ und ein Isomorphismus abelscher Gruppen

$$A \cong \mathbb{Z}^r \times \mathbb{Z}/e_1\mathbb{Z} \times \cdots \times \mathbb{Z}/e_s\mathbb{Z}.$$

Insbesondere lässt sich jede endlich erzeugte abelsche Gruppe als Produkt endlich vieler zyklischer Gruppen schreiben.

Beweis. Es sei $A = \langle a_1, \ldots, a_n \rangle$. Wir betrachten die Untergruppe B in $\mathbb{Z}^n$,

$$B = \{(\alpha_1, \ldots, \alpha_n) \in \mathbb{Z}^n \mid \alpha_1 a_1 + \cdots + \alpha_n a_n = 0\}.$$

Weil A durch $a_1, \ldots, a_n$ erzeugt wird, ist die Abbildung $\mathbb{Z}^n/B \to A$, die die Restklasse $(\alpha_1, \ldots, \alpha_n) + B$ auf das Element $\alpha_1 a_1 + \cdots + \alpha_n a_n$ in A abbildet, ein Isomorphismus, d.h. wir können A mit der Faktorgruppe $\mathbb{Z}^n/B$ identifizieren. Als Untergruppe von $\mathbb{Z}^n$ kann B nach Satz 5.2.4 durch n (oder weniger) Elemente erzeugt werden. Wir finden daher $b_1, \ldots, b_n \in \mathbb{Z}^n$ mit $B = \langle b_1, \ldots, b_n \rangle$. Wir betrachten die $n \times n$-Matrix, in deren i-ter Spalte gerade b_i steht. Nach Lemma 3.2.2 können wir diese Matrix durch elementare Umformungen auf die Gestalt

$$\begin{pmatrix} e_1 & 0 & \cdots & 0 & 0 & \cdots & 0 \\ 0 & e_2 & \cdots & 0 & 0 & \cdots & 0 \\ \vdots & & \ddots & & & & \vdots \\ 0 & 0 & \cdots & e_s & 0 & \cdots & 0 \\ 0 & 0 & \cdots & 0 & 0 & \cdots & 0 \\ \vdots & & \ddots & & & \ddots & \\ 0 & 0 & \cdots & 0 & 0 & \cdots & 0 \end{pmatrix}$$

mit natürlichen Zahlen $e_1 \mid \cdots \mid e_s$ bringen. Die erlaubten Umformungen 1)-5) aus Abschnitt 3.2 entsprechen Wechseln der Basis von $\mathbb{Z}^n$. Wegen $A \cong \mathbb{Z}^n/B$ erhalten wir somit einen Isomorphismus

$$A \cong \mathbb{Z}/e_1\mathbb{Z} \times \cdots \times \mathbb{Z}/e_s\mathbb{Z} \times \mathbb{Z}^{n-s}.$$

Schließlich erhalten wir das Ergebnis, indem wir aus dieser Darstellung die (redundanten) Einsen unter den e_i entfernen. $\qquad\Box$

Es ist nicht schwierig zu zeigen, dass die Zahlen r, s, sowie $e_1, \ldots, e_s$ eindeutig bestimmt sind. Siehe die untenstehenden Aufgaben 1 und 2.

Aufgabe 1. Man nennt Elemente $a_1, \ldots, a_r \in A$ in einer abelschen Gruppe *linear unabhängig*, wenn für ganze Zahlen $\alpha_1, \ldots, \alpha_r$ das Element $\alpha_1 a_1 + \cdots + \alpha_r a_r \in A$ genau dann gleich dem neutralen Element $0 \in A$ ist, wenn $\alpha_1 = \cdots = \alpha_r = 0$ gilt. Sei A eine endlich erzeugte abelsche Gruppe. Man zeige: Die Zahl r in Satz 5.2.5 ist die Maximalanzahl linear unabhängiger Elemente in A. Insbesondere ist r eindeutig bestimmt.

Aufgabe 2. Man zeige, dass die Zahl s und die natürlichen Zahlen $e_1 | \cdots | e_s$ in Satz 5.2.5 eindeutig bestimmt sind.

Hinweis: Man betrachte für jede natürliche Zahl n die n-*Torsionsuntergruppe*

$$_nA = \{a \in A \mid n \cdot a = 0\}$$

von A und berechne die Zahlen e_i aus den Ordnungen dieser endlichen abelschen Gruppen.

Aufgabe 3. Es sei A eine endliche abelsche Gruppe und $a \in A$. Die Ordnung $ord(a)$ ist als die kleinste natürliche Zahl n mit $n \cdot a = 0$ definiert. Man zeige, dass $\#A$ durch $ord(a)$ teilbar ist.

Hinweis: Man verallgemeinere den Beweis von Satz 1.7.2.

5.3 Ganze algebraische Zahlen

In diesem Abschnitt beschäftigen wir uns mit (ganzen) algebraischen Zahlen.

Definition 5.3.1. *Eine komplexe Zahl α heißt* **algebraisch**, *wenn es ein normiertes Polynom*

$$f = X^n + a_{n-1}X^{n-1} + \cdots + a_0 \in \mathbb{Q}[X]$$

mit $f(\alpha) = 0$ gibt. Die Zahl α heißt **ganz-algebraisch**, *wenn man f mit ganzzahligen Koeffizienten wählen kann. Eine nicht algebraische komplexe Zahl heißt* **transzendent**.

Beispiele: 1. Jede rationale Zahl ist algebraisch. Jede ganze Zahl ist ganz-algebraisch.
2. $\pm\sqrt{d}$ ist algebraisch für $d \in \mathbb{Q}$ und ganz-algebraisch für $d \in \mathbb{Z}$.
3. Es ist bekannt, dass e und π transzendent sind.

Lemma 5.3.2. *Die Menge der algebraischen Zahlen ist von der Kardinalität abzählbar-unendlich.*

Beweis. Da es nur abzählbar-unendlich viele rationale Zahlen gibt, gibt es zu jedem Grad n nur abzählbar-unendlich viele Polynome vom Grad n mit rationalen Koeffizienten. Daher gibt es überhaupt nur abzählbar-unendlich viele Polynome in $\mathbb{Q}[X]$. Jedes dieser Polynome hat nur endlich viele Nullstellen, also gibt es höchstens abzählbar-unendlich viele algebraische Zahlen. Schließlich sind alle rationalen Zahlen algebraisch, d.h. es gibt unendlich viele algebraische Zahlen. □

Korollar 5.3.3. *Es gibt überabzählbar viele transzendente komplexe Zahlen.*

Beweis. Die Kardinalität von $\mathbb{C}$ ist überabzählbar. □

Wir sehen also, dass eine willkürlich gewählte komplexe Zahl mit der Wahrscheinlichkeit 1 transzendent ist. Trotzdem ist es schwierig, von einer gegebenen komplexen Zahl nachzuweisen, dass sie transzendent ist.

Satz 5.3.4. *Eine rationale Zahl ist genau dann ganz-algebraisch, wenn sie in $\mathbb{Z}$ liegt.*

Beweis. Elemente von $\mathbb{Z}$ sind ganz-algebraisch. Sei $\alpha \in \mathbb{Q} \setminus \mathbb{Z}$ und sei $\alpha = \frac{a}{b}$, $a, b \in \mathbb{Z}$, $b > 1$, in gekürzter Schreibweise. Ist $f = X^n + a_{n-1}X^{n-1} + \cdots + a_0$, $a_0, \ldots, a_{n-1} \in \mathbb{Z}$, ein Polynom mit $f(\alpha) = 0$, so erhalten wir durch Multiplizieren mit b^n die Identität

$$a^n + ba_{n-1}a^{n-1} + \cdots + b^n a_0 = 0.$$

Folglich ist a^n durch b teilbar, was der Teilerfremdheit von a und b widerspricht.   □

Bemerkung: Dies gibt einen „neuen" Beweis für die Irrationalität von $\sqrt{2}$. Wäre nämlich $\sqrt{2} \in \mathbb{Q}$, so würde auch $\sqrt{2} \in \mathbb{Z}$ gelten. Aber 2 ist keine Quadratzahl.

Lemma 5.3.5. *Eine komplexe Zahl α ist genau dann algebraisch, wenn ein $m \in \mathbb{N}$ existiert, so dass $m\alpha$ ganz-algebraisch ist.*

Beweis. Sei

$$0 \neq f = X^n + a_{n-1}X^{n-1} + \cdots + a_0, \quad a_0, \ldots, a_{n-1} \in \mathbb{Q}$$

ein Polynom mit $f(\alpha) = 0$. Wählen wir ein $m \in \mathbb{N}$ mit $ma_i \in \mathbb{Z}$ für $i = 0, \ldots, n-1$. Dann gilt

$$(m\alpha)^n + ma_{n-1}(m\alpha)^{n-1} + \cdots + m^n a_0 = 0,$$

also ist $m\alpha$ ganz-algebraisch. Der umgekehrte Schluss zeigt, dass aus $m\alpha$ ganz-algebraisch folgt, dass α algebraisch ist.   □

Für komplexe Zahlen $\alpha_1, \ldots, \alpha_n$ bezeichnen wir mit

$$\mathbb{Z}[\alpha_1, \ldots, \alpha_n]$$

die Menge aller komplexen Zahlen der Form

$$z = \sum_{\text{endl.}} a_{i_1, \ldots, i_n} \alpha_1^{i_1} \cdots \alpha_n^{i_n}, \qquad 0 \leq i_1, \ldots, i_n \in \mathbb{Z}, \quad a_{i_1, \ldots, i_n} \in \mathbb{Z}.$$

Diese Menge ist offensichtlich ein Ring.

Satz 5.3.6. $\mathbb{Z}[\alpha_1, \ldots, \alpha_n]$ *ist (bezüglich Addition) genau dann eine endlich erzeugte abelsche Gruppe, wenn $\alpha_1, \ldots, \alpha_n$ ganz-algebraische Zahlen sind.*

Beweis. Seien $\alpha_1, \ldots, \alpha_n$ ganz-algebraisch und sei für $i = 1, \ldots, n$

$$f_i = X^{N_i} + a^{(i)}_{N_i-1} X^{N_i-1} + \cdots + a^{(i)}_0$$

ein normiertes Polynom mit ganzen Koeffizienten, so dass $f_i(\alpha_i) = 0$ gilt. Mit Hilfe der Relationen

$$\alpha_i^{N_i} = -a^{(i)}_{N_i-1}\alpha_i^{N_i-1} - \cdots - a^{(i)}_0$$

können wir jede Summe von Produkten von Potenzen der α_i so umformen, dass α_i höchstens in der Potenz $N_i - 1$ auftaucht. Daher ist $\mathbb{Z}[\alpha_1, \ldots, \alpha_n]$ als abelsche Gruppe von den $N_1 \cdots N_n$ Elementen $\alpha_1^{e_1} \cdots \alpha_n^{e_n}$, $0 \le e_i \le N_i - 1$, erzeugt. Dies zeigt eine Richtung.

Nun nehmen wir an, dass $\mathbb{Z}[\alpha_1, \ldots, \alpha_n]$ endlich erzeugt ist. Sei $\alpha = \alpha_i$ für ein i. Die Inklusion $\mathbb{Z}[\alpha] \subset \mathbb{Z}[\alpha_1, \ldots, \alpha_n]$ zusammen mit Satz 5.2.4 zeigt, dass auch $\mathbb{Z}[\alpha]$ endlich erzeugt ist. Wir wählen ein endliches System von erzeugenden Elementen und wählen $N \in \mathbb{N}$ groß genug, so dass alle gewählten Erzeuger Summen von α-Potenzen vom Exponenten kleiner N sind. Dann ist auch $1, \alpha, \ldots, \alpha^{N-1}$ ein Erzeugendensystem. Daher gibt es ganze Zahlen $a_0, \ldots, a_{N-1}$ mit

$$\alpha^N = a_0 + a_1\alpha + \cdots + a_{N-1}\alpha^{N-1}.$$

Folglich ist α ganz-algebraisch. $\square$

Korollar 5.3.7. (i) *Die Summe und das Produkt ganz-algebraischer Zahlen sind wieder ganz-algebraisch.*

(ii) *Die Summe und das Produkt algebraischer Zahlen sind wieder algebraisch. Das Inverse einer von Null verschiedenen algebraischen Zahl ist wieder algebraisch.*

Beweis. Sind α und β ganz-algebraisch, so ist $\mathbb{Z}[\alpha, \beta]$ endlich erzeugt. Wegen $\alpha + \beta \in \mathbb{Z}[\alpha, \beta]$ gilt

$$\mathbb{Z}[(\alpha + \beta)] \subset \mathbb{Z}[\alpha, \beta].$$

Daher ist auch $\mathbb{Z}[(\alpha + \beta)]$ endlich erzeugt und $\alpha + \beta$ ganz-algebraisch. Das Argument für das Produkt ist das gleiche. Sind α und β algebraisch, so existieren von Null verschiedene $n, m \in \mathbb{Z}$, so dass $n\alpha$ und $m\beta$ ganz-algebraisch sind. Dann sind auch $nm\alpha$ und $nm\beta$ ganz-algebraisch. Daher ist $nm(\alpha + \beta)$ ganz-algebraisch und $\alpha + \beta$ algebraisch. Das Argument für das Produkt ist wieder das gleiche. Ist $\alpha \ne 0$ algebraisch und gilt

$$\alpha^n + a_{n-1}\alpha^{n-1} + \cdots + a_0 = 0, \quad a_0, \ldots, a_{n-1} \in \mathbb{Q},$$

so können wir diese Gleichung so oft durch α teilen, bis der konstante Term von Null verschieden ist, also o.B.d.A. $a_0 \ne 0$. Teilen wir durch $a_0\alpha^n$, erhalten wir

$$\left(\frac{1}{\alpha}\right)^n + \cdots + \frac{a_{n-1}}{a_0}\left(\frac{1}{\alpha}\right) + \frac{1}{a_0} = 0$$

und somit ist auch $1/\alpha$ algebraisch. $\square$

Nach Korollar 5.3.7 ist die Menge der ganz-algebraischen Zahlen ein Ring, und wir bezeichnen diesen mit $\mathcal{O}$. Die Menge der algebraischen Zahlen ist ein Körper, der mit $\bar{\mathbb{Q}}$ bezeichnet wird. Wir haben einen Turm von Körpern

$$\mathbb{Q} \subsetneq \bar{\mathbb{Q}} \subsetneq \mathbb{C}.$$

Wichtig ist der folgende Satz.

Satz 5.3.8. *Ist eine komplexe Zahl α Nullstelle eines Polynoms*

$$X^n + a_{n-1}X^{n-1} + \cdots + a_0$$

mit $a_0, \ldots, a_{n-1} \in \bar{\mathbb{Q}}$, so gilt auch $\alpha \in \bar{\mathbb{Q}}$. Sind $a_0, \ldots, a_{n-1} \in \mathcal{O}$, so gilt $\alpha \in \mathcal{O}$.

Bemerkung: Der sogenannte *Hauptsatz der Algebra* (siehe z.B. [Bo], Abschnitt 6.3) besagt, dass jedes nicht konstante Polynom mit komplexen Koeffizienten eine komplexe Nullstelle hat. Daher zerfällt jedes Polynom $f \in \mathbb{C}[X]$ in Linearfaktoren. Man sagt, der Körper $\mathbb{C}$ sei **algebraisch abgeschlossen**. Der erste Teil von Satz 5.3.8 besagt, dass auch der Körper $\bar{\mathbb{Q}}$ algebraisch abgeschlossen ist. Die im zweiten Teil des Satzes beschriebene Eigenschaft bezeichnet man als die **Ganzabgeschlossenheit** von $\mathcal{O}$.

Beweis von Satz 5.3.8. Sind $a_0, \ldots, a_{n-1} \in \mathcal{O}$, so sieht man wie im Beweis von Satz 5.3.6, dass

$$\mathbb{Z}[\alpha, a_0, \ldots, a_{n-1}]$$

eine endlich erzeugte abelsche Gruppe ist. Also ist $\alpha \in \mathcal{O}$. Sind $a_0, \ldots, a_{n-1} \in \bar{\mathbb{Q}}$, so finden wir ein $m \in \mathbb{Z}$, $m \neq 0$, so dass $ma_0, \ldots, ma_{n-1}$ in $\mathcal{O}$ liegen. Daher ist $m\alpha$ Nullstelle eines Polynoms mit Koeffizienten in $\mathcal{O}$. Nach dem ersten Teil des Beweises gilt $m\alpha \in \mathcal{O}$ und daher $\alpha \in \bar{\mathbb{Q}}$.   □

Definition 5.3.9. *Sei α eine algebraische Zahl. Ein normiertes Polynom $f \in \mathbb{Q}[X]$ mit $f(\alpha) = 0$ heißt **Minimalpolynom** von α, wenn es unter den Polynomen mit dieser Eigenschaft minimalen Grad hat.*

Satz 5.3.10. *Das Minimalpolynom einer algebraischen Zahl α ist eindeutig bestimmt, irreduzibel und es teilt jedes Polynom $g \in \mathbb{Q}[X]$ mit $g(\alpha) = 0$. Das Minimalpolynom einer ganz-algebraischen Zahl liegt in $\mathbb{Z}[X]$.*

Beweis. Seien $f, g \in \mathbb{Q}[X]$ mit $f(\alpha) = 0 = g(\alpha)$ gegeben und sei $h = (f, g)$ der größte gemeinsame Teiler von f und g. Da h sich aus f und g linear kombinieren lässt, gilt auch $h(\alpha) = 0$. Hat f minimalen Grad, so folgt $f \doteq h$, also $f | g$. Ist g auch von minimalem Grad, so folgt $g | f$, also $f \doteq g$, was die Eindeutigkeit des (normierten) Minimalpolynoms zeigt. Wir sehen auch, dass das Minimalpolynom f_α von α jedes Polynom g mit $g(\alpha) = 0$ teilt. Wäre f_α nichttrivial zerlegbar, so wäre α Nullstelle mindestens eines der Faktoren, im Widerspruch zur Minimalität des Grades von f_α. Ist α ganz-algebraisch, so existiert ein normiertes $f \in \mathbb{Z}[X]$ mit $f(\alpha) = 0$. Das Minimalpolynom f_α teilt f und ist daher einer der Faktoren in der Primpolynomzerlegung von f. Nach Satz 5.1.3 liegt dann auch f_α in $\mathbb{Z}[X]$.   □

5.4 Kreisteilungspolynome

Definition 5.4.1. *Sei n eine natürliche Zahl. Eine komplexe Zahl ζ heißt* **n-te Einheitswurzel**, *wenn $\zeta^n = 1$ gilt.*

Die n-ten Einheitswurzeln sind gerade die Nullstellen des Polynoms $X^n - 1$, daher gibt es höchstens n verschiedene. Wegen $|\zeta|^n = |\zeta^n| = 1$ haben Einheitswurzeln den Betrag 1. Offensichtlich ist das Produkt n-ter Einheitswurzeln wieder eine n-te Einheitswurzel. Eine spezielle n-te Einheitswurzel ist die komplexe Zahl
$$\zeta_n = e^{2\pi i/n} = \cos(2\pi/n) + i\sin(2\pi/n).$$
Die Potenzen ζ_n^k, $k = 0, \ldots, n-1$, sind paarweise verschieden, also gibt es genau n verschiedene n-te Einheitswurzeln. Die einzigen reellen Einheitswurzeln sind ± 1.

Definition 5.4.2. *Eine n-te Einheitswurzel ζ heißt* **primitiv**, *wenn alle n-ten Einheitswurzeln Potenzen von ζ sind.*

Lemma 5.4.3. *Die n-te Einheitswurzel ζ_n ist primitiv. Für $k \in \mathbb{Z}$ ist ζ_n^k genau dann primitiv, wenn $(k, n) = 1$ gilt.*

Beweis. ζ_n ist offensichtlich primitiv. Ist $(k, n) = 1$, so existieren $a, b \in \mathbb{Z}$ mit $ak + bn = 1$ und daher ist $(\zeta_n^k)^a = \zeta_n^{ak+bn} = \zeta_n$. In diesem Fall ist ζ_n und damit auch jede n-te Einheitswurzel eine Potenz von ζ_n^k. Ist $d = (k, n) > 1$, so sind die Potenzen von ζ_n^k gerade die Einheitswurzeln ζ_n^{dj}, $j = 1, \ldots, \frac{m}{d}$. In diesem Fall ist ζ_n^k keine primitive n-te Einheitswurzel (aber eine primitive $\frac{n}{d}$-te Einheitswurzel). $\qquad\square$

Korollar 5.4.4. *Es gibt genau $\varphi(n)$ verschiedene primitive n-te Einheitswurzeln.*

Die Zuordnung
$$\mathbb{Z}/n\mathbb{Z} \longrightarrow \{n\text{-te Einheitswurzeln}\}$$
$$a \longmapsto \zeta_n^a$$
ist ein Isomorphismus abelscher Gruppen. Die primen Restklassen modulo n werden gerade auf die primitiven n-ten Einheitswurzeln abgebildet.

Definition 5.4.5. *Das Polynom*
$$\Phi_n = \prod_{\substack{\zeta^n = 1 \\ \zeta \, primitiv}} (X - \zeta)$$
heißt das **n-te Kreisteilungspolynom**.

Beispiele: $\Phi_1 = X - 1$, $\Phi_2 = X + 1$, $\Phi_3 = X^2 + X + 1$, $\Phi_4 = X^2 + 1$, $\Phi_5 = X^4 + X^3 + X^2 + X + 1$, $\Phi_6 = X^2 - X + 1$.

Lemma 5.4.6. *Für* $n \in \mathbb{N}$ *gilt*

$$X^n - 1 = \prod_{d|n} \Phi_d,$$

wobei sich das Produkt auf der rechten Seite über alle natürlichen Teiler d von n erstreckt.

Beweis. Jede n-te Einheitswurzel ζ ist für genau einen Teiler d von n primitive d-te Einheitswurzel (d ist die kleinste natürliche Zahl mit $\zeta^d = 1$). Daher sind $X^n - 1$ und $\prod_{d|n} \Phi_d$ normierte Polynome in $\mathbb{C}[X]$, die die gleichen Nullstellen haben. Hieraus folgt die Aussage. □

Bemerkung: Ein Vergleich der Grade gibt uns einen neuen Beweis der Formel $\sum_{d|n} \varphi(d) = n$ (siehe Satz 1.3.17).

Satz 5.4.7. *Die Kreisteilungspolynome haben ganzzahlige Koeffizienten, d.h. für jedes $n \in \mathbb{N}$ gilt*

$$\Phi_n \in \mathbb{Z}[X].$$

Beweis. Wir beweisen die Aussage per Induktion über n. Es gilt $\Phi_1 = X - 1$, was den Induktionsanfang liefert. Sei nun $n > 1$ und $\Phi_m \in \mathbb{Z}[X]$ für jedes $m < n$. Wir betrachten die Gleichung

$$X^n - 1 = \Phi_n \cdot \prod_{\substack{d|n \\ d<n}} \Phi_d.$$

Mit Hilfe dieser Identität können wir die Koeffizienten von Φ_n sukzessive aus den (ganzzahligen) Koeffizienten der Polynome Φ_d, $d|n$, $d < n$, berechnen. Da dabei Divisionen durchgeführt werden, erhalten wir zunächst, dass alle Koeffizienten von Φ_n rational sind. Ihre Ganzzahligkeit folgt dann aus Lemma 5.1.2. □

Sei k ein Körper und seien $f, g \in k[X]$ zwei Polynome, nicht beide Null. Dann enthält die Menge der größten gemeinsamen Teiler von f und g eindeutig bestimmtes normiertes Polynom. Dieses werden wir mit (f, g) bezeichnen. Sind f und g normiert und in $\mathbb{Z}[X]$, so haben nach Lemma 5.1.2 alle normierten Primfaktoren von f und g in $\mathbb{Q}[X]$ ganze Koeffizienten und damit gilt auch $(f, g) \in \mathbb{Z}[X]$.

Definition 5.4.8. *Sei A ein Ring und $f = a_n X^n + \ldots + a_0 \in A[X]$ ein Polynom. Die* **Ableitung** *f' von f ist durch*

$$f' = a_n n X^{n-1} + a_{n-1}(n-1)X^{n-2} + \cdots + a_1$$

definiert.

Eine einfache, rein formale Rechnung gibt uns die Produktregel

$$(fg)' = f'g + fg'.$$

Definition 5.4.9. *Ein Polynom* $f \in \mathbb{Q}[X]$, *heißt* **separabel**, *wenn* $(f, f') = 1$ *gilt. Ein Polynom* $f \in \mathbb{Z}[X]$ *heißt* **separabel modulo einer Primzahl** p, *wenn* $(\bar{f}, \bar{f}') = \bar{1} \in \mathbb{Z}/p\mathbb{Z}[X]$ *gilt.*

Beispiele: 1. Das Polynom $X - 1$ ist separabel und separabel modulo p für jede Primzahl p.

2. Das Polynom X^n ist für $n > 1$ inseparabel (d.h. nicht separabel).

3. Ist p eine Primzahl, so ist das Polynom $X^p - 1$ separabel, aber inseparabel modulo p, da $(X^p - 1)' = pX^{p-1}$ modulo p gleich dem Nullpolynom ist.

Lemma 5.4.10. *Ein Polynom* $f \neq 0$ *in* $\mathbb{Q}[X]$ *ist genau dann separabel, wenn in seiner normierten Primzerlegung*

$$f = aP_1 \cdots P_r, \quad a \in \mathbb{Q}^\times,$$

kein Faktor zweimal auftaucht. Ein Polynom $f \in \mathbb{Z}[X]$ *ist genau dann separabel modulo* p, *wenn nicht alle Koeffizienten durch* p *teilbar sind und in der normierten Primzerlegung in* $\mathbb{Z}/p\mathbb{Z}[X]$

$$\bar{f} = bP_1 \cdots P_s, \quad b \in (\mathbb{Z}/p\mathbb{Z})^\times,$$

kein Faktor zweimal auftaucht.

Beweis. Aus der Produktregel folgt

$$f' = aP_1'P_2 \cdots P_r + aP_1P_2'P_3 \cdots P_r + \cdots + aP_1 \cdots P_{r-1}P_r'.$$

Taucht ein Faktor P_i doppelt auf, so teilt er auch f', also $(f, f') \neq 1$, und f ist inseparabel. Nehmen wir an, dass die P_i paarweise verschieden sind. Wegen $grad(P_i') < grad(P_i)$ ist P_i' und damit auch $P_1 \cdots P_{i-1}P_i'P_{i+1} \cdots P_r$ nicht durch P_i teilbar. Die anderen Summanden sind durch P_i teilbar, also ist f' prim zu P_i für $i = 1, \ldots, r$ und folglich $(f, f') = 1$. Die Aussage über die Separabilität modulo p folgt vollkommen analog. $\square$

Lemma 5.4.11. *Das Polynom* $X^n - 1$ *ist separabel und es ist genau dann separabel modulo* p, *wenn* $(p, n) = 1$ *ist.*

Beweis. Für das Polynom $f = X^n - 1$ gilt $f' = nX^{n-1}$, und die Gleichung $(-1)(X^n - 1) + (\frac{1}{n}X)nX^{n-1} = 1$ zeigt, dass f separabel ist. Gilt $(p, n) = 1$, so existiert $\frac{1}{n} \in \mathbb{Z}/p\mathbb{Z}$, und mit dem gleichen Argument sehen wir, dass $X^n - 1$ separabel modulo p ist. Im Fall $p \mid n$ ist $f' \equiv 0 \mod p$ und daher $X^n - 1$ inseparabel modulo p. $\square$

Für eine Primzahl p sind die Binomialkoeffizienten

$$\binom{p}{i}, \quad i = 1, \ldots, p - 1,$$

durch p teilbar. Außerdem gilt nach dem Kleinen Fermatschen Satz: $a^p \equiv a \mod p$ für jedes ganze a. Zusammenfassend erhalten wir für ein Polynom $g = a_nX^n + \cdots + a_0$ die Kongruenz

$$g(X)^p \equiv a_n^p X^{pn} + a_{n-1}^p X^{p(n-1)} + \cdots + a_0^p$$
$$\equiv a_n(X^p)^n + a_{n-1}(X^p)^{n-1} + \cdots + a_0$$
$$\equiv g(X^p) \mod p.$$

Jetzt haben wir alles zum Beweis des folgenden Theorems vorbereitet.

Theorem 5.4.12. *Die Kreisteilungspolynome sind als Elemente von $\mathbb{Q}[X]$ irreduzibel. Somit ist Φ_n das Minimalpolynom jeder primitiven n-ten Einheitswurzel.*

Beweis. Sei $\Phi_n = fg$ eine Zerlegung in normierte Polynome, und sei ζ_n eine Nullstelle von (o.B.d.A.) f. Wir nutzen die folgende Aussage:

Behauptung: Ist eine primitive n-te Einheitswurzel ζ Nullstelle von f, so ist für jede Primzahl $p \nmid n$ auch ζ^p Nullstelle von f.

Aus der Behauptung folgt, dass mit ζ_n für jedes $k \in \mathbb{N}$, $(k,n) = 1$, auch ζ_n^k Nullstelle von f ist, d.h. jede primitive n-te Einheitswurzel ist Nullstelle von f. Aus Gradgründen gilt dann $f = \Phi_n$.

Es bleibt die Behauptung zu zeigen. Ist ζ^p keine Nullstelle von f, so gilt $g(\zeta^p) = 0$. Folglich ist ζ eine Nullstelle modulo p von $g(X)^p \equiv g(X^p)$ und damit auch eine Nullstelle modulo p von g. Das heißt, f und g haben eine gemeinsame Nullstelle modulo p. Wegen der linearen Kombinierbarkeit des größten gemeinsamen Teilers kann $(\bar{f}, \bar{g}) \in \mathbb{Z}/p\mathbb{Z}[X]$ nicht 1 sein. Deshalb haben $\bar{f}$ und $\bar{g}$ einen gemeinsamen Primfaktor und nach Lemma 5.4.10 ist $\Phi_n = fg$ nicht separabel modulo p. Wegen $\Phi_n|(X^n - 1)$ ist dann auch $X^n - 1$ inseparabel modulo p. Nach Lemma 5.4.11 folgt $p|n$, und wir erhalten einen Widerspruch. $\square$

Korollar 5.4.13. *Ist eine primitive n-te Einheitswurzel Nullstelle eines Polynoms mit rationalen Koeffizienten vom Grad kleiner oder gleich 2, so gilt $n \in \{1,2,3,4,6\}$. Umgekehrt ist für diese Werte von n jede primitive n-te Einheitswurzel Nullstelle eines Polynoms mit rationalen Koeffizienten vom Grad kleiner oder gleich 2.*

Beweis. Sei $f(\zeta) = 0$. Da Φ_n das Minimalpolynom von ζ ist, gilt $\Phi_n|f$. Insbesondere ist $\varphi(n) = grad(\Phi_n) \leq grad(f) \leq 2$. Hieraus folgt $n \in \{1,2,3,4,6\}$. Andererseits gilt $grad(\Phi_n) \leq 2$ für $n \in \{1,2,3,4,6\}$. $\square$

Aufgabe 1. Ist $p > 3$ eine Primzahl, so ist Φ_3 genau dann irreduzibel modulo p, wenn p primitive Wurzel modulo 3 ist.

Aufgabe 2. Φ_{12} ist modulo jeder Primzahl reduzibel.

5.5 Primzahlen mit vorgegebener Restklasse III

Mit Hilfe der Kreisteilungspolynome zeigen wir nun das folgende

Theorem 5.5.1. *Zu jedem $n > 1$ gibt es unendlich viele Primzahlen p mit*

$$p \equiv 1 \mod n.$$

Wir beginnen mit einem Lemma.

Lemma 5.5.2. *Sei $a \in \mathbb{Z}$ und p eine Primzahl. Ist $n \in \mathbb{N}$ nicht durch p teilbar, so sind die folgenden Aussagen äquivalent:*

(i) $\Phi_n(a) \equiv 0 \mod p$.

(ii) *n ist die Ordnung von a modulo p.*

Beweis. Angenommen a ist Nullstelle von Φ_n modulo p. Wegen

$$X^n - 1 = \prod_{d|n} \Phi_d$$

gilt $\bar{a}^n = 1 \in \mathbb{Z}/p\mathbb{Z}$. Nach Satz 1.7.2 erhalten wir $ord(\bar{a})|n$. Wäre $k = ord(\bar{a})$ echt kleiner als n, so folgt aus

$$X^k - 1 = \prod_{d|k} \Phi_d,$$

dass a Nullstelle modulo p eines weiteren Kreisteilungspolynoms Φ_{d_0} mit $d_0|n$, $d_0 \neq n$ ist. Sei $g \in \mathbb{Z}/p\mathbb{Z}[X]$ der größte gemeinsame Teiler von Φ_{d_0} und Φ_n als Polynome in $\mathbb{Z}/p\mathbb{Z}[X]$ aufgefasst (als solche sind sie nicht notwendig irreduzibel). Wegen der linearen Kombinierbarkeit des größten gemeinsamen Teilers ist $\bar{a}$ dann auch eine Nullstelle von g, weshalb g nicht konstant ist. Daher taucht in der Primpolynomzerlegung modulo p von $X^n - 1$ mindestens ein Faktor doppelt auf, und nach Lemma 5.4.10 ist $X^n - 1$ modulo p inseparabel. Dies widerspricht dem Ergebnis von Lemma 5.4.11. Also ist $n = ord(\bar{a})$.

Ist nun umgekehrt $n = ord(\bar{a})$, so gilt $\bar{a}^n - 1 = 0 \in \mathbb{Z}/p\mathbb{Z}$ und a ist Nullstelle von Φ_d modulo p für ein $d|n$. Wäre $\Phi_d(\bar{a}) = 0$ für ein $d|n$, $d < n$, so wäre schon $\bar{a}^d - 1 = 0$ im Widerspruch zu Minimalität von n. Also gilt $\Phi_n(\bar{a}) = 0$. □

Korollar 5.5.3. *Ist n nicht durch p teilbar, so sind die folgenden Aussagen äquivalent.*

(i) $\Phi_n(a) \equiv 0 \mod p$ *für ein $a \in \mathbb{Z}$.*

(ii) $p \equiv 1 \mod n$.

Beweis. Ist a Nullstelle von Φ_n modulo p, so ist nach Lemma 5.5.2 die Ordnung von $\bar{a}$ gleich n, und insbesondere folgt aus Satz 1.7.2, dass $n|(p-1)$. Ist umgekehrt $p \equiv 1 \mod n$, so gibt es wegen der Existenz einer primitiven Wurzel modulo p ein Element $\bar{a}$ der Ordnung n in $(\mathbb{Z}/p\mathbb{Z})^\times$. Nach Lemma 5.5.2 gilt $\Phi_n(\bar{a}) = 0$. □

Beweis von Theorem 5.5.1. Angenommen es gäbe nur endlich viele Primzahlen kongruent 1 modulo n und sei P ihr Produkt. Sei r eine beliebige natürliche Zahl.

Behauptung: Die Zahl $\Phi_n(nrP)$ hat nur Primteiler kongruent 1 modulo n.

Sei p ein solcher Primteiler. Dann ist nrP eine Nullstelle von Φ_n modulo p. Ist $p \not\equiv 1 \bmod n$, so folgt aus Korollar 5.5.3, dass $p|n$. Der konstante Term des Polynoms Φ_n ist gleich

$$\prod_{\substack{\zeta^n=1 \\ \zeta \, \text{primitiv}}} (-\zeta)$$

und daher eine Einheitswurzel. Der konstante Term liegt aber auch in $\mathbb{Z}$ und ist daher gleich ± 1. Aus $p|n$ folgt somit $\Phi_n(nrP) \equiv \pm 1 \bmod p$, was einen Widerspruch darstellt. Dies zeigt die Behauptung.

Jetzt setzen wir auf die bereits übliche Weise fort. Da Φ_n ein normiertes Polynom ist, gilt $\Phi_n(rnP) \to \infty$ für $r \to \infty$. Insbesondere ist $\Phi_n(rnP) > 1$ für hinreichend großes r. Ist nun p eine Primzahl, die $\Phi_n(nrP)$ teilt, so ist $p \equiv 1 \bmod n$, also $p|P$. Folglich teilt p auch den konstanten Koeffizienten von Φ_n. Da wir diesen schon als ± 1 erkannt haben, erhalten wir einen Widerspruch. $\square$

Kapitel 6

Quadratische Zahlkörper

Viele zahlentheoretische Probleme lassen sich besser verstehen, wenn man den gegebenen Zahlbereich (üblicherweise $\mathbb{Z}$ bzw. $\mathbb{Q}$) geeignet erweitert, z.B. durch die Hinzunahme von Einheitswurzeln oder anderen algebraischen Zahlen. Es bietet sich daher an, gleich im Ring $\mathcal{O}$ der ganz-algebraischen Zahlen zu arbeiten. Das hieße jedoch, über das Ziel hinauszuschießen. $\mathcal{O}$ selbst ist viel zu groß. Jede Erweiterung des Zahlbereichs geht nämlich auch immer mit Informationsverlust einher. Daher möchte man nur so viel hinzunehmen, wie für ein gegebenes Problem sinnvoll ist, üblicherweise endlich viele (ganz-) algebraische Zahlen. Sei K der kleinste Teilkörper von $\bar{\mathbb{Q}}$, der endlich viele gegebene algebraische Zahlen $\alpha_1, \ldots, \alpha_r$ enthält. Man schreibt dann

$$K = \mathbb{Q}(\alpha_1, \ldots, \alpha_r).$$

Der Körper K hat endlichen Grad über $\mathbb{Q}$, d.h. K ist als $\mathbb{Q}$-Vektorraum endlichdimensional. Körper von endlichem Grad über $\mathbb{Q}$ heißen **Zahlkörper**. Ist K ein Zahlkörper, so nennt man

$$\mathcal{O}_K = K \cap \mathcal{O}$$

den **Ring der ganzen Zahlen** oder auch den **Ganzheitsring** von K. Er besteht aus allen Elementen von K, die ganz-algebraische Zahlen sind. Die Untersuchung der Ganzheitsringe von Zahlkörpern ist ein zentrales Thema der algebraischen Zahlentheorie.

Quadratische Zahlkörper sind, nach $\mathbb{Q}$ selbst, die einfachsten Zahlkörper. Sie entstehen aus den rationalen Zahlen durch Hinzunahme einer Quadratwurzel. Alle grundsätzlichen Phänomene, denen man beim Studium von Zahlkörpern begegnet, tauchen schon bei quadratischen Zahlkörpern auf. In diesem Kapitel werden wir sie gründlich studieren. Am Ende jedes Abschnitts erläutern wir, ohne Beweise zu geben, wie sich die Ergebnisse auf allgemeine Zahlkörper ausdehnen.

6.1 Quadratische Zahlkörper

Sei $d \in \mathbb{Z}$ im Folgenden quadratfrei und von 0 und 1 verschieden, insbesondere ist d kein Quadrat in $\mathbb{Q}$. Mit $\sqrt{d}$ bezeichnen wir eine (willkürlich, aber fest gewählte) komplexe Lösung der Gleichung $X^2 = d$ (die andere ist dann $-\sqrt{d}$).

Wir betrachten die folgende Teilmenge der komplexen Zahlen

$$\mathbb{Q}(\sqrt{d}) = \{z \in \mathbb{C} \mid z = x + y\sqrt{d}, \quad x, y \in \mathbb{Q}\}.$$

Ist $x + y\sqrt{d} = x' + y'\sqrt{d}$, so folgt wegen der Irrationalität von $\sqrt{d}$, dass $x = x'$, $y = y'$. Also ist die Darstellung eindeutig. Mit anderen Worten, $\mathbb{Q}(\sqrt{d})$ ist ein zweidimensionaler $\mathbb{Q}$-Vektorraum mit Basis $(1, \sqrt{d})$. Offensichtlich ist $\mathbb{Q}(\sqrt{d})$ abgeschlossen unter Addition und Multiplikation. Ist $z = x + y\sqrt{d} \neq 0$, so gilt auch $x - y\sqrt{d} \neq 0$ und daher $x^2 - dy^2 = (x + y\sqrt{d})(x - y\sqrt{d}) \neq 0$. Wir erhalten

$$\frac{1}{z} = \frac{1}{x + y\sqrt{d}} = \frac{x - y\sqrt{d}}{x^2 - dy^2} = \frac{x}{x^2 - dy^2} - \frac{y}{x^2 - dy^2}\sqrt{d} \in \mathbb{Q}(\sqrt{d}).$$

Folglich ist $\mathbb{Q}(\sqrt{d})$ mit den von $\mathbb{C}$ geerbten algebraischen Operationen ein Körper. Auch überlegt man sich leicht, dass jedes Element von $\mathbb{Q}(\sqrt{d})$ Nullstelle eines Polynoms von Grad ≤ 2 mit rationalen Koeffizienten ist. Daher ist jedes Element von $\mathbb{Q}(\sqrt{d})$ algebraisch. Wir haben einen Turm von Körpern

$$\mathbb{Q} \subsetneqq \mathbb{Q}(\sqrt{d}) \subsetneqq \bar{\mathbb{Q}} \subsetneqq \mathbb{C}.$$

Offensichtlich erhalten wir den gleichen Körper $\mathbb{Q}(\sqrt{d})$, wenn wir am Anfang die andere komplexe Lösung der Gleichung $X^2 = d$ auswählen, d.h. der Körper $\mathbb{Q}(\sqrt{d})$ ist unabhängig von der getroffenen Auswahl.

Definition 6.1.1. *Ein Körper der Form* $\mathbb{Q}(\sqrt{d})$ *heißt* **quadratischer Zahlkörper**. *Ist* $d > 0$, *so nennt man* $\mathbb{Q}(\sqrt{d})$ **reell-quadratisch**, *im Fall* $d < 0$ **imaginär-quadratisch**.

Von nun an sei d fixiert und $K = \mathbb{Q}(\sqrt{d})$.

Definition 6.1.2. *Für* $z = x + y\sqrt{d} \in K$ *heißt* $\sigma(z) = x - y\sqrt{d}$ *das* **konjugierte Element** *zu* z.

Im Fall $d < 0$ gilt $\sigma(z) = \bar{z}$ (komplexe Konjugation). Man verifiziert leicht die folgenden Eigenschaften:

Lemma 6.1.3. *Für* $z, z' \in K$ *gilt*

(i) $\sigma(z + z') = \sigma(z) + \sigma(z')$.

(ii) $\sigma(zz') = \sigma(z)\sigma(z')$.

(iii) $\sigma(\sigma(z)) = z$.

(iv) $z \in \mathbb{Q} \Longleftrightarrow z = \sigma(z)$.

Die Rolle von $\mathbb{Z}$ in $\mathbb{Q}$ übernimmt in K der Ring $\mathcal{O}_K$, der wie folgt definiert ist.

Definition 6.1.4. *Der* **Ring der ganzen Zahlen** $\mathcal{O}_K$ *von* K *ist die Menge aller Elemente von* K, *die ganz-algebraisch sind.*

Nach Korollar 5.3.7 ist $\mathcal{O}_K$ ein Ring. Nach Satz 5.3.4 gilt

$$\mathcal{O}_K \cap \mathbb{Q} = \mathbb{Z}.$$

Elemente der Form $a + b\sqrt{d}$, $a, b \in \mathbb{Z}$, sind stets ganz. Daher haben wir eine Inklusion von Ringen

$$\mathbb{Z}[\sqrt{d}] \subseteq \mathcal{O}_{\mathbb{Q}(\sqrt{d})}.$$

Beide Ringe müssen aber nicht notwendig übereinstimmen. So gilt zum Beispiel

$$\zeta_3 = \frac{-1 + \sqrt{-3}}{2} \in \mathcal{O}_{\mathbb{Q}(\sqrt{-3})},$$

aber $\zeta_3 \notin \mathbb{Z}[\sqrt{-3}]$.

Wir werden jetzt den Ring $\mathcal{O}_K$ genau bestimmen. Hierzu führen wir Norm und Spur eines Elements aus K ein.

Definition 6.1.5. $N(z) = \sigma(z)z$ *heißt die* **Norm** *von* z *und* $Sp(z) = \sigma(z) + z$ *heißt die* **Spur** *von* z.

Lemma 6.1.6. *Norm und Spur eines Elementes aus* K *liegen in* $\mathbb{Q}$.

Beweis. Nach Lemma 6.1.3 (i) und (ii) gilt $\sigma(N(z)) = \sigma(\sigma(z)z) = z\sigma(z) = N(z)$ und $\sigma(Sp(z)) = \sigma(\sigma(z) + z) = z + \sigma(z) = Sp(z)$. Die Behauptung folgt daher aus Lemma 6.1.3 (iv). □

Lemma 6.1.7. *Ein* $z \in K$ *liegt genau dann in* $\mathcal{O}_K$, *wenn Spur und Norm in* $\mathbb{Z}$ *liegen.*

Beweis. Sei $z \in \mathcal{O}_K$. Dann ist z Nullstelle eines normierten Polynoms $f \in \mathbb{Z}[X]$. Nach Lemma 6.1.3 gilt

$$f(\sigma(z)) = \sigma(f(z)) = \sigma(0) = 0.$$

Folglich liegt mit z auch $\sigma(z)$ in $\mathcal{O}_K$ und daher $N(z), Sp(z) \in \mathcal{O}_K \cap \mathbb{Q} = \mathbb{Z}$. Liegen für $z \in K$ Norm und Spur in $\mathbb{Z}$, so ist z Nullstelle des Polynoms

$$f(X) = (X - z)(X - \sigma(z)) = X^2 - Sp(z)X + N(z) \in \mathbb{Z}[X],$$

und deshalb ganz-algebraisch. □

Satz 6.1.8. *Ist* $d \not\equiv 1 \bmod 4$, *so sind die Elemente von* $\mathcal{O}_K$ *genau die von der Form*

$$a + b\sqrt{d}, \quad a, b \in \mathbb{Z}.$$

Ist $d \equiv 1 \bmod 4$, *so sind die Elemente von* $\mathcal{O}_K$ *genau die von der Form*

$$\frac{a + b\sqrt{d}}{2}, \quad a, b \in \mathbb{Z}, \, a \equiv b \bmod 2.$$

Beweis. Sei $z = a + b\sqrt{d}$ mit $a, b \in \mathbb{Q}$. Dann gilt nach Lemma 6.1.7

$$z \in \mathcal{O}_K \iff N(z), Sp(z) \in \mathbb{Z}$$
$$\iff a^2 - db^2, 2a \in \mathbb{Z}.$$

Für beliebiges d und $a, b \in \mathbb{Z}$ ist die letzte Bedingung offensichtlich erfüllt. Ist $d \equiv 1 \bmod 4$ und $a = \frac{1}{2}A$, $b = \frac{1}{2}B$ mit $A, B \in \mathbb{Z}$, $A \equiv B \bmod 2$, so ist $a^2 - db^2 = \frac{1}{4}(A^2 - dB^2) \in \mathbb{Z}$ und $2a = A \in \mathbb{Z}$. Die angegebenen Elemente sind daher ganz. Es bleibt zu zeigen, dass dies alle sind. Wegen $2a \in \mathbb{Z}$ ist $4db^2 = (2a)^2 - 4(a^2 - db^2) \in \mathbb{Z}$. Da d quadratfrei ist, folgt $2b \in \mathbb{Z}$. Daher gibt es $A, B \in \mathbb{Z}$ mit $2a = A$, $2b = B$. Aus $a^2 - db^2 \in \mathbb{Z}$ folgt $4|A^2 - dB^2$. Für $d \not\equiv 1 \bmod 4$ ist dies nur für gerades A und B möglich, d.h. in diesem Fall gilt $a, b \in \mathbb{Z}$. Im Fall $d \equiv 1 \bmod 4$ ist die Bedingung äquivalent zu $A \equiv B \bmod 2$. $\square$

Definition 6.1.9. *Ein n-Tupel $(a_1, \ldots, a_n)$ von Elementen eines Ringes A heißt* **Ganzheitsbasis** *von A, wenn jedes Element $a \in A$ eine eindeutige Darstellung der Form*
$$a = \alpha_1 a_1 + \cdots + \alpha_n a_n$$
mit $\alpha_1, \ldots, \alpha_n \in \mathbb{Z}$ besitzt.

Natürlich braucht ein Ring keine Ganzheitsbasis zu besitzen, und wenn eine Ganzheitsbasis existiert, ist sie nicht eindeutig bestimmt. Sei nun $K = \mathbb{Q}(\sqrt{d})$ ein quadratischer Zahlkörper und

$$\omega = \begin{cases} \sqrt{d}, & \text{wenn } d \not\equiv 1 \bmod 4, \\ \frac{1}{2}(1 + \sqrt{d}), & \text{wenn } d \equiv 1 \bmod 4. \end{cases}$$

Aus Satz 6.1.8 folgt sofort der

Satz 6.1.10. *Ist $K = \mathbb{Q}(\sqrt{d})$ ein quadratischer Zahlkörper, so ist*
$$(1, \omega)$$
eine Ganzheitsbasis des Ringes $\mathcal{O}_K$.

Der Fall allgemeiner Zahlkörper:

Sei K ein Zahlkörper und $\mathcal{O}_K$ der Ring der ganzen Zahlen. Ist n der Grad von K über $\mathbb{Q}$ (d.h. $n = \dim_{\mathbb{Q}} K$), so hat $\mathcal{O}_K$ eine Ganzheitsbasis der Länge n, die im Allgemeinen jedoch schwer zu bestimmen ist. Spur und Norm können auch für Elemente aus K definiert werden und liegen in $\mathbb{Q}$ (bzw. in $\mathbb{Z}$ für Elemente aus $\mathcal{O}_K$). Allerdings kann im allgemeinen Fall aus der Ganzzahligkeit von Spur und Norm noch nicht auf die Ganzzahligkeit des Elementes geschlossen werden.

Ein Automorphismus eines Körpers K ist eine bijektive Abbildung $\tau\colon K \to K$, die mit Addition und Multiplikation verträglich ist.

Aufgabe 1. Sei $\tau\colon K \to K$ ein Körperautomorphismus. Man zeige:
(i) $\tau(0) = 0$, $\tau(1) = 1$,
(ii) $\tau(-a) = -\tau(a)$,
(iii) $\tau(a^{-1}) = \tau(a)^{-1}$ für $a \neq 0$.

Aufgabe 2. Sei $K = \mathbb{Q}(\sqrt{d})$ ein quadratischer Zahlkörper. Man zeige, dass es genau zwei Körperautomorphismen von K gibt, nämlich $\mathrm{id}_K\colon K \to K$, $a+b\sqrt{d} \mapsto a+b\sqrt{d}$, und $\sigma\colon K \to K$, $a + b\sqrt{d} \mapsto a - b\sqrt{d}$.

Aufgabe 3. Sei $K = \mathbb{Q}(\sqrt{d})$ ein quadratischer Zahlkörper. Eine Ganzheitsbasis der Form $(z, \sigma(z))$ heißt **Normalbasis**. Man zeige: $\mathcal{O}_K$ hat genau dann eine Normalbasis, wenn $d \equiv 1 \bmod 4$ gilt.

6.2 Rechnen mit Idealen

Wir wollen nun Elemente von $\mathcal{O}_K$ in ihre Primfaktoren zerlegen. Wir haben am Beispiel $\mathbb{Q}(\sqrt{-5})$ aber schon gesehen, dass es keine eindeutige Zerlegung geben muss. Einen Ausweg aus diesem Problem bietet die folgende Idee, die auf KUMMER zurückgeht, und die besagt, dass es einen größeren Bereich „idealer Zahlen" gibt, in den sich $\mathcal{O}_K$ abbildet und in dem die Eindeutigkeit der Primzerlegung wieder richtig ist. Im Beispiel

$$6 = 2 \cdot 3 = (1 + \sqrt{-5})(1 + \sqrt{-5}) \quad \text{in } \mathbb{Q}(\sqrt{-5})$$

wird die Eindeutigkeit der Primzerlegung auf die folgende Weise wieder hergestellt. Es gibt „ideale Primzahlen" $\mathfrak{p}$, $\mathfrak{q}_1$, $\mathfrak{q}_2$, so dass die folgenden Gleichungen gelten:

$$2 = \mathfrak{p}^2, \qquad\qquad 3 = \mathfrak{q}_1\mathfrak{q}_2,$$
$$(1 + \sqrt{-5}) = \mathfrak{p}\mathfrak{q}_1, \quad (1 - \sqrt{-5}) = \mathfrak{p}\mathfrak{q}_2.$$

Es ist dann
$$6 = \mathfrak{p}^2\mathfrak{q}_1\mathfrak{q}_2 = (\mathfrak{p}\mathfrak{q}_1)(\mathfrak{p}\mathfrak{q}_2)$$

die eindeutige Zerlegung der Zahl 6 in „ideale Primzahlen". Was sind nun aber diese „idealen Zahlen"? Sie sind jedenfalls nicht Elemente eines größeren Ringes, in dem $\mathcal{O}_K$ enthalten ist. In ihrer ursprünglichen Form waren ideale Zahlen Elemente in einer abelschen Gruppe, deren Definition jedoch von gewissen Auswahlen abhing. Heutzutage erklärt man sich die idealen Zahlen eleganter und konzeptioneller mit Hilfe der von DEDEKIND eingeführten *Ideale*.

Sei im Folgenden K entweder ein quadratischer Zahlkörper oder gleich $\mathbb{Q}$ ($\mathcal{O}_{\mathbb{Q}} = \mathbb{Z}$).

Definition 6.2.1. *Eine nichtleere Teilmenge $\mathfrak{a}$ von $\mathcal{O}_K$ heißt* **Ideal**, *wenn die folgenden Bedingungen erfüllt sind:*

(i) *mit $a, b \in \mathfrak{a}$ ist auch $a + b \in \mathfrak{a}$.*

(ii) *für $\alpha \in \mathcal{O}_K$ und $a \in \mathfrak{a}$ ist auch $\alpha a \in \mathfrak{a}$.*

Aus (ii) folgt, dass das Element 0 in jedem Ideal enthalten ist. Offensichtliche Beispiele von Idealen sind das **Nullideal** (0), das nur aus dem Element 0 besteht, und der Ring $\mathcal{O}_K$ selbst. Dies sind Beispiele des allgemeineren Konzepts eines Hauptideals.

Definition 6.2.2. *Für ein Element $a \in \mathcal{O}_K$ ist die Menge*

$$a\mathcal{O}_K = \{a\alpha \mid \alpha \in \mathcal{O}_K\}$$

ein Ideal. Es heißt das **von a erzeugte Hauptideal** *und wird mit (a) bezeichnet. Ein Ideal $\mathfrak{a} \subset \mathcal{O}_K$ heißt* **Hauptideal**, *wenn es ein $a \in \mathcal{O}_K$ mit $\mathfrak{a} = (a)$ gibt.*

Das Nullideal ist ein Hauptideal und der ganze Ring $\mathcal{O}_K = (1)$ ist auch ein Hauptideal. Das erzeugende Element eines Hauptideals ist nicht eindeutig bestimmt, aber es gilt

Lemma 6.2.3. *Die von Elementen $a, b \in \mathcal{O}_K$ erzeugten Hauptideale (a) und (b) sind genau dann gleich, wenn a und b assoziiert sind, d.h.*

$$(a) = (b) \iff a \hat{=} b.$$

Beweis. Aus $a \in (b)$ folgt, dass ein $\alpha \in \mathcal{O}_K$ mit $a = \alpha b$ existiert. Also gilt $b|a$. Analog schließt man $a|b$, also $a \hat{=} b$. Die Rückrichtung ist offensichtlich.   □

Lemma 6.2.4. *Ist $\mathfrak{a}$ ein Ideal und $a \in \mathfrak{a}$, so gilt $(a) \subset \mathfrak{a}$.*

Beweis. Nach Bedingung (ii) von Definition 6.2.1 liegen mit a auch alle Elemente $a\alpha$, $\alpha \in \mathcal{O}_K$, in $\mathfrak{a}$.   □

Um mit dem Begriff des Ideals etwas vertrauter zu werden, schauen wir uns den Fall $K = \mathbb{Q}$ genauer an.

Satz 6.2.5. *In $\mathbb{Z}$ ist jedes Ideal ein Hauptideal. Genauer: Jedes Ideal $\mathfrak{a}$ in $\mathbb{Z}$ hat eine eindeutige Darstellung der Form $\mathfrak{a} = (m)$, $m \in \mathbb{Z}$, $m \geq 0$.*

Beweis. Ideale sind insbesondere Untergruppen. Nach Lemma 5.2.3 sind die Untergruppen von $\mathbb{Z}$ sämtlich von der Form $m\mathbb{Z}$, $m \in \mathbb{Z}$, $m \geq 0$. Diese Untergruppen sind bereits Ideale, und zwar Hauptideale.   □

Wir führen die folgenden Operationen auf der Menge der Ideale in $\mathcal{O}_K$ ein.

Definition 6.2.6. *Seien* $\mathfrak{a}, \mathfrak{b} \subset \mathcal{O}_K$ *Ideale. Ihre* **Summe** *und ihr* **Produkt** *sind in folgender Weise definiert:*

$$\mathfrak{a} + \mathfrak{b} = \{a + b \,|\, a \in \mathfrak{a}, b \in \mathfrak{b}\}, \quad \mathfrak{a}\mathfrak{b} = \{\sum_{\text{endl.}} a_i b_i \,|\, a_i \in \mathfrak{a}, \, b_i \in \mathfrak{b}\}.$$

Man verifiziert leicht, dass $\mathfrak{a} + \mathfrak{b}$ und $\mathfrak{a}\mathfrak{b}$ wieder Ideale sind. Die Notwendigkeit, bei der Definition des Produktes beliebige endliche Summen zuzulassen, ergibt sich daraus, dass die Menge der Produkte ab, $a \in \mathfrak{a}$, $b \in \mathfrak{b}$, im Allgemeinen kein Ideal ist. Die Summe von Hauptidealen $(a_1) + \cdots + (a_n)$ wird typischerweise mit $(a_1, \ldots, a_n)$ bezeichnet. Schauen wir uns am Beispiel $K = \mathbb{Q}$ an, was die gegebenen Definitionen bedeuten.

Satz 6.2.7. *Für natürliche Zahlen* n, m *gelten die folgenden Identitäten von Idealen in* $\mathbb{Z}$:

$$(n)(m) = (nm), \quad (n) + (m) = (ggT(n, m)).$$

Beweis. Die Aussage über das Produkt und die Inklusion $(n) + (m) \subset (ggT(n, m))$ sind offensichtlich. Die verbleibende Inklusion folgt aus der linearen Kombinierbarkeit des größten gemeinsamen Teilers (Satz 1.1.4). Es existieren nämlich $x, y \in \mathbb{Z}$ mit $d = ggT(n, m) = xn + ym$. Daher ist $d \in (n) + (m)$, also $(d) \subset (n) + (m)$. □

Wir sehen, dass die Multiplikation von Idealen genau der Multiplikation von Zahlen entspricht, die Addition von Idealen aber nichts mit der Addition von Zahlen zu tun hat, sondern der Bildung des größten gemeinsamen Teilers entspricht.

Lemma 6.2.8. *Sei* $\mathfrak{a} \subset \mathcal{O}_K$ *ein Ideal. Dann ist* $\mathfrak{a}$ *eine endlich erzeugte abelsche Gruppe. Jedes Ideal ist Summe endlich vieler Hauptideale.*

Beweis. Ein Ideal ist insbesondere eine Untergruppe von $(\mathcal{O}_K, +)$. Nach Satz 6.1.10 ist $\mathcal{O}_K$ eine endlich erzeugte abelsche Gruppe. Nach Satz 5.2.4 ist daher auch jedes Ideal endlich erzeugt. Ist das Ideal $\mathfrak{a}$ durch seine Elemente $a_1, \ldots, a_r$ als abelsche Gruppe erzeugt, so gilt insbesondere $\mathfrak{a} = (a_1, \ldots, a_r) = (a_1) + \cdots + (a_r)$. □

Definition 6.2.9. *Man sagt, dass* $\mathcal{O}_K$ *ein* **Hauptidealring** *ist, wenn jedes Ideal in* $\mathcal{O}_K$ *ein Hauptideal ist.*

Satz 6.2.10. *Ist* $\mathcal{O}_K$ *euklidisch, so ist* $\mathcal{O}_K$ *ein Hauptidealring.*

Beweis. Nach Lemma 6.2.8 ist jedes Ideal endlich erzeugt. Daher genügt es (Induktion über die Anzahl der Erzeuger) zu zeigen, dass für beliebige $a, b \in \mathcal{O}_K$ das Ideal $(a, b) = (a) + (b)$ ein Hauptideal ist. Da $\mathcal{O}_K$ euklidisch ist, existiert ein größter gemeinsamer Teiler $d \in \mathcal{O}_K$ von a und b und es existieren

$r, s \in \mathcal{O}_K$ mit $d = ra + sb$. Wegen $d|a$ und $d|b$ gilt $(d) \subset (a, b)$. Wegen der linearen Kombinierbarkeit von d gilt aber auch $(d) \supset (a, b)$. Daher ist $(a, b) = (d)$ ein Hauptideal.   □

Bemerkung: Der Ring $\mathcal{O}_K$ ist nicht immer ein Hauptidealring. Es kann auch vorkommen, dass $\mathcal{O}_K$ ein Hauptidealring, aber nicht euklidisch ist (siehe Abschnitt 6.10).

Analog wie mit Restklassen modulo einer Zahl kann man mit Restklassen modulo eines Ideals rechnen.

Definition 6.2.11. *Sei $\mathfrak{a} \subset \mathcal{O}_K$ ein Ideal. Man sagt, dass zwei Elemente $a, b \in \mathcal{O}_K$ **kongruent modulo** $\mathfrak{a}$ (symbolisch: $a \equiv b$ mod $\mathfrak{a}$) sind, wenn $a - b \in \mathfrak{a}$ gilt.*

Man verifiziert leicht, dass dies eine Äquivalenzrelation ist. Im Fall $K = \mathbb{Q}$ gilt
$$a \equiv b \bmod m \iff a \equiv b \bmod (m).$$
Aus der Definition eines Ideals folgen in einfacher Weise die folgenden Rechenregeln.

Lemma 6.2.12. *Gilt $a \equiv b$ mod $\mathfrak{a}$ und $c \equiv d$ mod $\mathfrak{a}$, so gilt auch $a + c \equiv b + d$ mod $\mathfrak{a}$ und $ac \equiv bd$ mod $\mathfrak{a}$.*

Also können Restklassen modulo $\mathfrak{a}$ addiert und multipliziert werden. Wegen $a - b = a + (-1)b$ existieren auch Differenzen. Man bezeichnet die Menge der Restklassen modulo $\mathfrak{a}$ mit $\mathcal{O}_K/\mathfrak{a}$. Dies ist ein Ring. Für $\mathfrak{a} = (1) = \mathcal{O}_K$ ist $\mathcal{O}_K/\mathfrak{a}$ der Nullring.

Definition 6.2.13. *Man sagt, dass zwei Ideale $\mathfrak{a}, \mathfrak{b} \subset \mathcal{O}_K$ **teilerfremd** oder auch **relativ prim** sind, wenn $\mathfrak{a} + \mathfrak{b} = (1) = \mathcal{O}_K$ gilt.*

Nach Satz 6.2.7 sind zwei ganze Zahlen genau dann teilerfremd, wenn die von ihnen in $\mathbb{Z}$ erzeugten Hauptideale teilerfremd im Sinne der obigen Definition sind.

Lemma 6.2.14. *Für teilerfremde Ideale $\mathfrak{a}, \mathfrak{b} \subset \mathcal{O}_K$ gilt $\mathfrak{a}\mathfrak{b} = \mathfrak{a} \cap \mathfrak{b}$.*

Beweis. Zunächst ist jedes Element der Form $\sum a_i b_i$, $a_i \in \mathfrak{a}$, $b_i \in \mathfrak{b}$, sowohl in $\mathfrak{a}$ also auch in $\mathfrak{b}$ enthalten. Daher gilt $\mathfrak{a}\mathfrak{b} \subset \mathfrak{a} \cap \mathfrak{b}$. Wegen $\mathfrak{a} + \mathfrak{b} = (1)$ existieren ein $x \in \mathfrak{a}$ und ein $y \in \mathfrak{b}$ mit $x + y = 1$. Ist nun $a \in \mathfrak{a} \cap \mathfrak{b}$, so gilt $a = ax + ay \in \mathfrak{a}\mathfrak{b}$.   □

Ganz analog zur Situation in $\mathbb{Z}$ gilt der Chinesische Restklassensatz.

Satz 6.2.15 (Chinesischer Restklassensatz). *Seien* $r_1, \ldots, r_k \in \mathcal{O}_K$ *und seien* $\mathfrak{a}_1, \ldots, \mathfrak{a}_k$ *paarweise teilerfremde Ideale in* $\mathcal{O}_K$. *Dann hat das System von Kongruenzen*

$$x \equiv r_1 \quad \mathrm{mod}\ \mathfrak{a}_1$$
$$x \equiv r_2 \quad \mathrm{mod}\ \mathfrak{a}_2$$
$$\vdots \qquad \vdots$$
$$x \equiv r_k \quad \mathrm{mod}\ \mathfrak{a}_k$$

eine Lösung $x \in \mathcal{O}_K$ *und* x *ist eindeutig bestimmt modulo* $\mathfrak{a}_1 \mathfrak{a}_2 \cdots \mathfrak{a}_k$.

Beweis. Der Beweis ist vollkommen analog zum Beweis des klassischen Chinesischen Restklassensatzes (Satz 1.3.5). Der Kürze halber beschränken wir uns auf den Fall $k = 2$. Wegen $\mathfrak{a}_1 + \mathfrak{a}_2 = (1)$ existieren $a \in \mathfrak{a}_1$ und $b \in \mathfrak{a}_2$ mit $a + b = 1$. Für das Element

$$x = r_2 a + r_1 b$$

gilt nun $x \equiv r_1 b \bmod \mathfrak{a}_1$. Aber $b = 1 - a \equiv 1 \bmod \mathfrak{a}_1$, also $x \equiv r_1 \bmod \mathfrak{a}_1$. Analog erhält man $x \equiv r_2 a \equiv r_2(1 - b) \equiv r_2 \bmod \mathfrak{a}_2$. Es bleibt die Eindeutigkeit zu zeigen. Erfüllen x und x' beide die geforderten Kongruenzen, so ist $x - x' \in \mathfrak{a}_1 \cap \mathfrak{a}_2$. Nach Lemma 6.2.14 gilt daher $x \equiv x' \bmod \mathfrak{a}_1 \mathfrak{a}_2$. $\qquad\square$

Zur späteren Verwendung stellen wir noch das folgende Lemma bereit.

Lemma 6.2.16. *Jede aufsteigende Kette*

$$\mathfrak{a}_1 \subset \mathfrak{a}_2 \subset \mathfrak{a}_3 \subset \cdots \qquad \subset \mathcal{O}_K$$

von Idealen in $\mathcal{O}_K$ *wird stationär, das heißt, es gibt eine natürliche Zahl* N *mit* $\mathfrak{a}_N = \mathfrak{a}_{N+1} = \mathfrak{a}_{N+2} = \cdots$.

Beweis. Wir setzen

$$\mathfrak{b} := \bigcup_{n=1}^{\infty} \mathfrak{a}_n.$$

Die Menge $\mathfrak{b}$ ist ein Ideal in $\mathcal{O}_K$. Nach Lemma 6.2.8 existieren $b_1, \ldots, b_r \in \mathfrak{b}$ mit $\mathfrak{b} = (b_1, \ldots, b_r)$. Für hinreichend großes $N \in \mathbb{N}$ gilt $b_1, \ldots, b_r \in \mathfrak{a}_N$, also $\mathfrak{b} = \mathfrak{a}_N = \mathfrak{a}_{N+1} = \cdots$. $\qquad\square$

Der Fall allgemeiner Zahlkörper:

Alle Aussagen dieses Abschnitts übertragen sich wörtlich auf den Fall eines allgemeinen Zahlkörpers, siehe [Neu], Kap. I.

Aufgabe 1. Für $\alpha, \beta \in \mathcal{O}_K$ zeige man $(\alpha)(\beta) = (\alpha\beta)$. Ist γ ein größter gemeinsamer Teiler von α und β, so gilt $(\alpha) + (\beta) \subset (\gamma)$.

Aufgabe 2. Man zeige, dass mit $\mathfrak{a}, \mathfrak{b} \subset \mathcal{O}_K$ auch $\mathfrak{a} \cap \mathfrak{b}$ ein Ideal ist. Im Fall $K = \mathbb{Q}$, $\mathcal{O}_K = \mathbb{Z}$, zeige man für natürliche Zahlen $n, m \in \mathbb{N}$ die Gleichung

$$(n) \cap (m) = (\mathrm{kgV}(n, m)),$$

wobei $\mathrm{kgV}(n, m)$ das kleinste gemeinsame Vielfache von n und m bezeichnet.

Aufgabe 3. Man zeige:

$$\mathfrak{a}(\mathfrak{b} + \mathfrak{c}) = \mathfrak{a}\mathfrak{b} + \mathfrak{a}\mathfrak{c}.$$

Aufgabe 4. Man zeige in Verallgemeinerung von Lemma 6.2.14

$$(\mathfrak{a} + \mathfrak{b})(\mathfrak{a} \cap \mathfrak{b}) \subset \mathfrak{a}\mathfrak{b} \subset \mathfrak{a} \cap \mathfrak{b}.$$

6.3 Primideale

Sei im Folgenden K entweder ein quadratischer Zahlkörper oder gleich $\mathbb{Q}$ ($\mathcal{O}_{\mathbb{Q}} = \mathbb{Z}$). Ist $K = \mathbb{Q}$ und $p \in \mathbb{Z}$ eine Primzahl, so folgt für $a, b \in \mathbb{Z}$ aus $ab \in (p)$, dass $a \in (p)$ oder $b \in (p)$ ist. Das motiviert die folgende

Definition 6.3.1. *Ein Ideal* $\mathfrak{p} \subsetneq \mathcal{O}_K$ *heißt* **Primideal**, *wenn aus* $ab \in \mathfrak{p}$ *stets* $a \in \mathfrak{p}$ *oder* $b \in \mathfrak{p}$ *folgt.*

Den Fall $\mathfrak{p} = \mathcal{O}_K$ haben wir ausgeschlossen, nicht aber den Fall $\mathfrak{p} = (0)$. In der Tat ist, wegen der Nullteilerfreiheit von $\mathcal{O}_K$, das Nullideal stets ein Primideal. Das ist in unserem Kontext etwas störend, aber in allgemeineren Zusammenhängen ist es unabdinglich, das Nullideal eines nullteilerfreien Ringes als Primideal zu betrachten. Daher machen wir das hier auch so.

Lemma 6.3.2. *Sei* $0 \neq \pi \in \mathcal{O}_K$. *Dann ist das Hauptideal* (π) *genau dann ein Primideal, wenn* π *ein Primelement ist.*

Beweis. Es gilt $a \in (\pi)$ dann und nur dann, wenn $\pi | a$. Daher folgt die Aussage direkt aus den Definitionen von Primideal und Primelement. $\square$

Im Hauptidealring $\mathbb{Z} = \mathcal{O}_{\mathbb{Q}}$ ist daher jedes von (0) verschiedene Primideal von der Form $p\mathbb{Z}$ mit einer Primzahl p.

Lemma 6.3.3. *Es sei* $(0) \neq \mathfrak{p} \subset \mathcal{O}_K$ *ein Primideal. Dann gilt*

$$\mathfrak{p} \cap \mathbb{Z} = p\mathbb{Z}$$

für eine Primzahl p.

Beweis. Im Fall $K = \mathbb{Q}$ ist die Aussage trivial, also sei $K = \mathbb{Q}(\sqrt{d})$. Zunächst liest man direkt aus den entsprechenden Definitionen ab, dass $\mathfrak{p} \cap \mathbb{Z}$ ein Primideal in $\mathbb{Z}$ ist. Es verbleibt zu zeigen, dass $\mathfrak{p} \cap \mathbb{Z}$ nicht das Nullideal ist. Dazu genügt es, ein Element $\neq 0$ in $\mathfrak{p} \cap \mathbb{Z}$ zu finden. Sei $x \in \mathfrak{p}$, $x \neq 0$. Dann ist $N(x) = x\sigma(x)$ von Null verschieden und in $\mathfrak{p} \cap \mathbb{Z}$ enthalten. $\square$

Definition 6.3.4. *Ein Ideal* $\mathfrak{m} \subsetneq \mathcal{O}_K$ *heißt* **Maximalideal**, *wenn es kein Ideal* $\mathfrak{a}$ *mit* $\mathfrak{m} \subsetneq \mathfrak{a} \subsetneq \mathcal{O}_K$ *gibt.*

Lemma 6.3.5. *Jedes Ideal* $\mathfrak{a} \subsetneq \mathcal{O}_K$ *ist in einem Maximalideal enthalten.*

Beweis. Ist $\mathfrak{a}$ maximal, so ist nichts zu zeigen. Anderenfalls gibt es ein Ideal $\mathfrak{a}_2$ mit $\mathfrak{a} = \mathfrak{a}_1 \subsetneq \mathfrak{a}_2 \subsetneq \mathcal{O}_K$. Ist $\mathfrak{a}_2$ maximal, so sind wir fertig. Ansonsten machen wir weiter und erhalten eine Kette von Idealen

$$\mathfrak{a}_1 \subsetneq \mathfrak{a}_2 \subsetneq \cdots \qquad \subsetneq \mathcal{O}_K.$$

Nach Lemma 6.2.16 muss dieser Prozess abbrechen. $\qquad\square$

Satz 6.3.6. *Jedes Maximalideal ist ein Primideal.*

Beweis. Sei $\mathfrak{m}$ ein Maximalideal und $a, b \in \mathcal{O}_K$ mit $ab \in \mathfrak{m}$. Ist $a \notin \mathfrak{m}$, so ist das Ideal $\mathfrak{m} + (a)$ echt größer als $\mathfrak{m}$. Wegen der Maximalität von $\mathfrak{m}$ gilt

$$\mathfrak{m} + (a) = (1).$$

Daher existieren ein $m \in \mathfrak{m}$ und ein $\alpha \in \mathcal{O}_K$ mit $m + \alpha a = 1$. Dann gilt

$$b = 1 \cdot b = mb + \alpha ab \in \mathfrak{m}. \qquad\square$$

Korollar 6.3.7. *Jedes Ideal* $\mathfrak{a} \subsetneq \mathcal{O}_K$ *ist in einem Primideal enthalten.*

Beweis. Jedes Ideal ist in einem Maximalideal enthalten, und Maximalideale sind Primideale. $\qquad\square$

Die Umkehrung von Satz 6.3.6 gilt fast, wie der nächste Satz zeigt.

Satz 6.3.8. *Jedes von* (0) *verschiedene Primideal von* $\mathcal{O}_K$ *ist maximal.*

Beweis. Sei zunächst $K = \mathbb{Q}$, $\mathcal{O}_K = \mathbb{Z}$. Die von (0) verschiedenen Primideale in $\mathbb{Z}$ sind genau die von der Form (p) mit einer Primzahl (p). Nach Lemma 6.3.5 ist (p) in einem Maximalideal $\mathfrak{m}$ enthalten. Da jedes Maximalideal ein Primideal ist, gilt $\mathfrak{m} = (q)$ für eine Primzahl q. Aus $p \in \mathfrak{m}$ folgt $q \mid p$, also $p = q$, $(p) = \mathfrak{m}$. Daher ist (p) ein Maximalideal.

Sei nun $K = \mathbb{Q}(\sqrt{d})$ ein quadratischer Zahlkörper und sei $\mathfrak{p}$ ein von (0) verschiedenes Primideal in $\mathcal{O}_K$. Nach Lemma 6.3.3 gilt

$$\mathfrak{p} \cap \mathbb{Z} = p\mathbb{Z}$$

für eine Primzahl p. Angenommen $\mathfrak{p}$ sei nicht maximal. Dann existiert ein Maximalideal $\mathfrak{m}$ mit $\mathfrak{p} \subsetneq \mathfrak{m}$. Wir haben die Inklusionen $p\mathbb{Z} = \mathfrak{p} \cap \mathbb{Z} \subset \mathfrak{m} \cap \mathbb{Z} \subsetneq \mathbb{Z}$. Wegen der Maximalität von $p\mathbb{Z}$ folgt $\mathfrak{m} \cap \mathbb{Z} = p\mathbb{Z}$. Nun sei $\alpha \in \mathfrak{m} \smallsetminus \mathfrak{p}$. Dann liegt α nicht in $\mathbb{Z}$. Die Norm von α liegt in $\mathfrak{m} \cap \mathbb{Z} = \mathfrak{p} \cap \mathbb{Z}$. Die Identität

$$\alpha^2 - Sp(\alpha)\alpha + N(\alpha) = 0$$

zeigt dann $\alpha(\alpha - Sp(\alpha)) \in \mathfrak{p}$. Wegen $\alpha \notin \mathfrak{p}$ folgt $\alpha - Sp(\alpha) \in \mathfrak{p}$. Wegen $\alpha \in \mathfrak{m}$ folgt $Sp(\alpha) \in \mathfrak{m} \cap \mathbb{Z} = \mathfrak{p} \cap \mathbb{Z}$. Damit erhalten wir

$$\alpha = Sp(\alpha) + (\alpha - Sp(\alpha)) \in \mathfrak{p}$$

und somit einen Widerspruch. $\qquad\square$

Lemma 6.3.9. *Zu jedem von* (0) *verschiedenen Ideal* $\mathfrak{a} \subset \mathcal{O}_K$ *gibt es von* (0) *verschiedene Primideale* $\mathfrak{p}_1, \ldots, \mathfrak{p}_n$, *so daß* $\mathfrak{a}$ *deren Produkt umfasst, d.h.*

$$\mathfrak{p}_1 \cdots \mathfrak{p}_n \subset \mathfrak{a}.$$

Beweis. Sei $\mathfrak{a}$ ein Ideal, für das die Aussage des Lemmas falsch ist. Offenbar gilt weder $\mathfrak{a} = \mathcal{O}_K$, noch ist $\mathfrak{a}$ ein Primideal. Daher gibt es Elemente $b_1, b_2 \in \mathcal{O}_K$, die beide nicht in $\mathfrak{a}$ enthalten sind, aber $b_1 b_2 \in \mathfrak{a}$. Wir betrachten die echt größeren Ideale $\mathfrak{a}_1 = \mathfrak{a} + (b_1)$ und $\mathfrak{a}_2 = \mathfrak{a} + (b_2)$. Es gilt

$$\mathfrak{a}_1 \mathfrak{a}_2 = (\mathfrak{a} + (b_1))(\mathfrak{a} + (b_2)) = \mathfrak{a}^2 + \mathfrak{a}(b_1) + \mathfrak{a}(b_2) + (b_1 b_2) \subset \mathfrak{a}.$$

Würde sowohl $\mathfrak{a}_1$ als auch $\mathfrak{a}_2$ ein Primidealprodukt enthalten, so würde dies auch für $\mathfrak{a}_1 \mathfrak{a}_2$ und damit auch für $\mathfrak{a}$ gelten. Wir finden daher ein echt größeres Ideal, für das die Behauptung des Lemmas auch falsch ist. Wenn wir diesen Prozess iterieren, erhalten wir eine nicht stationär werdende aufsteigende Kette von Idealen in $\mathcal{O}_K$. Dies widerspricht der Aussage von Lemma 6.2.16.   □

Lemma 6.3.10. *Sei* $\mathfrak{p}$ *ein Primideal und seien* $\mathfrak{a}_1, \ldots, \mathfrak{a}_n$ *Ideale mit*

$$\mathfrak{a}_1 \cdots \mathfrak{a}_n \subset \mathfrak{p}.$$

Dann gilt $\mathfrak{a}_i \subset \mathfrak{p}$ *für ein* i.

Beweis. Anderenfalls könnten wir für jedes $i = 1, \ldots, n$ ein $a_i \in \mathfrak{a}_i \setminus \mathfrak{p}$ wählen und es würde $a_1 \cdots a_n \in \mathfrak{p}$ gelten. Aber $\mathfrak{p}$ ist ein Primideal.   □

Der Fall allgemeiner Zahlkörper:

Alle Aussagen dieses Abschnitts übertragen sich wörtlich auf den Fall eines allgemeinen Zahlkörpers.

6.4 Gebrochene Ideale

Um das Theorem über die Primidealzerlegung zu beweisen, brauchen wir noch eine Technik, Ideale auch durch einander dividieren zu können. Der Quotient ist natürlich nicht mehr notwendig ein Ideal, sondern ein „gebrochenes Ideal". Diese Erweiterung des Idealbegriffs ist nötig, denn ein Ideal $\mathfrak{a} \subsetneq \mathcal{O}_K$ hat bezüglich Multiplikation niemals ein Inverses, da $\mathfrak{a}\mathfrak{b} \subset \mathfrak{a} \subsetneq \mathcal{O}_K$ für jedes Ideal $\mathfrak{b} \subset \mathcal{O}_K$ gilt.

Definition 6.4.1. *Eine Teilmenge* $\mathfrak{a} \subset K$ *heißt* **gebrochenes Ideal** *in* K, *wenn es ein* $\alpha \in \mathcal{O}_K$, $\alpha \neq 0$, *gibt, so dass die Menge*

$$\alpha \mathfrak{a} = \{\alpha a \mid a \in \mathfrak{a}\}$$

ein Ideal in $\mathcal{O}_K$ *ist.*

Beispiel: Für eine natürliche Zahl n ist die Menge $\mathfrak{a}$ aller rationalen Zahlen der Form a/n, $a \in \mathbb{Z}$, ein gebrochenes Ideal in $\mathbb{Q}$. In der Tat gilt $n\mathfrak{a} = \mathbb{Z}$.

Insbesondere ist jedes Ideal in $\mathcal{O}_K$ ein gebrochenes Ideal in K (setze $\alpha = 1$). Der besseren Unterscheidung halber nennen wir Ideale in $\mathcal{O}_K$ von jetzt ab **ganze Ideale**.

Lemma 6.4.2. (i) *Ist $\mathfrak{a} \subset K$ ein gebrochenes Ideal, so existiert ein $n \in \mathbb{N}$, so dass $n\mathfrak{a}$ ein ganzes Ideal ist.*

(ii) *Jedes gebrochene Ideal ist (bezüglich Addition) eine endlich erzeugte abelsche Gruppe.*

Beweis. (i) Nach Definition existiert ein $\alpha \in \mathcal{O}_K$, $\alpha \neq 0$, so dass $\alpha\mathfrak{a} \subset \mathcal{O}_K$ ein ganzes Ideal ist. Wegen $\sigma(\alpha) \in \mathcal{O}_K$ ist auch $\sigma(\alpha)\alpha\mathfrak{a} \subset \mathcal{O}_K$ ein ganzes Ideal. Außerdem gilt $0 \neq \alpha\sigma(\alpha) = N(\alpha) \in \mathbb{Z}$. Daher erfüllt $n = |N(\alpha)|$ die gewünschte Bedingung.

(ii) Nach (i) existiert ein $n \in \mathbb{N}$ mit $n\mathfrak{a} \subset \mathcal{O}_K$. Nach Lemma 6.2.8 finden wir Elemente $a_1, \ldots, a_r \in n\mathfrak{a}$, die das ganze Ideal $n\mathfrak{a}$ erzeugen. Die Elemente $n^{-1}a_1, \ldots, n^{-1}a_r$ erzeugen dann $\mathfrak{a}$. $\qquad\qquad\square$

Nach Lemma 5.3.5 existiert zu jedem $x \in K$ ein $n \in \mathbb{N}$ mit $nx \in \mathcal{O}_K$. Es ist $(nx)\mathcal{O}_K$ ein ganzes Ideal und daher ist die Menge $\{xa \,|\, a \in \mathcal{O}_K\} \subset K$ ein gebrochenes Ideal.

Definition 6.4.3. *Für ein $x \in K$ heißt*

$$x\mathcal{O}_K = \{xa \,|\, a \in \mathcal{O}_K\}$$

das von x erzeugte **gebrochene Hauptideal**.

Gebrochene Ideale werden nach exakt den gleichen Regeln addiert und multipliziert wie ganze Ideale, d.h.

$$\mathfrak{a} + \mathfrak{b} = \{a + b \,|\, a \in \mathfrak{a}, b \in \mathfrak{b}\}, \quad \mathfrak{a}\mathfrak{b} = \Big\{ \sum_{\text{endl.}} a_i b_i \,\Big|\, a_i \in \mathfrak{a}, b_i \in \mathfrak{b} \Big\}.$$

Bezüglich der Multiplikation ist das Ideal $(1) = \mathcal{O}_K$ ein neutrales Element, d.h. es gilt $(1)\mathfrak{a} = \mathfrak{a}$ für jedes gebrochene Ideal $\mathfrak{a}$. Für Hauptideale verifiziert man einfach die Regel

$$(x\mathcal{O}_K)(y\mathcal{O}_K) = (xy)\mathcal{O}_K.$$

Wegen $(x\mathcal{O}_K)(x^{-1}\mathcal{O}_K) = \mathcal{O}_K$ impliziert dies die Existenz eines Inversen für von (0) verschiedene gebrochene Hauptideale. Dass auch für beliebige von (0) verschiedene gebrochene Ideale ein Inverses existiert, ist der Inhalt des folgenden Theorems.

Theorem 6.4.4. *Die Menge der von* (0) *verschiedenen gebrochenen Ideale bildet bezüglich Multiplikation eine abelsche Gruppe. Das Inverse von* $\mathfrak{a}$ *ist durch*

$$\mathfrak{a}^{-1} = \{b \in K \mid b\mathfrak{a} \subset \mathcal{O}_K\}$$

gegeben.

Beweis. Sei $\mathfrak{a} \neq (0)$ ein gebrochenes Ideal in K. Wir betrachten die Menge

$$\mathfrak{a}^* = \{b \in K \mid b\mathfrak{a} \subset \mathcal{O}_K\} \subset K.$$

Schritt 1: $\mathfrak{a}^*$ ist ein gebrochenes Ideal $\neq (0)$.

Beweis: Sei $a \in \mathfrak{a} \smallsetminus \{0\}$. Dann ist nach Definition die Menge $a\mathfrak{a}^*$ ein Ideal $\neq (0)$ in $\mathcal{O}_K$. Nach Lemma 5.3.5 existiert ein $m \in \mathbb{N}$ mit $ma \in \mathcal{O}_K$. Da $(ma)\mathfrak{a}^* = m(a\mathfrak{a}^*)$ ein von (0) verschiedenes ganzes Ideal ist, ist $\mathfrak{a}^* \subset K$ ein gebrochenes Ideal $\neq (0)$.

Schritt 2: Aus $\mathfrak{a} \subset \mathfrak{b}$ folgt $\mathfrak{b}^* \subset \mathfrak{a}^*$.

Beweis: Die Implikation kann direkt aus der Definition abgelesen werden.

Schritt 3: Aus $\mathfrak{a}^* \supset \mathcal{O}_K$ folgt $\mathfrak{a} \subset \mathcal{O}_K$.

Beweis: Gilt $\mathfrak{a}^* \supset \mathcal{O}_K$, so ist $1 \in \mathfrak{a}^*$ und folglich $\mathfrak{a} = 1 \cdot \mathfrak{a} \subset \mathcal{O}_K$.

Schritt 4: Für ein von (0) verschiedenes Primideal $\mathfrak{p} \subset \mathcal{O}_K$ gilt $\mathfrak{p}^* \supsetneq \mathcal{O}_K$.

Beweis: Sei $a \in \mathfrak{p}$, $a \neq 0$. Nach Lemma 6.3.9 finden wir von (0) verschiedene Primideale $\mathfrak{p}_1, \ldots, \mathfrak{p}_r$ mit $\mathfrak{p}_1 \cdots \mathfrak{p}_r \subset (a) \subset \mathfrak{p}$. Ohne Einschränkung können wir annehmen, dass r minimal gewählt ist. Nach Lemma 6.3.10 muss eines der Primideale (o.B.d.A. $\mathfrak{p}_1$) in $\mathfrak{p}$ enthalten sein. Nach Satz 6.3.8 gilt dann $\mathfrak{p}_1 = \mathfrak{p}$. Wegen $\mathfrak{p}_2 \cdots \mathfrak{p}_r \not\subset (a)$ gibt es ein $b \in \mathfrak{p}_2 \cdots \mathfrak{p}_r$ mit $b \notin a\mathcal{O}_K$, also $a^{-1}b \notin \mathcal{O}_K$. Aber $b\mathfrak{p} \subset a\mathcal{O}_K$ und daher $a^{-1}b \in \mathfrak{p}^*$.

Schritt 5: Aus $\mathfrak{a}^* = \mathcal{O}_K$ folgt $\mathfrak{a} = \mathcal{O}_K$.

Beweis: Es sei $\mathfrak{a}^* = \mathcal{O}_K$. Nach Schritt 3 gilt $\mathfrak{a} \subset \mathcal{O}_K$. Wäre $\mathfrak{a} \subsetneq \mathcal{O}_K$, so würde nach Korollar 6.3.7 ein Primideal $\mathfrak{p}$ mit $\mathfrak{a} \subset \mathfrak{p} \subset \mathcal{O}_K$ existieren. Nach Schritt 2 gilt dann $\mathcal{O}_K \subset \mathfrak{p}^* \subset \mathfrak{a}^* = \mathcal{O}_K$, also $\mathfrak{p}^* = \mathcal{O}_K$ im Widerspruch zu Schritt 4.

Schritt 6: Für ein ganzes Ideal $\mathfrak{a} \subset \mathcal{O}_K$, $\mathfrak{a} \neq (0)$, gilt $\mathfrak{a}^*\mathfrak{a} = \mathcal{O}_K$.

Beweis: Das Ideal $\mathfrak{b} = \mathfrak{a}^*\mathfrak{a} \subset \mathcal{O}_K$ ist ein ganzes Ideal. Wir müssen nachweisen, dass $\mathfrak{b}$ gleich $\mathcal{O}_K$ ist. Es gilt

$$\mathfrak{a}(\mathfrak{a}^*\mathfrak{b}^*) = \mathfrak{b}\mathfrak{b}^* \subset \mathcal{O}_K.$$

Hieraus schließen wir $\mathfrak{a}^*\mathfrak{b}^* \subset \mathfrak{a}^*$. Sei nun $\beta \in \mathfrak{b}^*$ beliebig. Wegen $1 \in \mathfrak{a}^*$ folgt $\beta^m \in \mathfrak{a}^*$ für alle $m \geq 1$. Folglich ist $\mathbb{Z}[\beta] \subset \mathfrak{a}^*$ als Untergruppe einer endlich erzeugten abelschen Gruppe selbst endlich erzeugt. Nach Satz 5.3.6 gilt $\beta \in \mathcal{O}_K$. Dies zeigt $\mathfrak{b}^* \subset \mathcal{O}_K$. Wegen $\mathfrak{b} \subset \mathcal{O}_K$ folgt $\mathcal{O}_K \subset \mathfrak{b}^*$, also $\mathfrak{b}^* = \mathcal{O}_K$. Nach Schritt 5 folgt $\mathfrak{b} = \mathcal{O}_K$.

Letzter Schritt: Für jedes gebrochene Ideal $\mathfrak{a} \neq (0)$ gilt $\mathfrak{a}^*\mathfrak{a} = \mathcal{O}_K$.

Beweis: Für $x \in K$, $x \neq 0$, verifiziert man leicht die Regel

$$\mathfrak{a}^* = (x)(x\mathfrak{a})^*.$$

Wählen wir x so, dass $x\mathfrak{a}$ ganz ist, so folgt hieraus und aus Schritt 6 die Formel

$$\mathfrak{a}^* \mathfrak{a} = (x)(x\mathfrak{a})^* \mathfrak{a} = (x\mathfrak{a})^*(x\mathfrak{a}) = \mathcal{O}_K.$$

Das beendet den Beweis. □

Wir sagen, dass ein ganzes Ideal $\mathfrak{a}$ ein ganzes Ideal $\mathfrak{b}$ teilt, wenn ein ganzes Ideal $\mathfrak{c}$ mit $\mathfrak{a}\mathfrak{c} = \mathfrak{b}$ existiert.

Korollar 6.4.5. *Für ganze Ideale* $\mathfrak{a}, \mathfrak{b} \subset \mathcal{O}_K$ *gilt*

$$\mathfrak{a} \mid \mathfrak{b} \Longleftrightarrow \mathfrak{b} \subset \mathfrak{a}.$$

Beweis. Die Implikation $\Longrightarrow$ ist offensichtlich. Das Nullideal teilt nur sich selbst, also können wir im Weiteren $\mathfrak{a} \neq (0)$ voraussetzen. Ist $\mathfrak{b} \subset \mathfrak{a}$, so ist

$$\mathfrak{c} = \mathfrak{a}^{-1}\mathfrak{b} \subset \mathfrak{a}^{-1}\mathfrak{a} = \mathcal{O}_K$$

ein ganzes Ideal und $\mathfrak{a}\mathfrak{c} = \mathfrak{b}$. Dies zeigt die andere Richtung. □

Korollar 6.4.6. *Für ein ganzes Ideal* $\mathfrak{a} \subsetneqq \mathcal{O}_K$ *ist* $\mathfrak{a}^{n+1} \subsetneqq \mathfrak{a}^n$ *für alle* $n \in \mathbb{N}$. *Das heißt, wir erhalten eine strikt fallende Folge von Idealen*

$$\mathcal{O}_K \supsetneqq \mathfrak{a} \supsetneqq \mathfrak{a}^2 \supsetneqq \mathfrak{a}^3 \supsetneqq \cdots .$$

Beweis. Aus $\mathfrak{a}^n = \mathfrak{a}^{n+1}$ folgt durch Multiplikation mit $\mathfrak{a}^{-n}$ die Gleichheit $\mathfrak{a} = \mathcal{O}_K$. Ist $\mathfrak{a} \neq \mathcal{O}_K$, so ist daher auch $\mathfrak{a}^n \neq \mathfrak{a}^{n+1}$ für alle $n \in \mathbb{N}$. □

Jetzt können wir den Satz über die eindeutige Primidealzerlegung beweisen.

Theorem 6.4.7. *Jedes von* (0) *und* (1) *verschiedene Ideal* $\mathfrak{a} \subset \mathcal{O}_K$ *hat eine bis auf die Reihenfolge der Faktoren eindeutige Zerlegung in ein Produkt von Primidealen*

$$\mathfrak{a} = \mathfrak{p}_1 \cdots \mathfrak{p}_n.$$

Beweis. Wir zeigen zunächst die Existenz. Sei $\mathfrak{a}$ von (0) und (1) verschieden. Nach Korollar 6.3.7 und Lemma 6.3.9 finden wir Primideale $\mathfrak{p}, \mathfrak{p}_1, \ldots, \mathfrak{p}_r$ mit

$$\mathfrak{p}_1 \cdots \mathfrak{p}_r \subset \mathfrak{a} \subset \mathfrak{p}.$$

Nach Lemma 6.3.10 ist eines der $\mathfrak{p}_i$ (o.B.d.A. $\mathfrak{p}_1$) in $\mathfrak{p}$ enthalten und nach Satz 6.3.8 ist $\mathfrak{p} = \mathfrak{p}_1$. Dann ist

$$\mathfrak{p}_2 \cdots \mathfrak{p}_r \subset \mathfrak{p}_1^{-1}\mathfrak{a} \subset \mathcal{O}_K.$$

Ist $\mathfrak{p}_1^{-1}\mathfrak{a} = \mathcal{O}_K$, dann ist $\mathfrak{a} = \mathfrak{p}_1$. Anderenfalls ist $\mathfrak{p}_1^{-1}\mathfrak{a}$ in einem Primideal enthalten und wir setzen den Prozess fort. Nach $n \leq r$ Schritten erhalten wir

$$\mathfrak{p}_n^{-1}\mathfrak{p}_{n-1}^{-1} \cdots \mathfrak{p}_1^{-1}\mathfrak{a} = \mathcal{O}_K$$

und daher $\mathfrak{a} = \mathfrak{p}_1 \cdots \mathfrak{p}_n$. Es bleibt die Eindeutigkeit zu zeigen. Seien

$$\mathfrak{a} = \mathfrak{p}_1 \cdots \mathfrak{p}_r = \mathfrak{q}_1 \cdots \mathfrak{q}_s$$

zwei Primzerlegungen des ganzen Ideals $\mathfrak{a}$. Es gilt $\mathfrak{a} \subset \mathfrak{p}_1$ und nach Lemma 6.3.10 ist eines der $\mathfrak{q}_i$ (o.B.d.A. $\mathfrak{q}_1$) in $\mathfrak{p}_1$ enthalten. Nach Satz 6.3.8 ist

$q_1 = p_1$. Jetzt multiplizieren wir beide Seiten mit p_1^{-1} und setzen den Prozess fort. Im Endeffekt erhalten wir $r = s$ und, nach eventueller Umnummerierung, $p_i = q_i$ für $i = 1, \ldots, r$. $\hfill \square$

Fassen wir mehrfach vorkommende Primideale zusammen und setzen für ein Primideal p die Konvention $p^0 = \mathcal{O}_K$, so können wir jedes ganze Ideal $a \neq (0)$ eindeutig in der Form

$$a = \prod_p p^{e_p}$$

schreiben. Das Produkt erstreckt sich über alle von Null verschiedenen Primideale in $\mathcal{O}_K$, die Exponenten e_p sind nichtnegative ganze Zahlen und es gilt $e_p = 0$ für alle bis auf endlich viele p.

Mit Hilfe der eindeutigen Primidealzerlegung definieren wir nun den größten gemeinsamen Teiler zweier ganzer Ideale.

Definition 6.4.8. *Für ganze Ideale $a = \prod_p p^{e_p}$ und $b = \prod_p p^{f_p}$ heißt*

$$\mathrm{ggT}(a, b) = \prod_p p^{\min(e_p, f_p)}$$

der **größte gemeinsame Teiler** *von a und b.*

Nach Theorem 6.4.7 ist das Ideal $\mathrm{ggT}(a, b)$ durch die folgenden beiden Eigenschaften eindeutig bestimmt:

  (i) $\mathrm{ggT}(a, b) \mid a$ und $\mathrm{ggT}(a, b) \mid b$.
  (ii) Sei c ein ganzes Ideal. Aus $c \mid a$ und $c \mid b$ folgt $c \mid \mathrm{ggT}(a, b)$.

Satz 6.4.9. *Es gilt $\mathrm{ggT}(a, b) = a + b$. Insbesondere sind a und b genau dann teilerfremd (im Sinne von Definition 6.2.13), wenn $\mathrm{ggT}(a, b) = (1)$ gilt.*

Beweis. Nach Korollar 6.4.5 ist $\mathrm{ggT}(a, b)$ das kleinste Ideal, das sowohl a als auch b enthält, also gleich $a + b$. $\hfill \square$

Mit Hilfe der eindeutigen Primidealzerlegung erhalten wir das folgende Resultat.

Satz 6.4.10. *Für jedes ganze Ideal $a \subsetneq \mathcal{O}_K$ gilt*

$$\bigcap_{n=1}^{\infty} a^n = (0).$$

Beweis. Das Ideal $b = \cap_{n=1}^{\infty} a^n$ ist durch beliebige Potenzen des Ideals a teilbar. Für $b \neq (0)$ widerspricht dies der eindeutigen Primidealzerlegung. $\hfill \square$

Der Fall allgemeiner Zahlkörper:

Alle Aussagen dieses Abschnitts übertragen sich wörtlich auf den Fall eines allgemeinen Zahlkörpers, siehe [Neu], Kap. I.

Aufgabe 1. Sei $\mathcal{O}_K$ ein Hauptidealring. Man zeige, dass jedes irreduzible Element ein Primelement ist.

Aufgabe 2. Man zeige: Jedes gebrochene Ideal $\mathfrak{a} \subset K$, $\mathfrak{a} \neq (0)$, hat eine eindeutige Produktdarstellung

$$\mathfrak{a} = \prod_{\mathfrak{p}} \mathfrak{p}^{e_{\mathfrak{p}}}.$$

Das Produkt erstreckt sich über alle von Null verschiedenen Primideale in $\mathcal{O}_K$, die Exponenten $e_{\mathfrak{p}}$ sind ganze Zahlen und es gilt $e_{\mathfrak{p}} = 0$ für alle bis auf endlich viele $\mathfrak{p}$. Das Ideal $\mathfrak{a}$ ist genau dann ganz, wenn $e_{\mathfrak{p}} \geq 0$ für alle $\mathfrak{p}$ gilt.

6.5 Das Zerlegungsgesetz

Für Anwendungen ist es nun wichtig zu wissen, auf welche Weise sich eine ganze Zahl n, als Element in $\mathcal{O}_K$ aufgefasst, in Primelemente zerlegt. Da $\mathcal{O}_K$ nicht notwendig faktoriell ist, ist diese Frage allerdings nicht sinnvoll. Anstelle dessen werden wir uns für die Primidealzerlegung des Hauptideals (n) interessieren. Nun haben wir eine Notationsdoppelung, weil für $n \in \mathbb{Z}$ das Symbol (n) sowohl das von n erzeugte Hauptideal in $\mathbb{Z}$, als auch das von n in $\mathcal{O}_K$ erzeugte Hauptideal bedeuten kann. Wir werden diese Ideale daher mit $n\mathbb{Z}$ und $n\mathcal{O}_K$ bezeichnen. Das nächste Lemma klärt die Beziehung zwischen diesen Idealen.

Lemma 6.5.1. *Für $n \in \mathbb{Z}$ gilt*

$$n\mathcal{O}_K \cap \mathbb{Z} = n\mathbb{Z}.$$

Insbesondere gilt für $n, m \in \mathbb{Z}$: $n\mathcal{O}_K = m\mathcal{O}_K \Longleftrightarrow n\mathbb{Z} = m\mathbb{Z}$.

Beweis. Für $n = 0$ ist die Aussage trivial. Sei $n \neq 0$. Die Inklusion $n\mathbb{Z} \subset n\mathcal{O}_K \cap \mathbb{Z}$ ist offensichtlich. Für ein beliebig gewähltes Element $a \in n\mathcal{O}_K \cap \mathbb{Z}$ existiert nach Definition ein $\alpha \in \mathcal{O}_K$ mit $a = n\alpha$. Nun liegt $\alpha = a/n$ in $\mathbb{Q}$. Nach Satz 5.3.4 folgt $\alpha \in \mathbb{Z}$, und daher gilt $a \in n\mathbb{Z}$. $\qquad\square$

Wir können daher mit Hilfe der Zuordnung $n\mathbb{Z} \mapsto n\mathcal{O}_K$ die Menge der Ideale in $\mathbb{Z}$ als Teilmenge der Ideale von $\mathcal{O}_K$ auffassen. Diese Zuordnung respektiert Produkte. Für eine natürliche Zahl n interessieren wir uns für die Primidealzerlegung von n in $\mathcal{O}_K$, d.h. für die Primidealzerlegung des ganzen Ideals $n\mathcal{O}_K$. Da wir n zunächst in $\mathbb{Z}$ zerlegen können, können wir uns auf den Fall $n = p$ mit einer Primzahl p beschränken.

Sei $(1, \omega)$ die in Abschnitt 6.1 konstruierte Ganzheitsbasis des Ringes $\mathcal{O}_K$, d.h. $\omega = \sqrt{d}$, wenn $d \not\equiv 1 \bmod 4$, und $\omega = \frac{1}{2}(1 + \sqrt{d})$, wenn $d \equiv 1 \bmod 4$.

Lemma 6.5.2. *Sei* $n \in \mathbb{Z}$. *Die Zahl* $a + b\omega$, $a, b \in \mathbb{Z}$, *liegt genau dann in* $n\mathcal{O}_K$, *wenn* a *und* b *in* $n\mathbb{Z}$ *liegen. Insbesondere gibt es für* $n \in \mathbb{Z}$, $n \neq 0$, *genau* n^2 *viele Restklassen modulo* $n\mathcal{O}_K$.

Beweis. Jedes Element von $\mathcal{O}_K$ hat eine eindeutige Darstellung der Form $\alpha + \beta\omega$, $\alpha, \beta \in \mathbb{Z}$. Daher hat jedes Element in $n\mathcal{O}_K$ eine eindeutige Darstellung der Form $n\alpha + n\beta\omega$, $\alpha, \beta \in \mathbb{Z}$. Folglich sind die n^2 Elemente

$$k + \ell\omega, \quad k = 0, 1, \ldots, n-1, \ \ell = 0, 1, \ldots, n-1,$$

paarweise inkongruent modulo $n\mathcal{O}_K$. Jedes Element $x = \alpha + \beta\omega \in \mathcal{O}_K$ ist zu einem der obigen Elemente kongruent. Daher gibt es genau n^2 Restklassen modulo $n\mathcal{O}_K$. □

Satz 6.5.3. *Sei* $\mathfrak{a} \neq (0)$ *ein ganzes Ideal. Die Anzahl der Restklassen modulo* $\mathfrak{a}$, *d.h. die Anzahl der Elemente des Ringes* $\mathcal{O}_K/\mathfrak{a}$ *ist endlich.*

Beweis. Sei $a \in \mathfrak{a}$ ein von Null verschiedenes Element. Dann liegt $N(a) = a\sigma(a)$ in $\mathfrak{a} \cap \mathbb{Z}$ und ist von Null verschieden. Daher gilt $N(a)\mathcal{O}_K \subset \mathfrak{a}$ und es gibt mehr Restklassen modulo $N(a)\mathcal{O}_K$ als Restklassen modulo $\mathfrak{a}$. Nach dem letzten Lemma gibt es für $n \in \mathbb{Z}$, $n \neq 0$, genau n^2 Restklassen modulo $n\mathcal{O}_K$. □

Definition 6.5.4. *Die Zahl* $\#(\mathcal{O}_K/\mathfrak{a})$ *heißt die* **Norm** *von* $\mathfrak{a}$ *und wird mit* $\mathfrak{N}(\mathfrak{a})$ *bezeichnet. Wir setzen* $\mathfrak{N}((0)) = 0$.

Korollar 6.5.5. *Für* $n \in \mathbb{Z}$ *gilt:* $\mathfrak{N}(n\mathcal{O}_K) = n^2$.

Die Aussage des nächsten Lemmas folgt direkt aus dem Chinesischen Restklassensatz 6.2.15.

Lemma 6.5.6. *Für teilerfremde ganze Ideale* $\mathfrak{a}$ *und* $\mathfrak{b}$ *gilt*

$$\mathfrak{N}(\mathfrak{a}\mathfrak{b}) = \mathfrak{N}(\mathfrak{a})\mathfrak{N}(\mathfrak{b}).$$

Um die Voraussetzung der Teilerfremdheit zu eliminieren, brauchen wir den folgenden, in vielerlei Hinsicht nützlichen Satz.

Satz 6.5.7. *Seien* $\mathfrak{a}$ *und* $\mathfrak{b}$ *ganze, von Null verschiedene Ideale. Dann existiert ein zu* $\mathfrak{a}$ *teilerfremdes ganzes Ideal* $\mathfrak{c}$, *so dass* $\mathfrak{b}\mathfrak{c}$ *ein Hauptideal ist.*

Beweis. Seien

$$\mathfrak{a} = \mathfrak{p}_1^{a_1} \cdots \mathfrak{p}_n^{a_n}, \qquad \mathfrak{b} = \mathfrak{p}_1^{b_1} \cdots \mathfrak{p}_n^{b_n},$$

die nicht notwendig minimalen (d.h. wir lassen $a_i = 0$ bzw. $b_i = 0$ zu) Primidealzerlegungen. Nach Korollar 6.4.6 existiert für jedes i ein $\alpha_i \in \mathfrak{p}_i^{b_i} \setminus \mathfrak{p}_i^{b_i+1}$. Nach dem Chinesischen Restklassensatz existiert ein $\alpha \in \mathcal{O}_K$ mit $\alpha \equiv \alpha_i \bmod \mathfrak{p}_i^{b_i+1}$ für $i = 1, \ldots, n$. Die Primidealzerlegung von α sieht folgendermaßen aus:

$$(\alpha) = \mathfrak{p}_1^{b_1} \cdots \mathfrak{p}_n^{b_n} \cdot \mathfrak{c},$$

wobei $\mathfrak{c}$ ein Produkt von Primidealen ist, die weder in der Primidealzerlegung von $\mathfrak{a}$, noch in der von $\mathfrak{b}$ vorkommen. Wir erhalten $\mathfrak{bc} = (\alpha)$, und $\mathfrak{c}$ ist zu $\mathfrak{a}$ teilerfremd.   □

Seien nun $(0) \neq \mathfrak{b} \subset \mathfrak{a} \subset \mathcal{O}_K$ ganze Ideale und sei

$$\mathfrak{a}/\mathfrak{b} \subset \mathcal{O}_K/\mathfrak{b}$$

die (additive) Untergruppe der Restklassen modulo $\mathfrak{b}$, die durch ein Element in $\mathfrak{a}$ repräsentiert werden. Die offensichtliche Äquivalenz $\alpha \equiv \beta \bmod \mathfrak{b} \iff$ ($\alpha \equiv \beta \bmod \mathfrak{a}$ und $\alpha - \beta = 0 \in \mathfrak{a}/\mathfrak{b}$) zeigt das folgende Lemma.

Lemma 6.5.8. *Seien* $(0) \neq \mathfrak{b} \subset \mathfrak{a} \subset \mathcal{O}_K$ *ganze Ideale. Dann zerfällt jede Restklasse modulo* $\mathfrak{a}$ *in* $\#(\mathfrak{a}/\mathfrak{b})$ *Restklassen modulo* $\mathfrak{b}$, *d.h.*

$$\#(\mathcal{O}_K/\mathfrak{b}) = \#(\mathcal{O}_K/\mathfrak{a})\#(\mathfrak{a}/\mathfrak{b}).$$

Lemma 6.5.9. *Für von* (0) *verschiedene ganze Ideale* $\mathfrak{a}, \mathfrak{b}$ *gilt*

$$\#(\mathcal{O}_K/\mathfrak{a}) = \#(\mathfrak{b}/\mathfrak{ab}).$$

Beweis. Nach Satz 6.5.7 finden wir ein ganzes zu $\mathfrak{a}$ teilerfremdes Ideal $\mathfrak{c}$, für das $\mathfrak{bc} = (\alpha)$ mit einem $\alpha \in \mathcal{O}_K$ gilt. Wir betrachten die Abbildung

$$\mathcal{O}_K/\mathfrak{a} \longrightarrow \mathfrak{b}/\mathfrak{ab}$$
$$\bar{a} \longmapsto \overline{\alpha a}$$

und weisen folgendes nach:

Die Abbildung ist wohldefiniert: Wegen $\mathfrak{bc} = (\alpha)$ gilt $\alpha \in \mathfrak{b}$. Daher ist für $a \in \mathcal{O}_K$ die Restklasse von αa modulo $\mathfrak{ab}$ in $\mathfrak{b}/\mathfrak{ab}$ enthalten. Es bleibt die Repräsentantenunabhängigkeit nachzuweisen. Ist $a_1 - a_2 \in \mathfrak{a}$, so ist $\alpha a_1 - \alpha a_2 = \alpha(a_1 - a_2)$ in $\mathfrak{ab}$. Das zeigt das Gewünschte.

Die Abbildung ist injektiv: Ist $\alpha a \in \mathfrak{ab}$, so gilt

$$\mathfrak{ab} \mid (\alpha)(a) = \mathfrak{bc}(a).$$

Folglich teilt $\mathfrak{a}$ das Ideal $\mathfrak{c}(a)$, und da $\mathfrak{a}$ und $\mathfrak{c}$ teilerfremd sind, gilt $a \in \mathfrak{a}$.

Die Abbildung ist surjektiv: Sei $b \in \mathfrak{b}$. Wir müssen die Existenz eines $a \in \mathcal{O}_K$ mit

$$\alpha a \equiv b \bmod \mathfrak{ab}$$

nachweisen. Da $\mathfrak{c}$ zu $\mathfrak{a}$ teilerfremd ist, ist der größte gemeinsame Teiler von $(\alpha) = \mathfrak{bc}$ und $\mathfrak{ab}$ gleich $\mathfrak{b}$, und es gilt

$$(\alpha) + \mathfrak{ab} = \mathfrak{b}.$$

Hieraus erhalten wir die Existenz eines $a \in \mathcal{O}_K$ mit $a\alpha - b \in \mathfrak{ab}$.   □

Satz 6.5.10. *Für ganze Ideale* $\mathfrak{a}, \mathfrak{b}$ *gilt:* $\mathfrak{N}(\mathfrak{ab}) = \mathfrak{N}(\mathfrak{a})\mathfrak{N}(\mathfrak{b})$.

Beweis. Für $\mathfrak{a} = (0)$ oder $\mathfrak{b} = (0)$ ist die Aussage des Satzes trivialerweise richtig. Seien $\mathfrak{a}, \mathfrak{b} \neq (0)$. Nach Lemma 6.5.9 gilt:

$$\mathfrak{N}(\mathfrak{a}\mathfrak{b}) = \#(\mathcal{O}_K/\mathfrak{a}\mathfrak{b}) = \#(\mathcal{O}_K/\mathfrak{b})\#(\mathfrak{b}/\mathfrak{a}\mathfrak{b}) = \#(\mathcal{O}_K/\mathfrak{b})\#(\mathcal{O}_K/\mathfrak{a}) = \mathfrak{N}(\mathfrak{a})\mathfrak{N}(\mathfrak{b}).$$

$\square$

Genauso, wie wir vorher bei den Gaußschen Zahlen mit Elementen gearbeitet haben, können wir jetzt mit Idealen argumentieren und erhalten die folgenden Sätze.

Lemma 6.5.11. *Gilt* $\mathfrak{N}(\mathfrak{p}) = p$, *mit* p *Primzahl, so ist* $\mathfrak{p}$ *ein Primideal.*

Beweis. Wäre $\mathfrak{p}$ als Ideal in $\mathcal{O}_K$ zerlegbar, so würde dies nach Anwendung der Norm eine Zerlegung von $p = \mathfrak{N}(\mathfrak{p})$ in $\mathbb{Z}$ implizieren. $\square$

Lemma 6.5.12. *Für eine Primzahl* p *ist* $p\mathcal{O}_K$ *entweder ein Primideal oder das Produkt zweier (nicht notwendig verschiedener) Primideale der Norm* p.

Beweis. Dies folgt aus $\mathfrak{N}(p\mathcal{O}_K) = p^2$. $\square$

Definition 6.5.13. *Eine Primzahl* p *heißt in* K

    träge, *wenn* $p\mathcal{O}_K$ *ein Primideal ist,*

    zerlegt, *wenn* $p\mathcal{O}_K = \mathfrak{p}_1\mathfrak{p}_2$ *mit Primidealen* $\mathfrak{p}_1 \neq \mathfrak{p}_2$ *in* $\mathcal{O}_K$,

    verzweigt, *wenn* $p\mathcal{O}_K = \mathfrak{p}^2$ *für ein Primideal* $\mathfrak{p}$ *in* $\mathcal{O}_K$.

Sei nun f_ω das Minimalpolynom von ω, d.h.

$$f_\omega(X) = \begin{cases} X^2 - d, & \text{wenn } d \not\equiv 1 \bmod 4, \\ X^2 - X - \frac{d-1}{4}, & \text{wenn } d \equiv 1 \bmod 4. \end{cases}$$

Das Verhalten einer Primzahl p kann man wie folgt ablesen.

Satz 6.5.14. *Eine Primzahl* p *ist in* K

    träge, wenn f_ω *irreduzibel modulo* p *ist,*

    zerlegt, wenn f_ω *modulo* p *in zwei verschiedene Linearfaktoren zerfällt,*

    verzweigt, wenn f_ω *modulo* p *eine doppelte Nullstelle hat.*

Beweis. Sei $f \in \mathbb{Z}[X]$ so, dass $\bar{f}$ ein Primteiler von $\bar{f}_\omega$ in $\mathbb{Z}/p\mathbb{Z}[X]$ ist. Wir betrachten das ganze Ideal $\mathfrak{p} = p\mathcal{O}_K + f(\omega)\mathcal{O}_K$.

Behauptung: $\mathfrak{p} \neq \mathcal{O}_K$.

Beweis: Anderenfalls wäre $1 \in p\mathcal{O}_K + f(\omega)\mathcal{O}_K$, d.h. es gäbe $\alpha, \beta \in \mathcal{O}_K$ mit $\alpha p + \beta f(\omega) = 1$. Sei $g \in \mathbb{Z}[X]$ ein lineares Polynom mit $\alpha = g(\omega)$ und sei $h \in \mathbb{Z}[X]$ ein lineares Polynom mit $\beta = h(\omega)$. Die Polynome g und h existieren, weil $(1, \omega)$ eine Ganzheitsbasis ist. Dann gilt

$$g(\omega)p + h(\omega)f(\omega) - 1 = 0.$$

Daher gilt

$$f_\omega \mid (gp + hf - 1),$$

und modulo p betrachtet erhalten wir: $\bar{f} \mid \bar{f}_\omega \mid (\bar{h}\bar{f} - \bar{1})$. Also gilt $\bar{f} \mid \bar{1}$ in $\mathbb{Z}/p\mathbb{Z}[X]$, im Widerspruch dazu, dass $\bar{f}$ ein Primpolynom ist. Also ist $\mathfrak{p}$ ein echtes Ideal.

Behauptung: $\mathfrak{p}$ ist ein Primideal.

Beweis: Seien $\alpha, \beta \in \mathcal{O}_K$ mit $\alpha\beta \in \mathfrak{p}$. Es existieren (lineare) Polynome $F, G \in \mathbb{Z}[X]$ mit $\alpha = F(\omega)$, $\beta = G(\omega)$. Wäre $(\bar{f}, \bar{F}\bar{G}) = 1 \in \mathbb{Z}/p\mathbb{Z}[X]$, so gäbe es Polynome $h, g \in \mathbb{Z}[X]$ mit $\bar{h}\bar{f} + \bar{g}\bar{F}\bar{G} = 1$. Hieraus folgt

$$1 \equiv h(\omega)f(\omega) + g(\omega)F(\omega)G(\omega) \quad \mod p\mathcal{O}_K.$$

Wegen $p\mathcal{O}_K \subset \mathfrak{p}$, $f(\omega) \in \mathfrak{p}$ und $F(\omega)G(\omega) = \alpha\beta \in \mathfrak{p}$ erhalten wir den Widerspruch $1 \in \mathfrak{p}$. Damit wird $\bar{f}$ von einem der beiden Primpolynome $\bar{F}$ oder $\bar{G}$ geteilt. Je nachdem folgt $\alpha \in \mathfrak{p}$ oder $\beta \in \mathfrak{p}$. Also ist $\mathfrak{p}$ ein Primideal.

Nehmen wir nun an, dass f_ω modulo p irreduzibel ist. Dann können wir $f = f_\omega$ setzen und es gilt $0 = f(\omega)$, folglich $\mathfrak{p} = p\mathcal{O}_K$. Zerfällt f_ω modulo p in die Linearfaktoren $\bar{f}_1$ und $\bar{f}_2$, dann gilt

$$0 = f_\omega(\omega) \equiv f_1(\omega)f_2(\omega) \quad \mod p\mathcal{O}_K.$$

Bilden wir die Primideale $\mathfrak{p}_1$, $\mathfrak{p}_2$ wie oben, so folgt, dass

$$\mathfrak{p}_1\mathfrak{p}_2 = p^2\mathcal{O}_K + pf_1(\omega)\mathcal{O}_K + pf_2(\omega)\mathcal{O}_K + f_1(\omega)f_2(\omega)\mathcal{O}_K \subset p\mathcal{O}_K.$$

Daher gilt $p\mathcal{O}_K \mid \mathfrak{p}_1\mathfrak{p}_2$ und es verbleiben die Möglichkeiten $p\mathcal{O}_K = \mathfrak{p}_1, \mathfrak{p}_2, \mathfrak{p}_1\mathfrak{p}_2$. Wäre $p\mathcal{O}_K = \mathfrak{p}_1$, so wäre $f_1(\omega) \in p\mathcal{O}_K$. Also existiert ein Polynom $g \in \mathbb{Z}[X]$ mit $f_1(\omega) = pg(\omega)$. Es folgt $f_\omega \mid (f_1 - pg)$ und modulo p erhalten wir den Widerspruch $\bar{f}_\omega \mid \bar{f}_1$. Analog schließen wir die Möglichkeit $p\mathcal{O}_K = \mathfrak{p}_2$ aus und erhalten

$$p\mathcal{O}_K = \mathfrak{p}_1\mathfrak{p}_2.$$

Hat f_ω modulo p eine Doppelnullstelle, so können wir $f_1 = f_2$ wählen und erhalten $\mathfrak{p}_1 = \mathfrak{p}_2$. Es bleibt zu zeigen, dass $\bar{f}_1 \neq \bar{f}_2$ auch $\mathfrak{p}_1 \neq \mathfrak{p}_2$ impliziert. Dies folgt aus der linearen Kombinierbarkeit des größten gemeinsamen Teilers. Wir wählen Polynome $g, h \in \mathbb{Z}[X]$ mit $\bar{f}_1\bar{g} + \bar{f}_2\bar{h} = 1 \in \mathbb{Z}/p\mathbb{Z}[X]$. Dann gibt es ein Polynom $F \in \mathbb{Z}[X]$ mit $f_1g + f_2h - pF = 1$. Einsetzen von ω ergibt

$$f_1(\omega)g(\omega) + f_2(\omega)h(\omega) - pF(\omega) = 1.$$

Wäre nun $\mathfrak{p}_1 = \mathfrak{p}_2$, so wäre der Ausdruck auf der linken Seite in $\mathfrak{p}_1$ und wir erhalten einen Widerspruch. $\qquad\square$

Erinnern wir uns an die Abbildung $\sigma\colon K \to K$, $\sigma(x + y\sqrt{d}) = x - y\sqrt{d}$. Für $z \in \mathcal{O}_K$ ist auch $\sigma(z) \in \mathcal{O}_K$ und umgekehrt. Ist $\mathfrak{a}$ ein gebrochenes Ideal, so ist

$$\sigma(\mathfrak{a}) = \{\sigma(a) \mid a \in \mathfrak{a}\}$$

auch ein gebrochenes Ideal und $\mathfrak{a}$ ist genau dann ganz, wenn $\sigma(\mathfrak{a})$ ganz ist.

Definition 6.5.15. *Die Zahl*

$$\Delta_K = \left| \begin{pmatrix} 1 & \omega \\ 1 & \sigma(\omega) \end{pmatrix} \right|^2 = \begin{cases} 4d, & \text{wenn } d \not\equiv 1 \bmod 4, \\ d, & \text{wenn } d \equiv 1 \bmod 4, \end{cases}$$

heißt die **Diskriminante** *des quadratischen Zahlkörpers K.*

Satz 6.5.16. *Eine Primzahl p ist genau dann in K verzweigt, wenn sie die Diskriminante Δ_K von K teilt.*

Beweis. Angenommen, die Primzahl p ist verzweigt in $\mathcal{O}_K$, $p\mathcal{O}_K = \mathfrak{p}^2$. Dann gilt $\sigma(\mathfrak{p})^2 = \sigma(p)\mathcal{O}_K = p\mathcal{O}_K = \mathfrak{p}^2$. Wegen der Eindeutigkeit der Primidealzerlegung folgt $\mathfrak{p} = \sigma(\mathfrak{p})$. Angenommen, für jedes $a + b\omega \in \mathfrak{p}$ wäre $b \in p\mathbb{Z}$. Dann wäre jedes auftretende $a \in \mathfrak{p} \cap \mathbb{Z} = p\mathbb{Z}$. Hieraus würde $\mathfrak{p} = p\mathcal{O}_K$ folgen. Also findet man $a, b \in \mathbb{Z}$, $0 < b < p$ mit $a + b\omega \in \mathfrak{p}$. Wegen $\sigma(\mathfrak{p}) = \mathfrak{p}$ ist auch $a + b\sigma(\omega) \in \mathfrak{p}$. Wir schließen $b(\omega - \sigma(\omega)) \in \mathfrak{p}$ und $b^2\Delta_K \in \mathfrak{p} \cap \mathbb{Z} = p\mathbb{Z}$. Wegen $0 < b < p$ folgt $p \,|\, \Delta_K$.

Sei umgekehrt Δ_K durch p teilbar. Wir betrachten zunächst den Fall $d \not\equiv 1 \bmod 4$. Dann gilt $f_\omega = X^2 - d$. Für ungerades p folgt aus $p \,|\, \Delta_K$ auch $p \,|\, d$ und f_ω hat modulo p eine doppelte Nullstelle. Modulo 2 hat $X^2 - d$ für ungerades d die Doppelnullstelle 1 und für gerades d die Doppelnullstelle 0. Nun betrachten wir den Fall $d \equiv 1 \bmod 4$. Dann gilt $\Delta_K = d$ und $f_\omega = X^2 - X - (d-1)/4$. Ein Diskriminantenteiler p ist notwendig ungerade und modulo p gilt $f_\omega \equiv (X - 1/2)^2$. $\square$

Korollar 6.5.17. *Mindestens eine und höchstens endlich viele Primzahlen verzweigen in K.*

Beweis. Das folgt aus Satz 6.5.16 und daraus, dass der Betrag von Δ_K stets größer als 1 ist. $\square$

Als nächstes bestimmen wir das Zerlegungsverhalten von Primzahlen in K. Das Ergebnis formuliert sich am elegantesten in Termen des Legendre-Symbols.

Theorem 6.5.18 (Zerlegungsgesetz in K). *Sei $K = \mathbb{Q}(\sqrt{d})$ ein quadratischer Zahlkörper mit Diskriminante Δ_K. Dann gilt:*

(i) *Eine ungerade Primzahl p ist in K*

$$\text{träge, wenn } \left(\tfrac{\Delta_K}{p}\right) = -1,$$
$$\text{zerlegt, wenn } \left(\tfrac{\Delta_K}{p}\right) = +1,$$
$$\text{verzweigt, wenn } \left(\tfrac{\Delta_K}{p}\right) = 0.$$

(ii) *Die Primzahl 2 ist in K*

$$\text{träge, wenn } \Delta_K \equiv 5 \bmod 8,$$
$$\text{zerlegt, wenn } \Delta_K \equiv 1 \bmod 8,$$
$$\text{verzweigt, wenn } \Delta_K \equiv 0 \bmod 2.$$

Beweis. Sei p ungerade. Ist $d \not\equiv 1 \bmod 4$, so ist das Minimalpolynom $f_\omega = X^2 - d$ genau dann irreduzibel modulo p, wenn d kein quadratischer Rest modulo p ist. Wenn $d \equiv 1 \bmod 4$ ist, so gilt $f_\omega = X^2 - X - (d-1)/4$. Die Substitution $f_\omega(X + 1/2) = X^2 - d/4$ zeigt dann das gleiche Ergebnis.

Nun betrachten wir den Fall $p = 2$. Ist $d \not\equiv 1 \bmod 4$, so ist $\Delta_K = 4d$ gerade und 2 ist verzweigt. Sei $\Delta_K = d \equiv 1 \bmod 4$. Dann ist f_ω genau dann irreduzibel modulo 2, wenn $(d-1)/4$ ungerade ist. $\square$

Korollar 6.5.19. *Zerlegt sich p in $\mathcal{O}_K$ in der Form $p\mathcal{O}_K = \mathfrak{p}_1\mathfrak{p}_2$, so gilt*
$$\mathfrak{p}_2 = \sigma(\mathfrak{p}_1).$$

Beweis. Wegen $\sigma(\mathfrak{p}_1)|\sigma(p\mathcal{O}_K) = p\mathcal{O}_K$ gilt $\sigma(\mathfrak{p}_1) = \mathfrak{p}_i$, $i = 1$ oder 2. Wir wählen, wie im Beweis von Satz 6.5.16, $a, b \in \mathbb{Z}$, $0 < b < p$ mit $a + b\omega \in \mathfrak{p}_1$. Wäre $\sigma(\mathfrak{p}_1) = \mathfrak{p}_1$, schließt man $a + b\sigma(\omega) \in \mathfrak{p}_1$ und deshalb $b^2\Delta_K \in \mathfrak{p}_1 \cap \mathbb{Z} = p\mathbb{Z}$. Also $p \,|\, \Delta_K$, was ausgeschlossen war. $\square$

Satz 6.5.20. *Für jedes ganze Ideal $\mathfrak{a}$ gilt $\mathfrak{a}\sigma(\mathfrak{a}) = \mathfrak{N}(\mathfrak{a})\mathcal{O}_K$.*

Beweis. Beide Seiten sind multiplikativ, und so können wir annehmen, dass $\mathfrak{a} = \mathfrak{p}$ ein Primideal ist. Sei $\mathfrak{p} \cap \mathbb{Z} = p\mathbb{Z}$. Ist p verzweigt, so gilt $\mathfrak{p} = \sigma(\mathfrak{p})$, sowie $\mathfrak{N}(\mathfrak{p}) = p$ und $\mathfrak{p}\sigma(\mathfrak{p}) = \mathfrak{p}^2 = p\mathcal{O}_K$. Ist p zerlegt, so gilt $\mathfrak{N}(\mathfrak{p}) = p$ und $p\mathcal{O}_K = \mathfrak{p}\sigma(\mathfrak{p})$. Ist p träge, so gilt $\mathfrak{p} = p\mathcal{O}_K$, $\mathfrak{N}(\mathfrak{p}) = p^2$, $\mathfrak{N}(\mathfrak{p})\mathcal{O}_K = p^2\mathcal{O}_K = \mathfrak{p}^2 = \mathfrak{p}\sigma(\mathfrak{p})$. $\square$

Jetzt verstehen wir, wie die Norm eines Hauptideals mit der Norm eines erzeugenden Elementes zusammenhängt.

Satz 6.5.21. *Für $\alpha \in \mathcal{O}_K$ gilt:* $\mathfrak{N}(\alpha\mathcal{O}_K) = |N(\alpha)|$.

Beweis. Es gilt $\mathfrak{N}(\alpha\mathcal{O}_K)\mathcal{O}_K = \alpha\mathcal{O}_K\sigma(\alpha\mathcal{O}_K) = (\alpha\sigma(\alpha))\mathcal{O}_K = N(\alpha)\mathcal{O}_K$. Nach Lemma 6.5.1 folgt $\mathfrak{N}(\alpha\mathcal{O}_K)\mathbb{Z} = N(\alpha)\mathbb{Z}$. $\square$

Schließlich erhalten wir den wichtigen Endlichkeitsatz:

Satz 6.5.22. *Zu jeder natürlichen Zahl n existieren nur endlich viele ganze Ideale $\mathfrak{a} \subset \mathcal{O}_K$ mit*
$$\mathfrak{N}(\mathfrak{a}) \leq n.$$

Beweis. Es genügt zu zeigen, dass zu jeder natürlichen Zahl n nur endlich viele Ideale $\mathfrak{a}$ mit $\mathfrak{N}(\mathfrak{a}) = n$ existieren. Nach Satz 6.5.20 gilt $\mathfrak{a} \,|\, \mathfrak{N}(\mathfrak{a})\mathcal{O}_K$ für jedes ganze Ideal $\mathfrak{a}$. Das Ideal $n\mathcal{O}_K$ hat aber nur endlich viele Teiler, daher gibt es auch nur endlich viele ganze Ideale der Norm n. $\square$

Wir definieren nun die **Eulersche φ-Funktion** auf ganzen, von (0) verschiedenen Idealen von $\mathcal{O}_K$ durch
$$\varphi(\mathfrak{a}) := \#(\mathcal{O}_K/\mathfrak{a})^\times.$$

Der Chinesische Restklassensatz impliziert für teilerfremde ganze Ideale $\mathfrak{a}, \mathfrak{b}$ die Regel $\varphi(\mathfrak{a})\varphi(\mathfrak{b}) = \varphi(\mathfrak{a}\mathfrak{b})$.

Lemma 6.5.23. *Die Restklasse modulo $\mathfrak{a}$ eines Elements $\alpha \in \mathcal{O}_K$ ist genau dann eine prime Restklasse, wenn $(\alpha) + \mathfrak{a} = (1)$ gilt.*

Beweis. Gilt $\bar{\beta}\bar{\alpha} = \bar{1} \in \mathcal{O}_K/\mathfrak{a}$, so existiert ein $a \in \mathfrak{a}$ mit $\beta\alpha + a = 1$. Daher gilt $(\alpha) + \mathfrak{a} = (1)$. Ist umgekehrt $(\alpha) + \mathfrak{a} = (1)$, so existieren ein $\beta \in \mathcal{O}_K$ und ein $a \in \mathfrak{a}$ mit $\beta\alpha + a = 1$. Dann gilt $\bar{\beta}\bar{\alpha} = \bar{1} \in \mathcal{O}_K/\mathfrak{a}$.   □

Satz 6.5.24 (Verallgemeinerter Kleiner Fermatscher Satz). *Ist (α) prim zu $\mathfrak{a}$, so gilt*
$$\alpha^{\varphi(\mathfrak{a})} \equiv 1 \mod \mathfrak{a}.$$

Beweis. Es ist $(\mathcal{O}_K/\mathfrak{a})^\times$ eine endliche abelsche Gruppe der Ordnung $\varphi(\mathfrak{a})$. Nach Satz 5.2.2 gilt $x^{\varphi(\mathfrak{a})} = \bar{1}$ für jedes $x \in (\mathcal{O}_K/\mathfrak{a})^\times$. Ist nun (α) prim zu $\mathfrak{a}$, so liegt nach Lemma 6.5.23 die Restklasse von α modulo $\mathfrak{a}$ in $(\mathcal{O}_K/\mathfrak{a})^\times$. Hieraus folgt $\alpha^{\varphi(\mathfrak{a})} \equiv 1 \mod \mathfrak{a}$.   □

Wir wollen unsere neugewonnenen Fertigkeiten anwenden, indem wir zeigen, dass $\mathcal{O}_K$ für $d = -163$ ein Hauptidealring ist. Dieses Beispiel ist aus zwei Gründen interessant. Zum einen ist $\mathcal{O}_K$ nicht euklidisch (siehe Abschnitt 6.10). Zum anderen ist $d = -163$ die betragsmäßig größte negative Zahl, für die $\mathcal{O}_K$, $K = \mathbb{Q}(\sqrt{d})$, überhaupt ein Hauptidealring ist.

Satz 6.5.25. *Der Ganzheitsring $\mathcal{O}_K$ von $K = \mathbb{Q}(\sqrt{-163})$ ist ein Hauptidealring.*

Beweis. Es genügt zu zeigen, dass jedes Primideal ein Hauptideal ist. Es genügt also zu zeigen, dass sich jede Primzahl in das Produkt von Hauptprimidealen zerlegt. Nach dem Zerlegungsgesetz ist 2 träge und jede ungerade Primzahl p mit $\left(\frac{-163}{p}\right) = -1$ ist träge. Daher genügt es zu zeigen, dass jede ungerade Primzahl p mit $\left(\frac{-163}{p}\right) \neq -1$ sich in $\mathcal{O}_K$ in das Produkt zweier Hauptprimideale zerlegt. Für $p \neq 2$ gilt $\left(\frac{-163}{p}\right) = \left(\frac{p}{163}\right)$. Daher müssen wir die Fälle $p = 163$ und p ungerade und quadratischer Rest modulo 163 betrachten. Wir haben schon in Satz 2.4.4 gesehen, dass jede dieser Primzahlen von der Form $a^2 + ab + 41b^2$ mit $a, b \in \mathbb{Z}$ ist. Wegen $-163 \equiv 1 \mod 4$ gilt $\omega = \frac{1}{2}(1 + \sqrt{-163})$. Für $\alpha = a + b\omega$ erhalten wir
$$N(\alpha) = \frac{(2a + b)^2}{4} + 163\frac{b^2}{4} = a^2 + ab + 41b^2 = p.$$
Daher gilt
$$(p) = (\alpha)(\sigma(\alpha)).$$
Die Hauptideale auf der rechten Seite haben Norm p, sind also Primideale.   □

Der Fall allgemeiner Zahlkörper:

Sei K ein Zahlkörper von Grad n. Dann zerfällt jede Primzahl in $\mathcal{O}_K$ in das Produkt von höchstens n Primidealen. Man sagt, dass p verzweigt ist, wenn einer der Primfaktoren doppelt vorkommt. Die verzweigten Primzahlen sind genau die Teiler der Diskriminante Δ_K. Auch kann man das Zerlegungsverhalten einer Primzahl p an der Primzerlegung eines geeigneten Polynoms modulo p ablesen. Die Norm ist auch in der allgemeinen Situation multiplikativ und es gelten die Sätze 6.5.22 und 6.5.24. Siehe [Neu], Kap. 1.

Aufgabe 1. Man zeige die Gleichung

$$\varphi(\mathfrak{a}) = \mathfrak{N}(\mathfrak{a}) \cdot \prod_{\mathfrak{p} \mid \mathfrak{a}} (1 - \frac{1}{\mathfrak{N}(\mathfrak{p})}).$$

Aufgabe 2. Ist die Zuordnung

$$\begin{array}{ccc} (\text{Ideale in } \mathcal{O}_K) & \longrightarrow & (\text{Ideale in } \mathbb{Z}) \\ \mathfrak{a} & \longmapsto & \mathfrak{a} \cap \mathbb{Z} \end{array}$$

mit Produkten verträglich?

Aufgabe 3. Man zeige

$$\sum_{\mathfrak{b} \mid \mathfrak{a}} \varphi(\mathfrak{b}) = \mathfrak{N}(\mathfrak{a}).$$

Aufgabe 4. Sei $K = \mathbb{Q}(\sqrt{d})$ mit $d = np$, $n > 0$, p Primzahl. Angenommen es gilt $(p) = (\alpha)^2$ in $\mathcal{O}_K$. Man zeige, dass eine von ± 1 verschiedene Einheit in $\mathcal{O}_K$ existiert.

Aufgabe 5. Man gebe die Primidealzerlegung von (6) in $\mathbb{Q}(\sqrt{-5})$ an.

Aufgabe 6. Man gebe die Primidealzerlegung von (p) in $\mathbb{Q}(\sqrt{p})$ und $\mathbb{Q}(\sqrt{-p})$ an.

Aufgabe 7. Man zeige: Sind für zwei quadratische Zahlkörper K, K' die Mengen der zerlegten Primzahlen die gleichen, so gilt $K = K'$.

6.6 Die Idealklassengruppe

Will man sich die Idealarithmetik für das Rechnen mit Zahlen nutzbar machen, so steht man vor den folgenden Problemen:

- nicht jedes Ideal ist ein Hauptideal,
- eine Zahl α ist durch das Ideal (α) nur bis auf Assoziiertheit bestimmt.

Dem ersten Problem wenden wir uns in diesem, dem zweiten im nächsten Abschnitt zu. Unser Vorgehen ist „typisch algebraisch". Wir definieren eine abelsche Gruppe, die **Idealklassengruppe**, die die Differenz zwischen beliebigen Idealen und Hauptidealen misst. Ist diese Gruppe trivial, so ist $\mathcal{O}_K$ ein Hauptidealring. Ansonsten gibt uns die Struktur dieser Gruppe weitere Informationen. Es ist eine bemerkenswerte Tatsache, dass die Idealklassengruppe stets *endlich* ist, d.h. der Übergang von Zahlen zu Idealen hat uns nicht ins Uferlose geführt.

Wir führen die folgende Äquivalenzrelation auf der Menge der von (0) verschiedenen gebrochenen Ideale eines Zahlkörpers K ein:

$$\mathfrak{a} \sim \mathfrak{b} \iff \mathfrak{a}^{-1}\mathfrak{b} \text{ ist ein gebrochenes Hauptideal.}$$

Äquivalenzklassen bezüglich $\sim$ multipliziert man, indem man Vertreter multipliziert und wieder zur Äquivalenzklasse übergeht. Man überlegt sich leicht, dass diese Definition vertreterunabhängig ist.

Definition 6.6.1. *Die Menge der Äquivalenzklassen bezüglich $\sim$ zusammen mit der durch die Multiplikation gebrochener Ideale induzierten Verknüpfung heißt die* **Idealklassengruppe** *von K und wird mit $Cl(K)$ bezeichnet.*

Mit anderen Worten: $Cl(K)$ ist die Faktorgruppe der Gruppe der von (0) verschiedenen gebrochenen Ideale von K nach der Untergruppe der von (0) verschiedenen gebrochenen Hauptideale von K.

Satz 6.6.2. *Es sei K ein quadratischer Zahlkörper. Dann sind die folgenden Aussagen äquivalent.*

  (i) $Cl(K) = 1$,
 (ii) $\mathcal{O}_K$ *ist ein Hauptidealring,*
(iii) $\mathcal{O}_K$ *ist faktoriell.*

Bemerkung: Die Implikation (iii)$\Rightarrow$(ii) gilt für allgemeine Ringe nicht, so ist z.B. der Polynomring $\mathbb{Z}[X]$ faktoriell, aber kein Hauptidealring.

Beweis. (i)$\Longrightarrow$(ii). Sei $Cl(K) = 1$. Das Nullideal ist stets ein Hauptideal. Ist $\mathfrak{a} \subset \mathcal{O}_K$ ein von (0) verschiedenes Ideal, so gilt $\mathfrak{a} \sim (1)$, also $\mathfrak{a} = (a)$ für ein $a \in K$. Da $\mathfrak{a}$ ganz ist, folgt $a \in \mathcal{O}_K$, d.h. $\mathfrak{a}$ ist ein ganzes Hauptideal.

(ii)$\Longrightarrow$(i). Sei $\mathcal{O}_K$ ein Hauptidealring und $\mathfrak{a} \subset K$ ein von (0) verschiedenes gebrochenes Ideal. Nach Definition existiert ein $\alpha \in \mathcal{O}_K$, so dass $\alpha\mathfrak{a}$ ein ganzes Ideal ist. Dann existiert ein $a \in \mathcal{O}_K$ mit $\alpha\mathfrak{a} = (a)$, also ist $\mathfrak{a} = (\alpha^{-1}a)$ ein gebrochenes Hauptideal. Wir schließen $\mathfrak{a} \sim (1)$ und, weil $\mathfrak{a}$ beliebig war, $Cl(K) = 1$.

(iii)$\Longrightarrow$(ii). Sei $\mathcal{O}_K$ faktoriell, $\mathfrak{a} \subset \mathcal{O}_K$ ein von (0) verschiedenes Ideal und $\mathfrak{N}(\mathfrak{a})$ seine Norm. Es sei $\mathfrak{N}(\mathfrak{a}) = \pi_1 \cdots \pi_n$ die (im wesentlichen eindeutige) Zerlegung des Elementes $\mathfrak{N}(\mathfrak{a}) \in \mathcal{O}_K$ in irreduzible Elemente. Nach Lemma 4.1.14 sind die Elemente π_i, $i = 1, \ldots, n$, Primelemente in $\mathcal{O}_K$. Daher sind die Ideale (π_i), $i = 1, \ldots, n$, Hauptprimideale und

$$(\mathfrak{N}(\mathfrak{a})) = (\pi_1) \cdots (\pi_n)$$

ist die eindeutige Zerlegung von $(\mathfrak{N}(\mathfrak{a}))$ in Primideale. Wegen $\mathfrak{a}|(\mathfrak{N}(\mathfrak{a}))$ folgt

$$\mathfrak{a} = \prod_{i \in J}(\pi_i)$$

mit einer Teilmenge $J \subset \{1, \ldots, n\}$. Insbesondere ist $\mathfrak{a}$ ein Hauptideal. Folglich ist jedes Ideal in $\mathcal{O}_K$ ein Hauptideal.

(ii)$\Longrightarrow$(iii). Sei $\mathcal{O}_K$ ein Hauptidealring und $a \in \mathcal{O}_K \smallsetminus (\mathcal{O}_K^\times \cup \{0\})$. Dann ist das Ideal (a) von (0) und (1) verschieden. Sei

$$(a) = \mathfrak{p}_1 \cdots \mathfrak{p}_n$$

seine eindeutige Zerlegung in Primideale. Da $\mathcal{O}_K$ ein Hauptidealring ist, gilt $\mathfrak{p}_i = (\pi_i)$, $i = 1, \ldots, n$, mit Primelementen $\pi_i \in \mathcal{O}_K$. Nach Lemma 6.2.3 gilt

$$a \hat{=} \pi_1 \cdots \pi_n.$$

Nach Lemma 4.1.8 gibt es eine Einheit $e \in \mathcal{O}_K^\times$ mit $a = e \cdot \pi_1 \cdots \pi_n$. Ersetzen wir π_1 durch $e\pi_1$, erhalten wir eine Darstellung $a = \pi_1 \cdots \pi_n$ von a als Produkt von Primelementen, die nach Lemma 4.1.14 auch irreduzibel sind. Sei nun

$$a = q_1 \cdots q_m$$

eine weitere Darstellung von a als Produkt irreduzibler Elemente. Wegen $\pi_1 | a$ gilt $\pi_1 | q_i$ für ein i, nach Umnumerierung sei dies q_1. Da q_1 irreduzibel ist, folgt $\pi_1 \hat{=} q_1$, d.h. $q_1 = e_1 \pi_1$ mit einer Einheit e_1. Nun teilen wir beide Seiten der Gleichung $\pi_1 \cdots \pi_n = q_1 \cdots q_m$ durch π_1 und fahren induktiv fort. Wir erhalten $n = m$ und, nach eventueller Umnumerierung, $\pi_i \hat{=} q_i$, $i = 1, \ldots, n$. Daher ist $\mathcal{O}_K$ faktoriell. $\qquad\square$

Ziel dieses Abschnitts ist der Beweis des folgenden, fundamentalen Theorems.

Theorem 6.6.3. *Die Idealklassengruppe $Cl(K)$ eines quadratischen Zahlkörpers K ist endlich.*

Zum Beweis brauchen wir zunächst eine explizitere Kenntnis der Ideale in $\mathcal{O}_K$.

Satz 6.6.4. *Sei $\mathfrak{a} \subset \mathcal{O}_K$ ein von (0) verschiedenes Ideal und $a \in \mathbb{N}$ durch $a\mathbb{Z} = \mathfrak{a} \cap \mathbb{Z}$ gegeben. Es sei a_2 die kleinste natürliche Zahl unter den $y \in \mathbb{N}$, die in einem Element $x + y\omega \in \mathfrak{a}$, $x \in \mathbb{Z}$, auftauchen. Ferner sei a_1 die kleinste nichtnegative ganze Zahl, so dass $a_1 + a_2\omega$ in $\mathfrak{a}$ liegt. Dann hat jedes Element in $\mathfrak{a}$ eine eindeutige Darstellung der Form*

$$\alpha a + \beta(a_1 + a_2\omega)$$

mit $\alpha, \beta \in \mathbb{Z}$. Alle Elemente dieser Form liegen in $\mathfrak{a}$. Es gilt $a_2 | a$ und $a_2 | a_1$, sowie $a_1 < a$.

Beweis. Wir beweisen zunächst die folgende
Behauptung: Für $x, y \in \mathbb{Z}$ folgt aus $x + y\omega \in \mathfrak{a}$, dass $a_2 | x$ und $a_2 | y$.
Beweis der Behauptung: Sei $y = qa_2 + r$ mit $0 \leq r \leq a_2 - 1$. Dann gilt $x - qa_1 + r\omega = (x + y\omega) - q(a_1 + a_2\omega) \in \mathfrak{a}$. Wegen der Minimalität von a_2 folgt $r = 0$, daher $a_2 | y$. Für $d \not\equiv 1 \bmod 4$ gilt $\omega^2 = d \in \mathbb{Z}$. Aus $yd + x\omega = \omega(x + y\omega) \in \mathfrak{a}$ folgt nach dem eben Bewiesenen $a_2 | x$. Für $d \equiv 1 \bmod 4$ gilt $\omega^2 = \omega + \frac{d-1}{4}$. Aus $\frac{d-1}{4}y + (x + y)\omega = \omega(x + y\omega) \in \mathfrak{a}$ folgt $a_2 | (x + y)$ und daher $a_2 | x$. Dies zeigt die Behauptung.

Wegen $a, a_1 + a_2\omega \in \mathfrak{a}$ sind insbesondere a und a_1 durch a_2 teilbar. Wegen der Minimalität von a_1 gilt außerdem $0 \le a_1 < a$. Sei nun $x + y\omega \in \mathfrak{a}$ beliebig. Wir erhalten

$$x - y\frac{a_1}{a_2} = (x + y\omega) - \frac{y}{a_2}(a_1 + a_2\omega) \in \mathfrak{a} \cap \mathbb{Z} = a\mathbb{Z}.$$

Daher existiert ein $\alpha \in \mathbb{Z}$ mit $x - y\frac{a_1}{a_2} = \alpha a$, und wir erhalten

$$x + y\omega = \alpha a + \frac{y}{a_2}(a_1 + a_2\omega).$$

Nun setzen wir $\beta = \frac{y}{a_2}$ und erhalten das Gewünschte. Umgekehrt liegen alle Elemente der Form $\alpha a + \beta(a_1 + a_2\omega)$, $\alpha, \beta \in \mathbb{Z}$, in $\mathfrak{a}$, weil a und $a_1 + a_2\omega$ in $\mathfrak{a}$ liegen. Die Darstellung ist eindeutig, weil $(1, \omega)$ eine Ganzheitsbasis ist. $\square$

Definition 6.6.5. *Die eben konstruierte Darstellung*

$$\mathfrak{a} = a\mathbb{Z} + (a_1 + a_2\omega)\mathbb{Z}$$

heißt die **kanonische Darstellung** *von* $\mathfrak{a}$.

Satz 6.6.6. *Es sei* $\mathfrak{a} = a\mathbb{Z} + (a_1 + a_2\omega)\mathbb{Z}$ *die kanonische Darstellung des von* (0) *verschiedenen Ideals* $\mathfrak{a} \subset \mathcal{O}_K$. *Dann gilt* $\mathfrak{N}(\mathfrak{a}) = aa_2$.

Beweis. Es gilt $x + y\omega \equiv x' + y'\omega \bmod \mathfrak{a} \Leftrightarrow x - x' + (y - y')\omega = \alpha a + \beta(a_1 + a_2\omega)$ für $\alpha, \beta \in \mathbb{Z} \Leftrightarrow y \equiv y' \bmod a_2$ und $x \equiv x' + \frac{a_1}{a_2}(y - y') \bmod a$. Daher gibt es genau aa_2 Restklassen modulo $\mathfrak{a}$. $\square$

Zum Beweis von Theorem 6.6.3 werden wir den **Minkowskischen Gitterpunktsatz** benötigen. Seien $v_1, v_2 \in \mathbb{R}^2$ zwei linear unabhängige Vektoren. Die Menge Γ aller Vektoren $av_1 + bv_2 \in \mathbb{R}^2$ mit $a, b \in \mathbb{Z}$ heißt **Gitter** im $\mathbb{R}^2$ und (v_1, v_2) heißt **Basis** von Γ. Ein Gitter hat viele Basen, so sind mit einer Basis (v_1, v_2) z.B. auch $(-v_1, v_2)$ und $(v_1, v_2 + 2v_1)$ wieder Basen von Γ.

Ist nun (v_1, v_2) eine Basis des Gitters Γ, so heißt die Menge aller Vektoren $\alpha v_1 + \beta v_2$ mit $\alpha, \beta \in [0, 1]$ eine **Grundmasche** des Gitters. Ist $v_1 = (x_1, y_1)$ und $v_2 = (x_2, y_2)$, so gilt bekanntermaßen die folgende Formel für den Flächeninhalt $I(\Gamma)$ der Grundmasche:

$$I(\Gamma) = \left| \det \begin{pmatrix} x_1 & x_2 \\ y_1 & y_2 \end{pmatrix} \right| := |x_1 y_2 - x_2 y_1|.$$

Ist (v_1', v_2') mit $v_1' = (x_1', y_1')$ und $v_2' = (x_2', y_2')$ eine weitere Basis von Γ, so existieren 2×2 Matrizen A und B mit ganzzahligen Einträgen, so dass gilt

$$A \cdot \begin{pmatrix} x_1 & x_2 \\ y_1 & y_2 \end{pmatrix} = \begin{pmatrix} x_1' & x_2' \\ y_1' & y_2' \end{pmatrix}, \quad B \cdot \begin{pmatrix} x_1' & x_2' \\ y_1' & y_2' \end{pmatrix} = \begin{pmatrix} x_1 & x_2 \\ y_1 & y_2 \end{pmatrix}.$$

Man schließt $A \cdot B = \begin{pmatrix} 1 & 0 \\ 0 & 1 \end{pmatrix}$, also $\det(A) \cdot \det(B) = 1$. Weil diese Determinanten ganze Zahlen sind folgt, $|\det(A)| = |\det(B)| = 1$. Die Produktformel für Determinanten liefert

$$\left|\det \begin{pmatrix} x_1 & x_2 \\ y_1 & y_2 \end{pmatrix}\right| = \left|\det \begin{pmatrix} x_1' & x_2' \\ y_1' & y_2' \end{pmatrix}\right|.$$

Mit anderen Worten: *Die Grundmasche selbst hängt von der Auswahl einer Basis des Gitters $\Gamma \subset \mathbb{R}^2$ ab, nicht aber der Flächeninhalt $I(\Gamma)$ der Grundmasche.*

Beispiel: Sei K ein imaginär-quadratischer Zahlkörper. Identifizieren wir in der üblichen Weise die komplexe Zahlenebene mit dem $\mathbb{R}^2$, so wird $\mathcal{O}_K$ zum Gitter. Für den Grundmascheninhalt gilt die Formel

$$I(\mathcal{O}_K) = \tfrac{1}{2}\sqrt{|\Delta_K|},$$

wobei Δ_K die Diskriminante von K ist. Dies werden wir in Satz 6.6.9 in allgemeinerer Form beweisen.

Definition 6.6.7. *Eine Teilmenge $X \subset \mathbb{R}^2$ heißt* **konvex**, *wenn zu $v, w \in X$ mit jedem $t \in [0,1]$ auch $tv + (1-t)w$ in X liegt. Die Menge X heißt* **zentralsymmetrisch**, *wenn mit jedem $v \in X$ auch $-v$ in X liegt.*

Theorem 6.6.8 (Minkowskischer Gitterpunktsatz). *Sei $\Gamma \subset \mathbb{R}^2$ ein Gitter und sei $X \subset \mathbb{R}^2$ eine konvexe und zentralsymmetrische Teilmenge, für deren Flächeninhalt $I(X)$ die Ungleichung*

$$I(X) > 4I(\Gamma)$$

gilt. Dann existiert ein von $(0,0)$ verschiedener Gitterpunkt in X.

Beweis. Es genügt, die Existenz zweier verschiedener Gitterpunkte $\gamma_1, \gamma_2 \in \Gamma$ mit

$$\left(\tfrac{1}{2}X + \gamma_1\right) \cap \left(\tfrac{1}{2}X + \gamma_2\right) \neq \varnothing$$

zu zeigen. Liegt nämlich ein Punkt

$$\tfrac{1}{2}x_1 + \gamma_1 = \tfrac{1}{2}x_2 + \gamma_2, \quad x_1, x_2 \in X,$$

in diesem Durchschnitt, so erhalten wir den von $(0,0)$ verschiedenen Punkt

$$x = \gamma_1 - \gamma_2 = \tfrac{1}{2}x_2 - \tfrac{1}{2}x_1$$

in $X \cap \Gamma$. Wären die Mengen $\tfrac{1}{2}X + \gamma$, $\gamma \in \Gamma$, paarweise disjunkt, so würde das auch für ihren Durchschnitt mit jeder Grundmasche M gelten. Also wäre

$$I(\Gamma) = I(M) \geq \sum_{\gamma \in \Gamma} I\left(M \cap \left(\tfrac{1}{2}X + \gamma\right)\right).$$

Verschiebt man die Menge $M \cap (\tfrac{1}{2}X + \gamma)$ um $-\gamma$, erhält man die Menge gleichen Flächeninhalts $(M - \gamma) \cap \tfrac{1}{2}X$. Die Mengen $M - \gamma$ überdecken den ganzen $\mathbb{R}^2$, daher erhalten wir

$$I(\Gamma) \geq \sum_{\gamma \in \Gamma} (M - \gamma) \cap \tfrac{1}{2}X = I\left(\tfrac{1}{2}X\right) = \tfrac{1}{4}I(X).$$

Dies widerspricht der Annahme des Satzes. $\qquad\square$

Jetzt betrachten wir die folgende Einbettung von $K = \mathbb{Q}(\sqrt{d})$ in den $\mathbb{R}^2$:

$$\phi: \qquad K \qquad \longrightarrow \qquad \mathbb{R}^2$$
$$z = a + b\sqrt{d} \longmapsto \phi(z) = (a, b\sqrt{|d|}),$$

wobei die Quadratwurzel $\sqrt{|d|}$ auf der rechten Seite positiv gewählt sei. Diese Einbettung hängt von der Wahl der komplexen Zahl $\sqrt{d}$ ab. Beim Wechsel zur anderen komplexen Lösung der Gleichung $X^2 = d$ ändert sich das Vorzeichen der zweiten Komponente von $\phi(z)$. Die Abbildung ϕ ist ein Homomorphismus.

Satz 6.6.9. *Für ein ganzes Ideal $\mathfrak{a} \neq (0)$ ist $\phi(\mathfrak{a}) \subset \mathbb{R}^2$ ein Gitter mit Grundmascheninhalt*

$$I(\phi(\mathfrak{a})) = \tfrac{1}{2}\mathfrak{N}(\mathfrak{a})\sqrt{|\Delta_K|}.$$

Beweis. Ist $\mathfrak{a} = a\mathbb{Z} + (a_1 + a_2\omega)\mathbb{Z}$ die kanonische Darstellung von $\mathfrak{a}$, so ist

$$\phi(\mathfrak{a}) = \mathbb{Z}\phi(a) + \mathbb{Z}\phi(a_1 + a_2\omega).$$

Der Vektor $\phi(a)$ hat die Gestalt $(a, 0)$. Ist $d \not\equiv 1 \bmod 4$, so ist $\phi(a_1 + a_2\omega) = (a_1, a_2\sqrt{|d|})$ und daher gilt in diesem Fall $I(\phi(\mathfrak{a})) = aa_2\sqrt{|d|} = \tfrac{1}{2}aa_2\sqrt{|\Delta_K|}$. Ist $d \equiv 1 \bmod 4$, so gilt $\phi(a_1 + a_2\omega) = (\tfrac{2a_1 + a_2}{2}, \tfrac{a_2}{2}\sqrt{|d|})$ und daher $I(\phi(\mathfrak{a})) = \tfrac{1}{2}aa_2\sqrt{|d|} = \tfrac{1}{2}aa_2\sqrt{|\Delta_K|}$. Schließlich gilt $\mathfrak{N}(\mathfrak{a}) = aa_2$ nach Satz 6.6.6. $\square$

Satz 6.6.10. *Jedes ganze Ideal $\mathfrak{a} \neq (0)$ enthält ein Element $\alpha \neq 0$ mit*

$$|N(\alpha)| \leq \begin{cases} \tfrac{1}{2}\mathfrak{N}(\mathfrak{a})\sqrt{|\Delta_K|}, & \text{wenn } \Delta_K > 0, \\[2mm] \tfrac{2}{\pi}\mathfrak{N}(\mathfrak{a})\sqrt{|\Delta_K|}, & \text{wenn } \Delta_K < 0. \end{cases}$$

Beweis. Sei zunächst $\Delta_K > 0$. Ist $\phi(\alpha) = (x, y)$, so gilt $N(\alpha) = x^2 - y^2$. Für beliebiges $R > 0$ enthält die Menge $\{(x, y) \in \mathbb{R}^2;\ |x^2 - y^2| \leq R\}$ das (konvexe und zentralsymmetrische) Quadrat $[-\sqrt{R}, \sqrt{R}] \times [-\sqrt{R}, \sqrt{R}]$ vom Inhalt $4R$. Für $R > I(\phi(\mathfrak{a}))$ gibt es nach dem Minkowskischen Gitterpunktsatz ein Element $\alpha \in \mathfrak{a}$, $\alpha \neq 0$, so dass $\phi(\alpha)$ in diesem Quadrat liegt. Daher existiert zu jedem $\epsilon > 0$ ein $0 \neq \alpha \in \mathfrak{a}$ mit

$$|N(\alpha)| \leq \tfrac{1}{2}\mathfrak{N}(\mathfrak{a})\sqrt{|\Delta_K|} + \epsilon.$$

Nun ist $|N(\alpha)|$ für alle $\alpha \in \mathfrak{a}$ eine ganze Zahl. Da $\epsilon > 0$ beliebig klein gewählt werden kann, finden wir ein $\alpha \in \mathfrak{a}$, $\alpha \neq 0$, mit $|N(\alpha)| \leq \tfrac{1}{2}\mathfrak{N}(\mathfrak{a})\sqrt{|\Delta_K|}$.

Wir betrachten nun den Fall $\Delta_K < 0$. Für $\phi(\alpha) = (x, y)$ gilt $N(\alpha) = x^2 + y^2$. Der Bereich $\{(x, y) \in \mathbb{R}^2;\ |x^2 + y^2| \leq R\}$ ist gerade die Kreisscheibe vom Radius $\sqrt{R}$ um $(0, 0)$ und hat den Flächeninhalt πR. Wie oben schließt man aus dem Minkowskischen Gitterpunktsatz die Existenz eines $\alpha \in \mathfrak{a}$, $\alpha \neq 0$, mit $|N(\alpha)| \leq \tfrac{2}{\pi}\mathfrak{N}(\mathfrak{a})\sqrt{|\Delta_K|}$. $\square$

Theorem 6.6.11. *Jede Idealklasse enthält ein ganzes Ideal $\mathfrak{a} \neq (0)$ mit*

$$\mathfrak{N}(\mathfrak{a}) \leq \tfrac{1}{2}(\tfrac{4}{\pi})^s\sqrt{|\Delta_K|},$$

wobei $s = 0$ für $\Delta_K > 0$ und $s = 1$ für $\Delta_K < 0$ ist. Insbesondere ist die Idealklassengruppe $Cl(K)$ endlich.

Beweis. Sei $\mathfrak{b} \neq (0)$ ein beliebiges gebrochenes Ideal und $\gamma \in \mathcal{O}_K$, so dass

$$\gamma \mathfrak{b}^{-1} \subset \mathcal{O}_K.$$

Nach Satz 6.6.10 existiert ein $\alpha \in \gamma \mathfrak{b}^{-1}$, $\alpha \neq 0$, mit

$$|N(\alpha)| \leq \tfrac{1}{2}(\tfrac{4}{\pi})^s \mathfrak{N}(\gamma \mathfrak{b}^{-1}) \sqrt{|\Delta_K|}.$$

Wegen $(\alpha) \subset \gamma \mathfrak{b}^{-1}$ ist das Ideal $\mathfrak{a} := (\gamma)^{-1} \mathfrak{b}(\alpha)$ ganz, und es gilt

$$\mathfrak{N}(\mathfrak{a}) = \mathfrak{N}(\gamma \mathfrak{b}^{-1})^{-1} \mathfrak{N}((\alpha)) \leq \tfrac{1}{2}(\tfrac{4}{\pi})^s \sqrt{|\Delta_K|}.$$

Nach Satz 6.5.22 existieren nur endlich viele solche ganzen Ideale und daher ist $Cl(K)$ endlich. □

Definition 6.6.12. *Die Ordnung der Gruppe $Cl(K)$ heißt die* **Klassenzahl** *von K und wird mit h_K bezeichnet.*

Satz 6.6.13. *Für jedes gebrochene Ideal $\mathfrak{a}$ ist das Ideal $\mathfrak{a}^{h_K}$ ein Hauptideal.*

Beweis. Nach Satz 5.2.2 ist die h_K-te Potenz jedes Elements in $Cl(K)$ trivial. Daher ist die h_K-te Potenz jedes Ideals ein Hauptideal. □

Korollar 6.6.14. *Ist $(n, h_K) = 1$ und $\mathfrak{a}^n$ ein Hauptideal, so ist $\mathfrak{a}$ schon ein Hauptideal.*

Beweis. Wegen der linearen Kombinierbarkeit des größten gemeinsamen Teilers existieren $a, b \in \mathbb{Z}$ mit $an + bh_K = 1$, also $\mathfrak{a} = (\mathfrak{a}^n)^a (\mathfrak{a}^{h_K})^b$. Nach Voraussetzung ist $\mathfrak{a}^n$ ein Hauptideal und nach Satz 6.6.13 ist $\mathfrak{a}^{h_K}$ ein Hauptideal. Daher ist auch $\mathfrak{a}$ ein Hauptideal. □

Es war schon Gauß bekannt, dass die Klassenzahl von $\mathbb{Q}(\sqrt{d})$ für die negativen Werte

$$d = -1, -2, -3, -7, -11, -19, -43, -67, -163$$

gleich 1 ist. Seit 1967 weiß man, siehe [St], dass dies alle sind, d.h. es gibt genau neun imaginär-quadratische Zahlkörper der Klassenzahl 1. Merkwürdigerweise wusste man schon seit 1934, siehe [HL], dass es höchstens 10 davon geben kann. Man vermutet, dass es unendlich viele reell-quadratische Zahlkörper der Klassenzahl 1 gibt.

Theorem 6.6.11 liefert uns nicht nur die Endlichkeit der Idealklassengruppe, sondern auch einen konstruktiven Weg zu ihrer Berechnung. Zunächst muss man alle ganzen Ideale $\mathfrak{a}$ mit $\mathfrak{N}(\mathfrak{a}) \leq \tfrac{1}{2}(\tfrac{4}{\pi})^s \sqrt{|\Delta_K|}$ finden. Wegen $\mathfrak{N}(\mathfrak{a}) = a a_2$ verbleiben für die kanonische Darstellung solcher Ideale nur endlich viele Möglichkeiten, so dass man diese auffinden kann. Dann muss man feststellen, welche von diesen Idealen in der gleichen Idealklasse liegen und die Multiplikationstabelle aufstellen.

Beispiel: $K = \mathbb{Q}(\sqrt{-5})$. Nach Satz 6.6.11 enthält jede Idealklasse ein ganzes Ideal der Norm kleiner als $\frac{1}{2}\frac{4}{\pi}\sqrt{20} < 3$. Das einzige ganze Ideal der Norm 1 ist $(1) = \mathcal{O}_K$. Jedes ganze Ideal der Norm 2 ist ein Teiler des Ideals (2). Nach Satz 6.5.18 gilt $(2) = \mathfrak{p}^2$ mit einem Primideal $\mathfrak{p}$. Daher ist $\mathfrak{p}$ das einzige ganze Ideal der Norm 2. Alternativ kann man auch über die kanonische Darstellung argumentieren: $\mathfrak{N}(\mathfrak{a}) = a a_2 = 2$ lässt wegen $a_2 | a$ nur die Möglichkeit $a_2 = 1, a = 2$ zu. Für $a_1 = 0$ erhält man die Untergruppe $2\mathbb{Z} + \sqrt{-5}\mathbb{Z}$, die kein Ideal in $\mathcal{O}_K$ ist. Wegen $a_1 < a$ verbleibt nur noch der Fall $a_1 = 1$. In der Tat ist $\mathfrak{p} := 2\mathbb{Z} + (1 + \sqrt{-5})\mathbb{Z}$ ein Ideal der Norm 2. Also gibt es höchstens zwei Idealklassen. Wäre $\mathfrak{p}$ äquivalent zur Klasse der (1), dann wäre es ein Hauptideal, $\mathfrak{p} = (a)$ mit einem $a \in \mathcal{O}_K$. Aus $\mathfrak{N}(\mathfrak{p}) = 2$ folgt $N(a) = 2$, aber in $\mathbb{Q}(\sqrt{-5})$ gibt es kein Element der Norm 2, weil die Gleichung $x^2 + 5y^2 = 2$ keine ganzzahlige Lösung besitzt. Folglich ist $\mathfrak{p}$ kein Hauptideal und es gibt zwei Idealklassen, also $h_K = 2$. Für die Gruppenstruktur auf der zweielementigen Menge $Cl(K)$ besteht kein Spielraum. $Cl(K)$ ist isomorph zur Gruppe $(\{\pm 1\}, \cdot)$, wobei die Klasse von $\mathfrak{p}$ auf -1 abgebildet wird.

Der Fall allgemeiner Zahlkörper:

In analoger Weise wird auch die Endlichkeit der Klassenzahl eines beliebigen Zahlkörpers bewiesen, siehe [Neu], Kap. I. Man weiß bis heute nicht, ob es unendlich viele Zahlkörper der Klassenzahl 1 gibt.

Aufgabe 1. Man zeige, dass für $d = -7, -3, -2, -1, 2, 3, 5, 13$ der Ring $\mathcal{O}_K$ für $K = \mathbb{Q}(\sqrt{d})$ ein Hauptidealring ist.

Aufgabe 2. Man zeige $h_K = 1$ für $K = \mathbb{Q}(\sqrt{6})$.

Aufgabe 3. Man zeige $h_K = 1$ für $K = \mathbb{Q}(\sqrt{d})$ und $d = 21, 29$.

Aufgabe 4. Man zeige $h_K = 1$ für $K = \mathbb{Q}(\sqrt{7})$.

Aufgabe 5. Man zeige, dass $\mathbb{Q}\sqrt{-23}$ die Klassenzahl 3 hat.

6.7 Einheiten in quadratischen Zahlkörpern

Nun wenden wir uns dem zweiten der am Anfang des letzten Abschnitts angesprochenen Probleme zu, nämlich der Frage, inwieweit ein Element $\alpha \in \mathcal{O}_K$ durch das Hauptideal (α) bestimmt ist. Nach den Lemmata 4.1.8 und 6.2.3 ist α durch (α) bis auf Multiplikation mit einer Einheit bestimmt. Die Menge der Einheiten in $\mathcal{O}_K$ werden wir jetzt untersuchen. Zunächst fragen wir uns, welche Einheitswurzeln in $\mathcal{O}_K$ liegen können.

Lemma 6.7.1. *Für $d \neq d'$ ist*

$$\mathbb{Q}(\sqrt{d}) \cap \mathbb{Q}(\sqrt{d'}) = \mathbb{Q},$$

wobei der Durchschnitt in $\bar{\mathbb{Q}}$ (oder in $\mathbb{C}$) gebildet wird.

Beweis. Es seien $d \neq d'$ quadratfrei und von 0 und 1 verschieden. Gegeben seien $x, x', y, y' \in \mathbb{Q}$ mit

$$x + y\sqrt{d} = x' + y'\sqrt{d'}.$$

Wir müssen zeigen, dass $y = 0 = y'$ gilt. Sei $y \neq 0$. Eine elementare Umformung zeigt

$$y'^2 d' = (x - x')^2 + 2(x - x')y\sqrt{d} + y^2 d.$$

Aus der Irrationalität von $\sqrt{d}$ folgt $x - x' = 0$. Daher gilt

$$y'^2 d' = y^2 d.$$

Insbesondere ist dann auch y' von Null verschieden und dd' wäre ein Quadrat in $\mathbb{Q}$. Das ist aber nur für $d = d'$ möglich, was aber ausgeschlossen war. Den Fall $y' \neq 0$ behandelt man analog. □

Satz 6.7.2. *Der quadratische Zahlkörper $\mathbb{Q}(\sqrt{d})$ enthält genau die*

$$6\text{-ten Einheitswurzeln} \iff d = -3,$$
$$4\text{-ten Einheitswurzeln} \iff d = -1,$$
$$2\text{-ten Einheitswurzeln} \iff d \neq -1, -3.$$

Beweis. Jeder quadratische Zahlkörper enthält die zweiten Einheitswurzeln ± 1. Dies sind auch die einzigen Einheitswurzeln in $\mathbb{Z}$ und damit auch in $\mathbb{Q}$ (siehe Satz 5.3.4). Sei $\zeta \in \mathbb{Q}(\sqrt{d})$ eine primitive n-te Einheitswurzel. Da jedes Element in $\mathbb{Q}(\sqrt{d})$ Nullstelle eines Polynoms kleiner gleich zweiten Grades ist, zeigt Korollar 5.4.13, dass $n \in \{1, 2, 3, 4, 6\}$ ist. Für $n \neq 1, 2$ zeigt Lemma 6.7.1, dass $\zeta \notin \mathbb{Q}(\sqrt{d'})$ für jedes $d' \neq d$. Nun müssen wir nur noch bemerken, dass $\zeta_4 \in \mathbb{Q}(\sqrt{-1})$ und $\zeta_6 = \frac{1}{2} + \frac{\sqrt{-3}}{2} \in \mathbb{Q}(\sqrt{-3})$ gilt. □

Jetzt bestimmen wir die Einheitengruppe von $\mathcal{O}_K$, die man (nicht ganz korrekt, aber ohne wirkliche Gefahr einer Verwirrung) die **Einheitengruppe von K** nennt und mit E_K bezeichnet. Für imaginär-quadratische Zahlkörper kann E_K leicht bestimmt werden.

Satz 6.7.3. *In einem imaginär-quadratischen Zahlkörper K sind alle Einheiten Einheitswurzeln. Insbesondere ist E_K endlich und für $d \neq -1, -3$ gilt $E_K = \{\pm 1\}$.*

Beweis. Die Norm $N(e) = \sigma(e)e$ einer Einheit in $e \in \mathcal{O}_K$ ist offensichtlich eine Einheit in $\mathbb{Z}$, also gleich ± 1. Im Fall $d < 0$ gilt $\sigma(e) = \bar{e}$ (komplexe Konjugation) und folglich ist $N(e) = \bar{e}e$ das Quadrat des komplexen Absolutbetrages. Daher hat jede Einheit e den komplexen Absolutbetrag 1 und es gilt $N(e) = 1$. Für die Spur $Sp(e) = e + \bar{e}$ folgt mit Hilfe der Dreiecksungleichung $|Sp(e)| \leq 2$. Die Gleichung $e^2 - Sp(e)e + N(e) = 0$ zeigt, dass e Nullstelle eines der Polynome $X^2 + aX + 1$ mit $a \in \{-2, -1, 0, 1, 2\}$ ist. Daher ist e eine Einheitswurzel. □

Für reell-quadratische Zahlkörper ist das Problem der Einheitenbestimmung schwieriger. Die einzigen Einheitswurzeln in einem reell-quadratischen Zahlkörper sind ± 1, aber z.B. ist wegen $(1 + \sqrt{2})(-1 + \sqrt{2}) = 1$ die Zahl $(1 + \sqrt{2})$ eine Einheit in $\mathbb{Q}(\sqrt{2})$. Wir beginnen mit einem Lemma.

Lemma 6.7.4. *Sei $d > 0$ und $K = \mathbb{Q}(\sqrt{d})$ als Teilkörper von $\mathbb{R}$ aufgefasst. Sei $M > 1$ eine beliebige reelle Zahl. Dann existieren höchstens endlich viele Einheiten $e \in \mathcal{O}_K$ mit $1 < e < M$.*

Beweis. Für eine Einheit e gilt $e\sigma(e) = N(e) = \pm 1$. Aus $1 < e$ folgt daher $-1 < \sigma(e) < +1$. Für $e < M$ liegt $Sp(e) = e + \sigma(e)$ zwischen 0 und $M + 1$. Daher kommen für Spur und Norm von e nur endlich viele Werte in Frage. Also ist e eine der endlich vielen Nullstellen der endlich vielen Polynome $X^2 - aX + b$ mit $a \in \{1, 2, \ldots, M\}$, $b \in \{\pm 1\}$. $\square$

Lemma 6.7.5. *Sei K ein reell-quadratischer Zahlkörper. Angenommen, es gibt eine von ± 1 verschiedene Einheit. Dann gibt es eine von ± 1 verschiedene Einheit ε, so dass jede Einheit $e \in E_K$ eine eindeutige Darstellung der Form*

$$e = \pm \varepsilon^a, \quad a \in \mathbb{Z},$$

hat.

Beweis. Mit e sind auch $-e$, e^{-1} und $-e^{-1}$ Einheiten. Also können wir annehmen, dass eine Einheit > 1 existiert. Nach Lemma 6.7.4 existiert dann eine kleinste Einheit $\varepsilon > 1$. Um zu zeigen, dass jede Einheit von der Form $\pm \varepsilon^a$, $a \in \mathbb{Z}$, ist, genügt es zu zeigen, dass jede Einheit $e > 1$ von der Form ε^n, $n > 0$ ist. Angenommen, e wäre nicht von dieser Form. Dann existiert ein $n > 0$ mit

$$\varepsilon^n < e < \varepsilon^{n+1}.$$

Hieraus folgt, dass $e\varepsilon^{-n}$ eine Einheit mit $1 < e\varepsilon^{-n} < \varepsilon$ ist. Aber wir haben angenommen, dass ε minimal ist. Die Eindeutigkeit der Darstellung ist klar. $\square$

Eine Einheit ε wie in Lemma 6.7.5 heißt **Grundeinheit** von K. Die in Lemma 6.7.5 gemachte Voraussetzung ist stets erfüllt. Das ist der Inhalt des folgenden Theorems.

Theorem 6.7.6. *Jeder reell-quadratische Zahlkörper besitzt eine Grundeinheit, d.h. eine Einheit ε, so dass jede Einheit $e \in E_K$ eine eindeutige Darstellung der Form*

$$e = (-1)^k \varepsilon^a, \quad a \in \mathbb{Z}, k \in \{0, 1\},$$

besitzt.

Beweis. Nach Lemma 6.7.5 genügt es zu zeigen, dass eine von ± 1 verschiedene Einheit existiert. Die Strategie ist die folgende. Wir konstruieren eine Folge $\alpha_1, \alpha_2, \ldots$ von Elementen in $\mathcal{O}_K$ so, dass

(i) $|\alpha_{i+1}| < |\alpha_i|$ und
(ii) $|N(\alpha_i)| \leq \sqrt{\Delta_K}$

für alle $i \in \mathbb{N}$ gilt. Da es nur endlich viele Ideale der Norm $\leq \sqrt{\Delta_K}$ gibt, existieren $i \neq j$ mit $(\alpha_i) = (\alpha_j)$. Daher ist $\alpha_i^{-1}\alpha_j$ eine Einheit. Bedingung (i) impliziert, dass diese von ± 1 verschieden ist. Wir kommen nun zur Konstruktion der Folge α_i. Zunächst bemerken wir, dass die Menge der $(x, y) \in \mathbb{R}^2$ mit

$$|a_{11}x + a_{12}y| \leq b_1, \quad |a_{21}x + a_{22}y| \leq b_2,$$

$a_{ij}, b_i \in \mathbb{R}$, $b_i > 0$, eine zentralsymmetrische konvexe Teilmenge im $\mathbb{R}^2$ vom Flächeninhalt

$$I = \frac{4b_1 b_2}{|\det(a_{ij})|}$$

ist. Wir fassen die Elemente ω und $\sigma(\omega)$ über die Einbettung $K \subseteq \mathbb{R}$ auch als reelle Zahlen auf. Das Gebiet M_1 der $(x, y) \in \mathbb{R}^2$ mit

$$|x - \omega y| \leq 1, \quad |x - \sigma(\omega)y| \leq \sqrt{\Delta_K}$$

hat den Flächeninhalt $I(M_1) = 4\sqrt{\Delta_K} \left| \det\left(1, -\omega, 1, -\sigma(\omega)\right) \right|^{-1} = 4$. Nach dem Minkowskischen Gitterpunktsatz existieren $a_1, b_1 \in \mathbb{Z}$ mit $(a_1, b_1) \in M_1$ und $(a_1, b_1) \neq (0, 0)$. Wir setzen $\alpha_1 = a_1 - b_1\omega \in \mathcal{O}_K$. Offenbar gilt $|\alpha_1| \leq 1$ und $|N(\alpha_1)| = |(a_1 - b_1\omega)| \cdot |(a_1 - b_1\sigma(\omega))| \leq \sqrt{\Delta_K}$.

Nehmen wir nun an, wir hätten α_i mit (i) und (ii) konstruiert. Dann betrachten wir das Gebiet M_{i+1} der $(x, y) \in \mathbb{R}^2$ mit

$$|x - \omega y| \leq \frac{|\alpha_i|}{2}, \quad |x - \sigma(\omega)y| \leq \frac{2}{|\alpha_i|}\sqrt{\Delta_K}.$$

Nach dem Minkowskischen Gitterpunktsatz existieren $a_{i+1}, b_{i+1} \in \mathbb{Z}$ mit $(a_{i+1}, b_{i+1}) \in M_1$ und $(a_{i+1}, b_{i+1}) \neq (0, 0)$. Wir setzen $\alpha_{i+1} = a_{i+1} - b_{i+1}\omega$. Offenbar gilt $|\alpha_{i+1}| \leq \frac{|\alpha_i|}{2} < |\alpha_i|$ und

$$|N(\alpha_{i+1})| = |(a_{i+1} - b_{i+1}\omega)| \cdot |(a_{i+1} - b_{i+1}\sigma(\omega))| \leq \sqrt{\Delta_K}.$$

Das beendet den Beweis. $\qquad\square$

In einem reell-quadratischen Zahlkörper existieren genau vier Grundeinheiten. Ist ε eine Grundeinheit, so sind die anderen Grundeinheiten gerade $-\varepsilon$, ε^{-1} und $-\varepsilon^{-1}$. Etwas nachlässig spricht man oft auch von *der* Grundeinheit von K.

In der Praxis kann es schwer sein, die Grundeinheit zu finden. Z.B. ist für $K = \mathbb{Q}(\sqrt{94})$ die Grundeinheit durch

$$\varepsilon = 2143295 + 221064\sqrt{94}$$

gegeben. Wenn die Grundeinheit Norm 1 hat, dann hat jede Einheit die Norm 1. Es tauchen aber auch Grundeinheiten der Norm -1 auf, z.B. $1 + \sqrt{2}$ in $\mathbb{Q}(\sqrt{2})$. Die Werte $1 < d < 100$, für die die Grundeinheit von $\mathbb{Q}(\sqrt{d})$ die Norm -1 hat, sind die folgenden:

$$2, 5, 10, 13, 17, 26, 29, 37, 41, 53, 58, 61, 65, 73, 74, 82, 85, 89, 97.$$

Das nachstehende Kriterium werden wir in Abschnitt 10.7 beweisen.

Satz 6.7.7. *Sei* $p \equiv 1 \bmod 4$ *eine Primzahl. Dann hat die Grundeinheit von* $K = \mathbb{Q}(\sqrt{p})$ *die Norm* -1.

Ein Algorithmus, der nacheinander Grundeinheiten für alle reell-quadratischen Zahlkörper auswirft, ergibt sich aus dem Beweis von Lemma 6.7.4. Man testet für $a = 1, 2, 3, \ldots$ die Nullstellen von $X^2 - aX \pm 1$ darauf, ob sie eine Einheit > 1 in einem reell-quadratischen Zahlkörper sind. Wenn ja, hat man eine Grundeinheit gefunden. Wir rechnen bis zum dritten Schritt, um das Prinzip zu erläutern:

$a = 1$: Die Gleichung $X^2 - X + 1 = 0$ hat keine reellen Lösungen. Die Gleichung $X^2 - X - 1 = 0$ hat die Lösungen $\frac{1}{2}(1 \pm \sqrt{5})$. Wir finden die Grundeinheit $\varepsilon = \frac{1}{2}(1 + \sqrt{5})$ des Körpers $\mathbb{Q}(\sqrt{5})$.

$a = 2$: Die Gleichung $X^2 - 2X + 1 = 0$ hat die rationale Doppellösung $X = 1$. Die Gleichung $X^2 - 2X - 1 = 0$ hat die Lösungen $1 \pm \sqrt{2}$. Wir finden die Grundeinheit $\varepsilon = 1 + \sqrt{2}$ des Körpers $\mathbb{Q}(\sqrt{2})$.

$a = 3$: Die Gleichung $X^2 - 3X + 1 = 0$ hat die Lösungen $\frac{1}{2}(3 \pm \sqrt{5})$. Die Grundeinheit von $\mathbb{Q}(\sqrt{5})$ haben wir aber schon gefunden. Die Gleichung $X^2 - 3X - 1 = 0$ hat die Lösungen $\frac{1}{2}(3 \pm \sqrt{13})$. Wir erhalten die Grundeinheit $\varepsilon = \frac{1}{2}(3 + \sqrt{13})$ des Körpers $\mathbb{Q}(\sqrt{13})$.

und so weiter ...

Der Fall allgemeiner Zahlkörper:

Sei K ein Zahlkörper vom Grad n. Dann gibt es (nach Galoistheorie, siehe z.B. [Bo], Kap. 4) genau n verschiedene Körpereinbettungen $\tau : K \hookrightarrow \mathbb{C}$. Sei r_1 die Anzahl der τ mit $\tau(K) \subset \mathbb{R}$. Die verbleibenden Einbettungen tauchen paarweise auf, weil die Nachschaltung der komplexen Konjugation eine weitere Einbettung von K nach $\mathbb{C}$ erzeugt. Die Anzahl der komplexen Einbettungen sei gleich $2r_2$, so dass wir die Formel $r_1 + 2r_2 = n$ erhalten.

Beispiele: K imaginär-quadratisch: $r_1 = 0$, $r_2 = 1$, $n = 2$.
　　　　　　K reell-quadratisch: $r_1 = 2$, $r_2 = 0$, $n = 2$.
　　　　　　$K = \mathbb{Q}(\sqrt[3]{2})$: $r_1 = 1$, $r_2 = 1$, $n = 3$.

Die Einheitengruppe E_K von K hat nach dem *Dirichletschen Einheitensatz* die folgende Struktur: Es gibt $s = r_1 + r_2 - 1$ Grundeinheiten $\varepsilon_1, \ldots, \varepsilon_s$ und jede Einheit $e \in E_K$ hat eine eindeutige Darstellung der Form

$$e = \zeta \varepsilon_1^{a_1} \cdots \varepsilon_s^{a_s}$$

mit $a_1, \ldots, a_s \in \mathbb{Z}$ und einer Einheitswurzel ζ aus K. Die Menge der Einheitswurzeln in K ist endlich. Für Beweise dieser Aussagen siehe [Neu], Kap. I.

Aufgabe 1. Man finde eine Grundeinheit des Körpers $\mathbb{Q}(\sqrt{3})$.

Aufgabe 2. Man finde Grundeinheiten der Körper $\mathbb{Q}(\sqrt{21})$ und $\mathbb{Q}(\sqrt{29})$.

Aufgabe 3. Man zeige: Ist $d > 0$ durch eine Primzahl $p \equiv 3 \bmod 4$ teilbar, so hat jede Einheit in $\mathbb{Q}(\sqrt{d})$ die Norm $+1$.

Aufgabe 4. Man zeige, dass unter den Summen $1 + 2 + \cdots + n$ unendlich viele Quadratzahlen vorkommen.

Hinweis: Man benutze die Kenntnis der Einheitengruppe von $\mathbb{Q}(\sqrt{2})$.

6.8 Anwendung auf diophantische Gleichungen

Als Beispiele dafür, wie sich die in diesem Kapitel erarbeiteten Techniken anwenden lassen, zeigen wir nun die folgenden Sätze.

Satz 6.8.1. *Die Gleichung*
$$X^2 + 5 = Y^3$$
hat keine ganzzahlige Lösung.

Bemerkung: Diese Gleichung hat Lösungen modulo n für jedes $n \geq 1$ und (offensichtlich) auch reelle Lösungen.

Beweis. Wir nehmen an, dass $x, y \in \mathbb{Z}$ mit $x^2 + 5 = y^3$ existieren. Wäre x durch 5 teilbar, so auch y. Dann wäre $x^2 + 5$ durch 5^3 teilbar, ist aber kongruent 5 modulo 25. Also $5 \nmid x$. Im Körper $K = \mathbb{Q}(\sqrt{-5})$ erhalten wir die Gleichung
$$(x + \sqrt{-5})(x - \sqrt{-5}) = y^3.$$
Sei $\alpha = x + \sqrt{-5}$, also $\sigma(\alpha) = x - \sqrt{-5}$. Die Primzahlen 2 und 5 sind in K verzweigt. Sei $\mathfrak{p} = (2, 1 + \sqrt{-5})$ das Primideal mit $\mathfrak{p}^2 = (2)$ und $\mathfrak{q} = (\sqrt{-5})$ das Primideal mit $\mathfrak{q}^2 = (5)$. Wir zeigen
$$(\alpha, \sigma(\alpha)) = \mathfrak{p}^i, \quad \text{mit } i = 0 \text{ oder } i = 1.$$
Zunächst gilt $(\alpha, \sigma(\alpha)) \supset (\alpha - \sigma(\alpha)) = (2\sqrt{-5})$. Daher kommen als Primteiler des Ideals $(\alpha, \sigma(\alpha))$ nur $\mathfrak{p}$ und $\mathfrak{q}$ in Frage. Aus $\mathfrak{q} \,|\,(\alpha)$ folgt $\mathfrak{q} \,|\,(x)$, also $5 \,|\, x$, was wir schon ausgeschlossen haben. Also gilt $(\alpha, \sigma(\alpha)) = \mathfrak{p}^i$ für ein $i \geq 0$. Wegen $2 \nmid (x + \sqrt{-5})$ gilt $i \in \{0, 1\}$. Ist x gerade, so ist $N(\alpha) = x^2 + 5$ ungerade, also $\mathfrak{p} \nmid (\alpha)$ und deshalb gilt $i = 0$. Ist x ungerade, so folgt aus $\alpha = (x - 1) + (1 + \sqrt{-5})$, dass $\mathfrak{p} \,|\,(\alpha)$ und $\mathfrak{p} \,|\,(\sigma(\alpha))$, und daher gilt $i = 1$. Als nächstes zeigen wir die Existenz eines Ideals $\mathfrak{a}$ mit
$$\mathfrak{a}^3 = (\alpha).$$
Um das einzusehen, genügt es zu zeigen, dass die Vielfachheit jedes Primideals in der Zerlegung von (α) durch 3 teilbar ist. Ist $\mathfrak{P}$ ein in (α), aber nicht in $(\sigma(\alpha))$ aufgehendes Primideal, so muss wegen $(\alpha)(\sigma(\alpha)) = (y)^3$ die Vielfachheit von $\mathfrak{P}$ durch 3 teilbar sein. Es verbleibt der Fall, dass x ungerade und

$\mathfrak{P} = \mathfrak{p}$ ist. Sei $\mathfrak{p}^k || (\alpha)$. Dann gilt $\mathfrak{p}^k || (\sigma(\alpha))$ und $\mathfrak{p}^{2k} || (y)^3$, woraus $3|2k$, also $3|k$ folgt.

Es gilt $h_K = 2$ (siehe Abschnitt 6.6, Seite 112) und $\mathfrak{a}^3$ ist ein Hauptideal. Nach Korollar 6.6.14 ist somit $\mathfrak{a}$ selbst schon ein Hauptideal. Sei $\beta \in \mathcal{O}_K$ mit $\mathfrak{a} = (\beta)$. Dann gilt $(\alpha) = (\beta)^3$, und daher existiert eine Einheit $u \in E_K$ mit $\beta^3 = u\alpha$. Nach Satz 6.7.3 gilt $u = \pm 1$. Stellen wir nun β in der Form $a + b\sqrt{-5}$ dar, so erhalten wir durch Betrachten der Terme vor $\sqrt{-5}$ die Identität

$$(3a^2 - 5b^2)b = \pm 1.$$

Daher gilt $b = \pm 1$ und $3a^2 - 5 = \pm 1$. Die letzte Gleichung wird offensichtlich für keine ganze Zahl a erfüllt, und wir erhalten den gewünschten Widerspruch.

$\square$

Mit Hilfe des Einheitensatzes kann man alle Lösungen der sogenannten Pellschen Gleichung $X^2 - dY^2 = 1$ für $d > 0$ angeben.

Satz 6.8.2. *Für quadratfreies $d > 0$ hat die* **Pellsche Gleichung**

$$X^2 - dY^2 = 1$$

unendlich viele ganzzahlige Lösungen. Es gibt eine Lösung (x_1, y_1), so dass alle anderen Lösungen von der Form $\pm(x_n, y_n)$ mit $x_n + y_n\sqrt{d} = (x_1 + y_1\sqrt{d})^n$, $n \in \mathbb{Z}$, sind.

Beweis. (x, y) ist offenbar genau dann eine Lösung der Pellschen Gleichung, wenn $x + y\sqrt{d} \in K = \mathbb{Q}(\sqrt{d})$ ein Element der Norm 1 ist. Da $x + y\sqrt{d}$ ganz ist, sind die auftretenden Lösungen gerade die Einheiten, die Norm 1 haben und in $\mathbb{Z}[\sqrt{d}] \subset \mathcal{O}_K$ liegen. Sei $d \not\equiv 1 \bmod 4$. Hat die Grundeinheit ε die Norm 1, so sind dies alle Einheiten. Gilt $N(\varepsilon) = -1$, so sind dies gerade die Einheiten von der Form $\pm(\varepsilon^2)^n$, $n \in \mathbb{Z}$. Es verbleibt der Fall $d \equiv 1 \bmod 4$. Die Menge

$$I = \{m \in \mathbb{Z} \mid N(\pm\varepsilon^m) = +1, \pm\varepsilon^m \in \mathbb{Z}[\sqrt{d}]\}$$

ist ein Ideal in $\mathbb{Z}$. Wir zeigen zunächst, dass I nicht das Nullideal ist. Dazu genügt es, ein $b > 0$ mit $\varepsilon^b \in \mathbb{Z}[\sqrt{d}]$ zu finden, weil dann $2b \in I$ ist. Sei für $n > 0$

$$\varepsilon^n = \frac{1}{2}(a_n + b_n\sqrt{d}), \ a_n, b_n \in \mathbb{Z}, \ a_n \equiv b_n \bmod 2.$$

Wegen $N(\varepsilon) = \pm 1$ gilt $\varepsilon^{-n} = \pm\frac{1}{2}(a_n - b_n\sqrt{d})$. Da es nur endlich viele Möglichkeiten für die Restklassen von a_i und b_i modulo 4 gibt, findet man $n > m$ mit $a_n \equiv a_m$, $b_n \equiv b_m \bmod 4$. Dann gilt

$$\varepsilon^{n-m} = \pm\tfrac{1}{4}(a_n + b_n\sqrt{d})(a_m - b_m\sqrt{d})$$
$$= \pm\tfrac{1}{4}(a_na_m - b_nb_md + (a_mb_n - a_nb_m)\sqrt{d}) \in \mathbb{Z}[\sqrt{d}].$$

Folglich gilt $I = a\mathbb{Z}$ für ein $a \neq 0$. Ist $\varepsilon^a = x_1 + y_1\sqrt{d}$, so ist (x_1, y_1) die gesuchte Grundlösung.

$\square$

Aufgabe: Man finde eine nichttriviale ganzzahlige Lösung $(x, y, z) \in \mathbb{Z}^3$ der Gleichung $X^2 + 5Y^2 = Z^3$ (nichttrivial bedeutet $xyz \neq 0$).

6.9 Kriterien für $h_K > 1$

Sei $K = \mathbb{Q}(\sqrt{d})$ ein quadratischer Zahlkörper. Wie üblich nehmen wir an, dass d ganz und quadratfrei ist. In diesem Abschnitt werden wir Folgerungen aus $h_K = 1$ ziehen. Im Umkehrschluss erhalten wir hinreichende Kriterien für die Nichttrivialität der Idealklassengruppe. Basis unserer Überlegungen sind die folgenden einfachen Lemmata.

Lemma 6.9.1. *Sei $h_K = 1$. Dann ist für jede Primzahl q, die nicht träge in K ist, q oder $-q$ Norm eines Elementes aus $\mathcal{O}_K$.*

Beweis. Es gilt $(q) = \mathfrak{q}_1 \mathfrak{q}_2$ mit Primidealen $\mathfrak{q}_1, \mathfrak{q}_2 \subset \mathcal{O}_K$. Wegen $h_K = 1$ gilt $\mathfrak{q}_1 = (\alpha)$ für ein Primelement $\alpha \in \mathcal{O}_K$ und $\mathfrak{q}_2 = (\sigma(\alpha))$. Folglich gilt $N(\alpha) = \pm q$. □

Lemma 6.9.2. *Ist $a \in \mathbb{Z}$ Norm eines Elementes aus $\mathcal{O}_K$, so gilt*

$$\left(\frac{a}{p} \right) \neq -1$$

für jeden ungeraden Primteiler p von d.

Beweis. Ist $d \not\equiv 1 \bmod 4$, so gilt $a = N(b + c\sqrt{d})$ für $b, c \in \mathbb{Z}$. Folglich ist $a = b^2 - dc^2$ durch p teilbar oder quadratischer Rest modulo p. Im Fall $d \equiv 1 \bmod 4$ erhalten wir $4a = b^2 - dc^2$, $b, c \in \mathbb{Z}$, und damit das gleiche Ergebnis. □

Im Beweis der nächsten Sätze werden wir den Dirichletschen Primzahlsatz benutzen, den wir erst in Abschnitt 8.6 mit analytischen Methoden beweisen werden. Er besagt, dass es zu teilerfremden natürlichen Zahlen a und n stets unendlich viele Primzahlen kongruent a modulo n gibt.

Satz 6.9.3. *Es sei $d < 0$ und $h_K = 1$. Dann ist $d = -1$ oder $d = -p$ für eine Primzahl $p \not\equiv 1 \bmod 4$.*

Beweis. Angenommen, $-d$ hätte mehr als einen Primteiler, also $-d = p_1 p_2 d'$ mit $p_1, p_2, d' \in \mathbb{N}$ und $p_1 < p_2$ Primzahlen.

1. Fall: $p_1 = 2$. Wir wählen uns eine Primzahl $q \equiv 5 \bmod 8$, die quadratischer Nichtrest modulo p_2 und quadratischer Rest modulo jedes Primteilers von d' ist. Dass man eine solche Primzahl q findet, folgt mit Hilfe des Chinesischen Restklassensatzes aus dem Dirichletschen Primzahlsatz. Wir erhalten

$$\left(\frac{\Delta_K}{q} \right) = \left(\frac{d}{q} \right) = \left(\frac{-1}{q} \right) \left(\frac{2}{q} \right) \left(\frac{p_2}{q} \right) \left(\frac{d'}{q} \right) = (+1)(-1)(-1)(+1) = +1.$$

Daher ist q in $\mathcal{O}_K$ zerlegt und nach Lemma 6.9.1 Norm eines Elementes aus $\mathcal{O}_K$ (wegen $d < 0$ kann $-q$ nicht Norm sein). Nach Lemma 6.9.2 ist deshalb $\left(\frac{q}{p_2}\right) \neq -1$ im Widerspruch zur Konstruktion von q.

2. *Fall:* $p_1 > 2$. Man wählt eine Primzahl $q \equiv 1 \bmod 8$, die quadratischer Nichtrest modulo p_1 und p_2 und quadratischer Rest modulo jedes ungeraden Primteilers von d' ist. Wir erhalten

$$\left(\frac{\Delta_K}{q}\right) = \left(\frac{d}{q}\right) = \left(\frac{-1}{q}\right)\left(\frac{p_1}{q}\right)\left(\frac{p_2}{q}\right)\left(\frac{d'}{q}\right) = (+1)(-1)(-1)(+1) = +1.$$

Wie vorher schließen wir, dass sich q in $\mathcal{O}_K$ zerlegt und nach Lemma 6.9.1 Norm eines Elementes aus $\mathcal{O}_K$ ist. Dies führt wieder wegen Lemma 6.9.2 zum Widerspruch.

Also gilt $d = -1$ oder $d = -p$ für eine Primzahl p. Den Fall $p \equiv 1 \bmod 4$ schließen wir auf ähnliche Weise aus. Dann würden wir nämlich eine Primzahl $q \equiv 3 \bmod 4$ finden, die Nichtrest modulo p ist, und es gilt

$$\left(\frac{\Delta_K}{q}\right) = \left(\frac{d}{q}\right) = \left(\frac{-1}{q}\right)\left(\frac{p}{q}\right) = (-1)(-1) = +1.$$

Also zerlegt sich q in $\mathcal{O}_K$, ist nach Lemma 6.9.1 Norm eines Elements aus $\mathcal{O}_K$, im Widerspruch zu Lemma 6.9.2.   □

Der reell-quadratische Fall ist geringfügig komplizierter.

Satz 6.9.4. *Es sei $d > 1$ und $h_K = 1$. Dann ist d eine Primzahl oder das Produkt zweier Primzahlen inkongruent 1 modulo 4.*

Beweis. Es sei $d = p_1 p_2 d'$, $d' \in \mathbb{N}$, $p_1 \neq p_2$ Primzahlen. Unter der Voraussetzung $h_K = 1$ schließen wir nacheinander die folgenden Fälle aus.

1. *Fall:* $p_1 = 2$, $p_2 \equiv 1 \bmod 4$. Wir wählen eine Primzahl $q \equiv 5 \bmod 8$, die kein quadratischer Rest modulo p_2, aber quadratischer Rest modulo eines jeden Primteilers von d' ist. Dann gilt

$$\left(\frac{\Delta_K}{q}\right) = \left(\frac{d}{q}\right) = \left(\frac{2}{q}\right)\left(\frac{p_2}{q}\right)\left(\frac{d'}{q}\right) = (-1)(-1)(+1) = +1.$$

Also ist q zerlegt in $\mathbb{Q}(\sqrt{d})$. Nach Lemma 6.9.1 ist q oder $-q$ Norm eines Elementes aus $\mathcal{O}_K$. Nach Lemma 6.9.2 gilt $\left(\frac{q}{p_2}\right) = 1$ oder $\left(\frac{-q}{p_2}\right) = 1$. Nach Voraussetzung ist aber der erste Wert gleich -1, und wegen $p_2 \equiv 1 \bmod 4$ gilt dies auch für den zweiten.

2. *Fall:* $p_1 = 2$, $p_2 \equiv 3 \bmod 4$, $d' > 1$. Wir können annehmen, dass d' nur Primteiler kongruent 3 modulo 4 hat, ansonsten kommen wir in Fall 1. Wir wählen eine Primzahl $q \equiv 5 \bmod 8$, die kein quadratischer Rest modulo p_2, aber quadratischer Rest modulo jedes Primteilers von d' ist. Dann gilt

$$\left(\frac{\Delta_K}{q}\right) = \left(\frac{d}{q}\right) = \left(\frac{2}{q}\right)\left(\frac{p_2}{q}\right)\left(\frac{d'}{q}\right) = (-1)(-1)(+1) = +1.$$

Es folgt, dass q oder $-q$ Norm eines Elementes aus $\mathcal{O}_K$ ist. Wegen $\left(\frac{q}{p_2}\right) = -1$ und Lemma 6.9.2 kann q keine Norm sein. Folglich ist $-q$ Norm und für einen beliebig gewählten Primteiler p von d' gilt

$$\left(\frac{-q}{p}\right) = \left(\frac{-1}{p}\right)\left(\frac{q}{p}\right) = -1,$$

im Widerspruch zu Lemma 6.9.2.

3. Fall: $p_1 \equiv 1 \bmod 4$. Wir können $p_2 \neq 2$ annehmen, ansonsten sind wir im Fall 1. Genauso können wir annehmen, dass d' ungerade ist. Wir wählen eine Primzahl $q \equiv 1 \bmod 4$, die kein quadratischer Rest modulo p_1 und p_2, aber quadratischer Rest modulo jedes Primteilers von d' ist. Dann gilt

$$\left(\frac{\Delta_K}{q}\right) = \left(\frac{d}{q}\right) = \left(\frac{p_1}{q}\right)\left(\frac{p_2}{q}\right)\left(\frac{d'}{q}\right) = (-1)(-1)(+1) = +1.$$

Also ist q oder $-q$ Norm, aber es gilt $\left(\frac{\pm q}{p_1}\right) = \left(\frac{q}{p_1}\right) = -1$, im Widerspruch zu Lemma 6.9.2.

4. Fall: $p_1 \equiv 3 \bmod 4$, $p_2 \equiv 3 \bmod 4$, $d' > 1$. Wir können annehmen, dass jeder Primteiler von d' kongruent 3 modulo 4 ist, ansonsten kommen wir in Fall 2 oder 3. Wir wählen eine Primzahl $q \equiv 1 \bmod 4$, die kein quadratischer Rest modulo p_1 und p_2, aber quadratischer Rest modulo eines jeden Primteilers von d' ist. Dann gilt

$$\left(\frac{\Delta_K}{q}\right) = \left(\frac{d}{q}\right) = \left(\frac{p_1}{q}\right)\left(\frac{p_2}{q}\right)\left(\frac{d'}{q}\right) = (-1)(-1)(+1) = +1.$$

Also ist q oder $-q$ Norm eines Elements aus $\mathcal{O}_K$. Wegen $\left(\frac{q}{p_1}\right) = -1$ scheidet q aus, also ist $-q$ Norm. Ist nun p ein beliebiger Primteiler von d', so gilt $\left(\frac{-q}{p}\right) = \left(\frac{-1}{p}\right)\left(\frac{q}{p}\right) = -1$, im Widerspruch zu Lemma 6.9.1.
Dies beendet den Beweis. □

Man kann sogar zeigen, dass in den ausgeschlossenen Fällen die Klassenzahl stets gerade ist. Wir werden dies in Abschnitt 10.7 im Rahmen der sogenannten **Geschlechtertheorie** beweisen.

6.10 Euklidizität von $\mathcal{O}_K$

In diesem Abschnitt werden wir alle $d < 0$ bestimmen, für die der Ring der ganzen Zahlen $\mathcal{O}_K$ des imaginär-quadratischen Zahlkörpers $K = \mathbb{Q}(\sqrt{d})$ euklidisch ist.

Theorem 6.10.1. *Der Ring $\mathcal{O}_K$, $K = \mathbb{Q}(\sqrt{d})$, $d < 0$, ist genau für die folgenden Werte von d euklidisch:*

$$d = -1, -2, -3, -7, -11.$$

Wir beginnen mit dem Nachweis der Euklidizität.

Satz 6.10.2. *Für* $K = \mathbb{Q}(\sqrt{d})$ *und* $d = -1, -2, -3, -7, -11$ *ist die Norm* $N : \mathcal{O}_K \setminus \{0\} \to \mathbb{N}$, $a \mapsto a\bar{a} = |a|^2$, *eine euklidische Normfunktion.*

Beweis. Die Fälle $d = -1, -2$ sind bereits behandelt worden (Korollar 4.6.2). Also sei $d \in \{-3, -7, -11\}$. Dann ist mit $\omega = (1 + \sqrt{d})/2$ das Paar $(1, \omega)$ eine Ganzheitsbasis.

Behauptung: Zu jedem $x \in K$ existiert ein $q \in \mathcal{O}_K$ mit $|x - q| < 1$.

Beweis der Behauptung: Wir können durch Subtraktion eines geeigneten Elements aus $\mathcal{O}_K$ annehmen, dass x in der von $(1, \omega)$ aufgespannten Grundmasche liegt, welche den Flächeninhalt $\sqrt{|d|}/2$ hat. Die Grundmasche ist die Vereinigung der beiden kongruenten Dreiecke mit Eckpunkten $0, 1, \omega$ bzw. $1, 1+\omega, \omega$. Für den Umkreisradius R dieser Dreiecke erhalten wir nach der Formel „Produkt der Seitenlängen durch 4 mal Flächeninhalt":

$$R = \frac{\frac{\sqrt{1-d}}{2} \cdot \frac{\sqrt{1-d}}{2} \cdot 1}{\sqrt{|d|}} = \frac{1-d}{4\sqrt{|d|}}.$$

Für die betrachteten Werte von d ist der Umkreisradius daher kleiner 1. Nun liegt x in einem dieser Dreiecke und hat daher zu einem der Punkte $0, 1, \omega, 1+\omega$ einen Abstand kleiner 1. Das zeigt die Behauptung.

Nun seien $a, b \in \mathcal{O}_K$, $b \neq 0$, beliebig. Wir finden ein $q \in \mathcal{O}_K$ mit $|\frac{a}{b} - q| < 1$ und setzen $r = a - bq$. Dann gilt $|r| = |a - bq| < |b|$. $\qquad \square$

Nach Satz 6.9.3 hat $\mathbb{Q}(\sqrt{d})$ für $d = -5, -6, -10$ eine nichttriviale Idealklassengruppe und daher kann der Ring $\mathcal{O}_{\mathbb{Q}(\sqrt{d})}$ für diese Werte von d nicht euklidisch sein. Es bleibt zu zeigen, dass für $d < -11$ der Ring $\mathcal{O}_{\mathbb{Q}(\sqrt{d})}$ niemals euklidisch ist. Mit dem folgenden Satz ist der Beweis von Theorem 6.10.1 beendet.

Satz 6.10.3. *Für* $d < -11$ *und* $K = \mathbb{Q}(\sqrt{d})$ *gibt es auf* $\mathcal{O}_K$ *keine euklidische Normfunktion.*

Beweis. Sei $d \leq -12$. Dann gilt für jedes $a \in \mathcal{O}_K$, $a \neq 0, \pm 1$, die Ungleichung $N(a) > 3$. Wir nehmen nun an, dass $\mathcal{O}_K$ euklidisch ist. Dann gibt es eine Normfunktion ν wie in Satz 4.2.2. Sei nun $b \in \mathcal{O}_K$ eine von Null verschiedene Nichteinheit, welche unter allen Nichteinheiten einen minimalen Wert $\nu(b)$ hat. Dann ist jedes $a \in \mathcal{O}_K$ entweder durch b teilbar, oder es gilt $a = qb + e$ für eine Einheit $e \in \mathcal{O}_K^\times$. Da ± 1 die einzigen Einheiten in $\mathcal{O}_K$ sind, gibt es höchstens drei Restklassen modulo b in $\mathcal{O}_K$. Wir erhalten

$$3 \geq \#(\mathcal{O}_K/(b)) = \mathfrak{N}((b)) = N(b) > 3.$$

Dieser Widerspruch zeigt, dass $\mathcal{O}_K$ nicht euklidisch ist. $\qquad \square$

Wir erhalten somit als Beispiele für imaginär-quadratische Zahlkörper der Klassenzahl 1 mit nicht-euklidischem Ganzheitsring die Körper $\mathbb{Q}(\sqrt{d})$ mit

$$d = -19, -43, -67, -163.$$

Bemerkung: Im reell-quadratischen ist die Situation anders. Unter Annahme der *verallgemeinerten Riemannschen Vermutung* wurde gezeigt, dass für jedes $d > 0$ mit $h_{\mathbb{Q}(\sqrt{d})} = 1$ der Ring $\mathcal{O}_{\mathbb{Q}(\sqrt{d})}$ euklidisch ist. Allgemeiner gilt unter Annahme der verallgemeinerten Riemannschen Vermutung, dass für jeden Zahlkörper K mit $h_K = 1$ und unendlicher Einheitengruppe der Ring $\mathcal{O}_K$ euklidisch ist, siehe [We]. Ist K galoissch über $\mathbb{Q}$ und hat einen Einheitenrang größer gleich 4, so ist dies auch ohne Annahme der verallgemeinerten Riemannschen Vermutung bewiesen, siehe [HM].

Kapitel 7

Der Große Fermatsche Satz

Die folgende Behauptung wurde 1637 von Fermat aufgestellt, wird verwirrenderweise Großer Fermatscher Satz genannt und wurde erst im Jahr 1994 von A. WILES [Wi, TW] bewiesen.

Großer Fermatscher Satz (Wiles). *Für jede natürliche Zahl $n \geq 3$ hat die Gleichung*

$$X^n + Y^n = Z^n$$

keine nichttrivialen (d.h. $xyz \neq 0$) Lösungen $(x, y, z) \in \mathbb{Z}^3$.

Um Wiles' Beweis wiederzugeben, der auf den Techniken der arithmetischen algebraischen Geometrie und auf der Theorie der Modulformen beruht, fehlen uns in diesem Buch die Voraussetzungen. Wir werden den Großen Fermatschen Satz nur für kleine Exponenten beweisen und einige Ergebnisse ohne Beweis vorstellen.

Zunächst kann man die in Frage kommenden Exponenten n einschränken. Jede natürliche Zahl $n \geq 3$ ist durch 4 oder durch eine ungerade Primzahl p teilbar. Durch Ausklammern gibt uns daher jede nichttriviale Lösung der Gleichung $X^n + Y^n = Z^n$ eine nichttriviale Lösung der Gleichung $X^4 + Y^4 = Z^4$ oder eine nichttriviale Lösung einer Gleichung $X^p + Y^p = Z^p$ mit einer ungeraden Primzahl p. Um den Großen Fermatschen Satz zu beweisen, genügt es daher, diese beiden Fälle zu betrachten.

7.1 Der Fall $n = 4$

Im Fall $n = 4$ ist der Beweis elementar. Man kann sogar etwas mehr zeigen.

Satz 7.1.1. *Die Gleichung*

$$X^4 + Y^4 = Z^2$$

hat keine nichttrivialen ganzzahligen Lösungen.

Der Beweis beruht auf der Technik des „unendlichen Abstiegs", d.h., gäbe es eine nichttriviale Lösung, so gäbe es auch eine in geeignetem Sinne kleinere nichttriviale Lösung.

Beweis. Angenommen die Gleichung hätte nichttriviale ganzzahlige Lösungen. Unter diesen sei (x, y, z) eine Lösung mit kleinstmöglichem Wert $|z| \in \mathbb{N}$. Wir werden aus (x, y, z) eine weitere nichttriviale Lösung (x', y', z') mit $|z'| < |z|$ konstruieren. Dies widerspricht der Annahme über (x, y, z) und zeigt den Satz.

Wir können o.B.d.A. annehmen, dass $x, y, z > 0$ gilt. Wären x und y nicht teilerfremd und p eine Primzahl mit $p \mid x$, $p \mid y$, so folgte $p^4 \mid z^2$ und daher $p^2 \mid z$. Die Gleichung

$$\left(\frac{x}{p}\right)^4 + \left(\frac{y}{p}\right)^4 = \left(\frac{z}{p^2}\right)^2$$

liefert dann eine weitere Lösung der Gleichung $X^4 + Y^4 = Z^2$ mit betragsmäßig kleinerer dritter Komponente. Analog schließt man, wenn $(x, z) > 1$ oder $(y, z) > 1$ ist. Also können wir x, y und z als paarweise teilerfremd annehmen. Die Zahlen x und y können nicht beide ungerade sein, weil sonst $z^2 \equiv 2 \mod 4$ gelten würde, was nicht möglich ist. Sei o.B.d.A. x ungerade, y gerade, also z ungerade. Wir schreiben die Gleichung in der Form

$$y^4 = (z - x^2)(z + x^2)$$

und betrachten den größten gemeinsamen Teiler $d = (z - x^2, z + x^2)$. Zunächst gilt $2 \mid d$. Gäbe es eine ungerade Primzahl p mit $p \mid d$, so folgte $p \mid 2z$, $p \mid 2x^2$, im Widerspruch zu $(x, z) = 1$. Wegen $4 \nmid 2z$ gilt $d = 2$. Das Produkt von $z - x^2$ und $z + x^2$ ist eine vierte Potenz. Wäre $z - x^2$ genau einmal durch 2 teilbar, gäbe es ganze Zahlen a, b mit $(a, b) = 1$, $2 \nmid a$ und $z - x^2 = 2a^4$, $z + x^2 = 8b^4$. Dies ist nicht möglich, weil dann $x^2 = 4b^4 - a^4$ kongruent -1 modulo 4 wäre. Daher ist $z + x^2$ genau einmal durch 2 teilbar, und es existieren ganze Zahlen a, b, $(a, b) = 1$, $2 \nmid b$ mit

$$z - x^2 = 8a^4$$
$$z + x^2 = 2b^4.$$

Aus $a = 0$ würde $z^2 = x^4$, also $y = 0$ folgen. Daher können wir o.B.d.A. $a, b > 0$ annehmen. Wegen $(a, b) = 1$ und $x^2 = b^4 - 4a^4$ gilt $(b, x) = 1$. Für eine ungerade Primzahl p folgen aus $p \mid (b^2 - x)$ und $p \mid (b^2 + x)$ die Aussagen $p \mid b$ und $p \mid x$. Daher gilt $(b^2 - x, b^2 + x) = 2$. Aus der Gleichung

$$4a^4 = (b^2 - x)(b^2 + x)$$

schließen wir die Existenz von $c, d \in \mathbb{Z}$ mit

$$b^2 - x = 2c^4$$
$$b^2 + x = 2d^4 \,.$$

So erhalten wir die Gleichung

$$c^4 + d^4 = b^2.$$

Wegen $2b^4 = z + x^2 \leq z^2 + x^4 < 2z^2$ folgt $b < z$. Mit (c, d, b) haben wir eine neue nichttriviale Lösung der Gleichung $X^4 + Y^4 = Z^2$ mit betragsmäßig kleinerer dritter Komponente gefunden. Wie am Anfang erklärt, beendet dies den Beweis. $\square$

7.2 Der Satz von Sophie Germain

Von jetzt an sei $n = p$ eine ungerade Primzahl. Bei der Untersuchung der Gleichung

$$X^p + Y^p = Z^p$$

hat man seit jeher die folgende Fallunterscheidung gemacht.

1. Die Suche nach (nichttrivialen) Lösungen (x, y, z) mit $p \nmid xyz$, der sogenannte „erste Fall".
2. Die Suche nach nichttrivialen Lösungen (x, y, z) mit $p \mid xyz$, der sogenannte „zweite Fall".

Diese Fallunterscheidung taucht implizit auch in Wiles' Beweis auf. Das nächste Theorem beschreibt eine interessante Methode, den ersten Fall zu behandeln. Sie stammt von SOPHIE GERMAIN.

Theorem 7.2.1. *Sei p eine ungerade Primzahl, so dass $2p + 1$ wieder eine Primzahl ist. Dann hat die Gleichung*

$$X^p + Y^p + Z^p = 0$$

keine ganzzahlige Lösung (x, y, z) mit $p \nmid xyz$.

Beweis. Sei $q = 2p + 1$ und (x, y, z) eine nichttriviale Lösung mit paarweise teilerfremden $x, y, z \in \mathbb{Z}$. Wir formen die Ausgangsgleichung in

$$(-z)^p = x^p + y^p = (x + y)(y^{p-1} - xy^{p-2} + \cdots + x^{p-1})$$

um. Wegen $p \nmid z$ gilt $p \nmid (x + y)$. Sei r ein Primteiler des größten gemeinsamen Teilers von $x + y$ und $y^{p-1} - xy^{p-2} + \cdots + x^{p-1}$. Dann gilt $r \neq p$ und $x \equiv -y \bmod r$. Daher gilt

$$0 \equiv y^{p-1} - xy^{p-2} + \cdots + x^{p-1} \equiv py^{p-1} \quad \bmod r.$$

Wir erhalten $r|y$ und folglich auch $r|z$ im Widerspruch zur Teilerfremdheit von y und z. Also gilt

$$(x + y, y^{p-1} - xy^{p-2} + \cdots + x^{p-1}) = 1.$$

Wegen der Eindeutigkeit der Primfaktorzerlegung existieren $a, t \in \mathbb{Z}$ mit

$$x + y = a^p$$
$$y^{p-1} - xy^{p-2} + \cdots + x^{p-1} = t^p.$$

Aus Symmetriegründen erhalten wir auch ganze Zahlen b, c, s, u mit

$$x + z = b^p$$
$$y + z = c^p$$
$$z^{p-1} - yz^{p-2} + \cdots + y^{p-1} = s^p$$
$$x^{p-1} - zx^{p-2} + \cdots + z^{p-1} = u^p.$$

Wegen $2p + 1 = q$ ist eine p-te Potenz stets kongruent 0, 1 oder -1 modulo q. Aus $q > 3$ und der Kongruenz

$$x^p + y^p + z^p = 0 \equiv 0 \quad \mod q$$

folgt, dass eine der drei Zahlen x, y, z durch q teilbar ist. O.B.d.A. gelte $q \mid x$. Die Zahlen y und z sind dann nicht durch q teilbar. Wir erhalten

$$q \mid 2x = a^p + b^p - c^p.$$

Wieder nehmen die Summanden nur die Werte $0, \pm 1$ modulo q an und wir erhalten, dass eine der Zahlen a, b, c durch q teilbar ist. Wegen der paarweisen Teilerfremdheit von x, y und z und da x durch q teilbar ist, kann dies nur c sein. Außerdem folgt $q \mid (a^p + b^p) = (2x + y + z)$. Also gilt $y \equiv -z \bmod q$, und wir erhalten

$$s^p = z^{p-1} - yz^{p-2} + \cdots + y^{p-1} \equiv py^{p-1} \quad \mod q.$$

Da weder y noch p durch q teilbar sind, gilt $py^{p-1} \equiv \pm 1 \bmod q$.

Nun gilt $(-z)^p = x^p + y^p = (x + y)t^p$. Modulo q schließen wir die Kongruenz $y^p \equiv yt^p$ und unter erneuter Verwendung von $2p + 1 = q$ erhalten wir $y \equiv \pm 1 \bmod q$. Folglich gilt $y^{p-1} \equiv 1 \bmod q$ und wir erhalten

$$\pm 1 \equiv py^{p-1} \equiv p \quad \mod q.$$

Aber wegen $q = 2p + 1$ kann p nicht kongruent ± 1 modulo q sein. Der gefundene Widerspruch zeigt die Aussage des Theorems. $\qquad\square$

Theorem 7.2.1 wendet sich z.B. auf $p = 3, 5, 11, 23$ an. Es ist nicht bekannt, ob es unendlich viele Primzahlen p gibt, so dass $2p + 1$ auch eine Primzahl ist.

7.3 Kummers Theorem

In diesem Abschnitt stellen wir, ohne Beweise zu geben, E. KUMMERs Resultate zum Großen Fermatschen Satz vor.

Substituiert man $T = \frac{X}{-Y}$ in der Zerlegung $T^p - 1 = \prod_{i=0}^{p-1}(T - \zeta_p^i)$, erhält man die Identität

$$X^p + Y^p = \prod_{i=0}^{p-1}(X + \zeta_p^i Y).$$

Kummers Idee war es, diese Identität auszunutzen, um die Fermat-Gleichung zu behandeln. Sie liegt im Körper $K = \mathbb{Q}(\zeta_p)$, den man aus den rationalen Zahlen durch Adjunktion einer p-ten Einheitswurzel erhält. Für einen modernen Beweis des folgenden Theorems sei der Leser auf [Wa], Thm. 6.23 und Thm. 9.3 verwiesen.

Theorem 7.3.1 (Kummer). *Sei p eine ungerade Primzahl und $K = \mathbb{Q}(\zeta_p)$. Gilt $p \nmid h_K$, so hat die Gleichung*

$$X^p + Y^p = Z^p$$

keine nichttriviale ganzzahlige Lösung.

Die Voraussetzung $p \nmid h_K$ kann in dem Sinne abgeschwächt werden, dass h_K „nicht oft" durch p teilbar ist. Es war lange Zeit die Hoffnung, dass man diese abgeschwächte Bedingung für alle p zeigen kann (getan hat man dies für alle $p < 4\,000\,000$). Die Frage, ob das für alle Primzahlen p richtig ist, ist bis heute offen. Eine positive Antwort würde einen wesentlich einfacheren Beweis des Großen Fermatschen Satzes liefern.

Sei $K = \mathbb{Q}(\zeta_p)$. Man kann zeigen (siehe [Wa], Thm. 11.1), dass $h_K = 1$ nur für die Primzahlen

$$p = 3, 5, 7, 11, 13, 17, 19$$

gilt. Man nennt p **reguläre** Primzahl, wenn die Klassenzahl h_K nicht durch p teilbar ist. Gilt $p \mid h_K$, so heißt die Primzahl p **irregulär**. Mit anderen Worten hat Kummer den Großen Fermatschen Satz für alle regulären Primzahlen gezeigt. Die kleinste irreguläre Primzahl ist $p = 37$. Die nächsten sind

$$59, 67, 101, 103, 131, 149, 157, \ldots .$$

Heuristische Überlegungen (siehe [Wa], §5.3) legen nahe, dass etwa $e^{-\frac{1}{2}} \simeq 61\%$ der Primzahlen regulär und $1 - e^{-\frac{1}{2}} \simeq 39\%$ der Primzahlen irregulär sind. Computerberechnungen stützen diese Heuristik. Bis heute weiß man aber noch nicht einmal, ob es unendlich viele reguläre Primzahlen gibt. Aber man weiß, dass es unendlich viele irreguläre gibt ([Wa], Thm. 5.17).

Wie erkennt man, ob eine Primzahl regulär ist? Zu diesem Zweck betrachtet man die **Bernoulli-Zahlen** B_n, die eindeutig durch die Potenzreihenentwicklung

$$\frac{x}{e^x - 1} = \sum_{n=0}^{\infty} B_n \frac{x^n}{n!}$$

gegeben sind. Es gilt $B_0 = 1$, $B_1 = -\frac{1}{2}$, $B_2 = \frac{1}{6}$, $B_3 = 0$ und allgemeiner $B_{2n+1} = 0$ für $n \geq 1$. Die nächsten geraden Werte sind $B_4 = -\frac{1}{30}$, $B_6 = \frac{1}{42}$, $B_8 = -\frac{1}{30}$, $B_{10} = \frac{5}{66}$, $B_{12} = -\frac{691}{2730}$. Für die Bernoulli-Zahlen gilt der

Satz 7.3.2 (von Staudt-Clausen). *Für gerades positives n gilt*

$$B_n + \sum_{p-1 \mid n} \frac{1}{p} \in \mathbb{Z}.$$

Insbesondere ist der Nenner von B_n (in gekürzter Schreibweise) genau durch die Primzahlen p mit $(p-1) \mid n$ teilbar .

Wir sehen, dass 2 und 3 stets im Nenner aufgehen, und dass für gerades $n < p-1$ der Nenner von B_n prim zu p ist. Für einen Beweis des von Staudt-Clausenschen Satzes sei der Leser auf [Wa], Thm. 5.10 verwiesen. Für einen modernen Beweis des folgenden Theorems siehe [Wa], Thm. 5.34.

Theorem 7.3.3 (Kummer). *Eine Primzahl p ist genau dann irregulär, wenn der Zähler einer der Bernoulli-Zahlen*

$$B_2, B_4, \ldots, B_{p-3}$$

durch p teilbar ist.

Zum Beispiel ist der Zähler von B_{12} durch 691 teilbar, weshalb 691 irregulär ist. Theorem 7.3.3 eröffnet die Möglichkeit zu Berechnungen. Der tiefere Sinn der Bernoulli-Zahlen erhellt sich erst im Zusammenhang mit der Riemannschen Zetafunktion, siehe Abschnitt 8.4.

7.4 Der Fall $n = 3$

Da wir die Arithmetik von $\mathbb{Q}(\zeta_3) = \mathbb{Q}(\sqrt{-3})$ gut kennen, können wir die Fermat-Gleichung für $n = 3$ behandeln. Wir sammeln zunächst unser Wissen über $K = \mathbb{Q}(\zeta_3)$. Wir setzen $\zeta = \zeta_3 = \frac{1}{2}(-1 + \sqrt{-3})$, $\lambda = 1 - \zeta = \frac{1}{2}(3 - \sqrt{-3})$.

Lemma 7.4.1. (i) $h_K = 1$.
(ii) $(1, \zeta)$ *ist eine Ganzheitsbasis von $\mathcal{O}_K$.*
(iii) $(3) = \mathfrak{p}^2$ *mit $\mathfrak{p} = (\lambda)$.*
(iv) $\{0, \pm 1\}$ *ist ein vollständiges Vertretersystem für die Restklassen mod $\mathfrak{p}$.*
(v) $E_K = \{\pm 1, \pm \zeta, \pm \zeta^2\}$ *und diese Menge ist auch ein vollständiges Vertretersystem für die primen Restklassen modulo $\mathfrak{p}^2$.*
(vi) *Für $\alpha, \beta \in \mathcal{O}_K$ und $k \geq 1$ gilt: $\alpha \equiv \beta \bmod \mathfrak{p}^k \implies \alpha^3 \equiv \beta^3 \bmod \mathfrak{p}^{k+2}$.*

Beweis. Behauptung (i) kann man daraus schließen, dass $\mathcal{O}_K$ euklidisch ist (siehe Abschnitt 6.10). Alternativ kann man Theorem 6.6.11 benutzen, um zu sehen, dass jede Idealklasse ein ganzes Ideal der Norm < 2 enthält. Behauptung (ii) folgt aus Satz 6.1.10. Zu (iii) bemerkt man, dass wegen $N(\lambda) = 3$ das Ideal $\mathfrak{p} = (\lambda)$ prim ist und (3) teilt. Wegen $\Delta_K = -3$ und nach Satz 6.1.10 verzweigt die Primzahl 3 in K, also gilt $(3) = \mathfrak{p}^2$. Die Zahlen $0, \pm 1$ sind inkongruent modulo 3, also auch inkongruent modulo $\mathfrak{p}$. Wegen $\mathfrak{N}(\mathfrak{p}) = 3$ gibt es aber nur drei verschiedene Restklassen modulo $\mathfrak{p}$. Dies zeigt (iv).

Die Aussage $E_K = \{\pm 1, \pm \zeta, \pm \zeta^2\}$ folgt aus den Sätzen 6.7.2 und 6.7.3. Es gibt $\varphi(\mathfrak{p}^2) = 6$ prime Restklassen modulo $\mathfrak{p}^2 = (3)$ und die Restklassen der sechs Einheiten sind offenbar prim. Es bleibt zu zeigen, dass keine zwei Elemente aus E_K kongruent modulo $\mathfrak{p}^2$ sind. Wäre für $i, j \in \{0, 1, 2\}$, $i \neq j$,

$$\pm \zeta^i \equiv \pm \zeta^j \mod \mathfrak{p}^2,$$

so folgte $1 \equiv \pm\zeta^{j-i} \mod \mathfrak{p}^2$, also $\mathfrak{p}^2 | (1 \pm \zeta^{j-i})$. Nun ist für $j \neq i$ das Element $1 + \zeta^{j-i} = -\zeta^{2(j-i)}$ eine Einheit, weshalb dieser Fall ausscheidet. Andererseits gilt $(1 - \zeta) = \mathfrak{p}$ und $(1 - \zeta^2) = (-\zeta^2)(1 - \zeta) = \mathfrak{p}$, weshalb für $j \neq i$ auch $1 + \zeta^{j-i}$ nicht durch $\mathfrak{p}^2$ teilbar ist. Daher sind die Elemente in E_K paarweise inkongruent modulo $\mathfrak{p}^2$, was (v) zeigt. Es bleibt (vi) zu zeigen. Ist $\alpha - \beta \in \mathfrak{p}^k$, so gilt wegen $3 \in \mathfrak{p}^2$

$$\alpha^3 - \beta^3 = (\alpha - \beta)^3 + 3\alpha\beta(\alpha - \beta) \in \mathfrak{p}^{k+2}. \qquad \square$$

Satz 7.4.2. *Für $3 \mid n$ hat die Gleichung*

$$X^n + Y^n = Z^n$$

keine nichttrivialen Lösungen in $\mathcal{O}_{\mathbb{Q}(\sqrt{-3})} = \mathbb{Z}[\zeta_3]$.

Beweis. Wir können $n = 3$ annehmen und setzen $K = \mathbb{Q}(\sqrt{-3})$. Die Gleichung ist äquivalent zu $x^3 + y^3 + (-z)^3 = 0$, d.h. $x, y, -z$ spielen symmetrische Rollen. Sei (x, y, z) eine nichttriviale Lösung. Angenommen, x, y und z wären nicht paarweise teilerfremd. Wegen $x^3 + y^3 = z^3$ gibt es dann ein Primideal $\mathfrak{q}$ mit $\mathfrak{q} | (x)$, $\mathfrak{q} | (y)$ und $\mathfrak{q} | (z)$. Wegen $h_K = 1$ gilt $\mathfrak{q} = (\alpha)$ für ein $\alpha \in \mathcal{O}_K$, und wir können x, y, z durch α teilen. Auf diese Art und Weise erhalten wir nach endlich vielen Schritten eine Lösung (x, y, z) mit paarweise teilerfremden Zahlen $x, y, z \in \mathcal{O}_K$.

Sind x, y, z alle nicht durch $\mathfrak{p} = (\lambda)$ teilbar, so gilt nach (7.4.1)(iv) und (vi)

$$\pm 1 \equiv z^3 = x^3 + y^3 \equiv (\pm 1) + (\pm 1) \equiv 0, \pm 2 \mod \mathfrak{p}^3.$$

Dies ist nicht möglich, also haben wir den „ersten Fall" erledigt, d.h. eine der drei Zahlen x, y, z muss durch $\mathfrak{p}$ teilbar sein.

Da x, y und $-z$ symmetrische Rollen spielen, gelte o.B.d.A. $\mathfrak{p} \mid z$. Um ein Abstiegsargument zu bekommen, zeigen wir nun mehr, nämlich

Es gibt keine paarweise teilerfremden $\alpha, \beta, \gamma \in \mathcal{O}_K$, so dass

$$\alpha^3 + \beta^3 = \varepsilon\lambda^{3m}\gamma^3$$

mit $\varepsilon \in E_K$, $\mathfrak{p} \nmid \alpha\beta\gamma$ und $m \in \mathbb{N}$ gilt.

Nehmen wir an, es gäbe solche Tripel. Sei (α, β, γ) unter diesen eines mit minimalem $m \in \mathbb{N}$.

Behauptung 1: Für $i, j \in \{0, 1, 2\}$, $i \neq j$, gilt $(\alpha + \zeta^i\beta, \alpha + \zeta^j\beta) = \mathfrak{p}$.

Beweis: Sei $\mathfrak{q}$ ein Primideal mit $\mathfrak{q} | (\alpha + \zeta^i\beta)$, $\mathfrak{q} | (\alpha + \zeta^j\beta)$. Dann gilt $\mathfrak{q} | (\zeta^i - \zeta^j)\beta = \zeta^i(1 - \zeta^{j-i})\beta$. Nun gilt $\zeta^{j-i} \in \{\zeta, \zeta^2\}$. Wegen $1 - \zeta^2 = (1 - \zeta)(-\zeta^2)$ schließen wir in jedem Fall

$$\mathfrak{q} | (\text{Einheit})(1 - \zeta)\beta.$$

Folglich gilt $\mathfrak{q} = \mathfrak{p} = (1 - \zeta)$ oder $\mathfrak{q} | \beta$. Analog erhalten wir

$$\mathfrak{q} | \zeta^{-i}(\alpha + \zeta^i\beta) - \zeta^{-j}(\alpha + \zeta^j\beta) = (\zeta^{-i} - \zeta^{-j})\alpha = (\text{Einheit})(1 - \zeta)\alpha.$$

Dies impliziert $\mathfrak{q} = \mathfrak{p}$ oder $\mathfrak{q} \mid \alpha$. Die Annahme $\mathfrak{q} \neq \mathfrak{p}$ führt daher zum Widerspruch gegen die Teilerfremdheit von α und β, weshalb $\mathfrak{q} = \mathfrak{p}$ gilt. Es bleibt zu zeigen, dass $\mathfrak{p}$ in der Tat $\alpha + \zeta^i \beta$ teilt. Wegen

$$\mathfrak{p} \mid (\alpha + \beta)(\alpha + \zeta\beta)(\alpha + \zeta^2\beta) = \varepsilon\lambda^{3m}\gamma$$

teilt $\mathfrak{p}$ mindestens eine der Zahlen $\alpha + \zeta^i\beta$. Aber die Differenzen der Zahlen sind durch $\mathfrak{p}$ teilbar, also sind sie sämtlich durch $\mathfrak{p}$ teilbar. Das zeigt Behauptung 1.

Unter Verwendung von Behauptung 1 können wir nun, nach eventueller Multiplikation von α und β mit einer Potenz von ζ, annehmen, dass $\alpha + \zeta\beta$ und $\alpha + \zeta^2\beta$ genau einmal durch $\mathfrak{p}$ teilbar sind. Es gilt dann

$$\begin{aligned}
(\alpha + \beta) &= \mathfrak{p}^{3m-2}\mathfrak{c}_1^3 \\
(\alpha + \zeta\beta) &= \mathfrak{p}\mathfrak{c}_2^3 \\
(\alpha + \zeta^2\beta) &= \mathfrak{p}\mathfrak{c}_3^3
\end{aligned}$$

mit ganzen, von $\mathfrak{p}$ verschiedenen und paarweise teilerfremden Idealen $\mathfrak{c}_1, \mathfrak{c}_2, \mathfrak{c}_3$. Da $\mathfrak{p}$ ein Hauptideal ist, ist $\mathfrak{c}_i^3$, $i = 1, 2, 3$, ein Hauptideal. Wegen $3 \nmid h_K$ sind die Ideale $\mathfrak{c}_i$ bereits selbst Hauptideale. Sei $\mathfrak{c}_i = (c_i)$, $i = 1, 2, 3$.

Behauptung 2: Es gilt $m \geq 2$.

Beweis: Die Elemente $\alpha, \beta \in \mathcal{O}_K$ sind nicht durch $\mathfrak{p}$ teilbar. Daher können wir ihre Restklasse modulo $\mathfrak{p}^2$ durch eine der in Lemma 7.4.1(v) angegebenen Zahlen repräsentieren. Nach Lemma 7.4.1(vi) gilt daher

$$\alpha^3 + \beta^3 \equiv (\pm 1) + (\pm 1) \quad \mod \mathfrak{p}^4.$$

Wegen $\mathfrak{p} \mid (\alpha^3 + \beta^3)$ gilt daher $\lambda^{3m}\varepsilon\gamma^3 = \alpha^3 + \beta^3 \equiv 0 \mod \mathfrak{p}^4$ und deshalb muss $m \geq 2$ sein. Dies zeigt Behauptung 2.

Wir schreiben jetzt

$$\begin{aligned}
\alpha + \beta &= \lambda^{3m-2}\varepsilon_1 c_1^3 \\
\alpha + \zeta\beta &= \lambda\varepsilon_2 c_2^3 \\
\alpha + \zeta^2\beta &= \lambda\varepsilon_3 c_3^3
\end{aligned}$$

mit Einheiten ε_i, $i = 1, 2, 3$. Multiplizieren wir die erste Gleichung mit ζ, die zweite mit ζ^2 und addieren auf, so erhalten wir wegen $1 + \zeta + \zeta^2 = 0$ die Gleichung

$$0 = \lambda^{3m-2}\varepsilon_1\zeta c_1^3 + \lambda\varepsilon_2\zeta^2 c_2^3 + \lambda\varepsilon_3 c_3^3.$$

Division durch $\varepsilon_3\lambda$ ergibt eine Gleichung

$$\varepsilon'\lambda^{3(m-1)}c_1^3 = \eta c_2^3 + c_3^3$$

mit Einheiten $\varepsilon', \eta \in \mathcal{O}_K$. Da die c_i prim zu $\mathfrak{p}$ sind, folgt aus Lemma 7.4.1(iv), dass $c_i \equiv \pm 1 \mod \mathfrak{p}$ ist. Nach Lemma 7.4.1(vi) gilt $c_i^3 \equiv \pm 1 \mod \mathfrak{p}^3$ für $i = 1, 2, 3$. Wegen $m \geq 2$ erhalten wir

$$\eta(\pm 1) + (\pm 1) \equiv 0 \quad \mod \mathfrak{p}^3.$$

Insbesondere ist die Einheit $\eta \equiv \pm 1 \mod \mathfrak{p}^2$, und aus (7.4.1)(v) folgt $\eta = \pm 1$. Wir erhalten

$$c_3^3 + (\pm c_2)^3 = \varepsilon'\lambda^{3(m-1)}c_1^3.$$

Dies ist wieder eine Lösung einer Gleichung vom angegebenen Typ, aber mit λ-Exponenten $m - 1 \geq 1$. Wir hatten aber m minimal gewählt. Dieser Widerspruch beendet den Beweis. $\square$

Kapitel 8

Analytische Methoden

In diesem Kapitel geben wir einen kurzen Einblick in analytische Methoden der Zahlentheorie. Viele Ergebnisse werden wir allerdings nicht selbst beweisen, sondern zitieren. Zum Verständnis sind Grundkenntnisse in reeller und komplexer Analysis notwendig.

8.1 Dirichlet-Charaktere

Definition 8.1.1. *Ein* **Dirichlet-Charakter modulo** n *ist ein Homomorphismus*
$$\chi : (\mathbb{Z}/n\mathbb{Z})^\times \longrightarrow \mathbb{C}^\times,$$
d.h. eine komplexwertige Funktion auf $(\mathbb{Z}/n\mathbb{Z})^\times$ *mit* $\chi(\bar{1}) = 1$ *und* $\chi(\bar{a}\bar{b}) = \chi(\bar{a})\chi(\bar{b})$ *für alle* $\bar{a}, \bar{b} \in (\mathbb{Z}/n\mathbb{Z})^\times$.

Beispiele: 1. Die Zuordnung $\chi(\bar{1}) = 1$, $\chi(\bar{2}) = -1$ definiert einen Dirichlet-Charakter modulo 3.
2. Die Zuordnung $\chi(\bar{1}) = 1$, $\chi(\bar{3}) = -1$ definiert einen Dirichlet-Charakter modulo 4.
3. In Verallgemeinerung von 1.: Für jede ungerade Primzahl p definiert das Legendre-Symbol: $\chi(\bar{a}) = \left(\frac{a}{p}\right)$ einen Dirichlet-Charakter modulo p.

Unter den Dirichlet-Charakteren modulo n gibt es einen ausgezeichneten, nämlich den, der konstant 1 ist. Dieser wird mit ϵ bezeichnet und heißt der **triviale Charakter**. Die Menge der Dirichlet-Charaktere modulo n wird durch die Multiplikation
$$\chi\psi \colon (\mathbb{Z}/n\mathbb{Z})^\times \longrightarrow \mathbb{C}^\times, \ \chi\psi(\bar{a}) = \chi(\bar{a})\psi(\bar{a})$$
zu einer abelschen Gruppe mit dem trivialen Charakter ϵ als neutralem Element. Wegen $\bar{a}^{\varphi(n)} = \bar{1}$ für jedes $\bar{a} \in (\mathbb{Z}/n\mathbb{Z})^\times$ nimmt ein modulo n definierter Dirichlet-Charakter nur $\varphi(n)$-te Einheitswurzeln als Werte an. Insbesondere gibt es zu jedem n nur endlich viele Dirichlet-Charaktere modulo n. Außerdem gilt $|\chi(\bar{a})| = 1$ für alle $\bar{a} \in (\mathbb{Z}/n\mathbb{Z})^\times$. Das Inverse einer Einheitswurzel ist

ihr komplex-konjugiertes, also gilt auch für jeden Dirichlet-Charakter χ die Gleichung
$$\chi^{-1} = \bar{\chi},$$
wobei $\bar{\chi}$ der zu χ komplex-konjugierte Charakter ist, d.h. $\bar{\chi}(\bar{a}) = \overline{\chi(\bar{a})}$.

Wie viele verschiedene Dirichlet-Charaktere modulo n gibt es nun? Ist $n = p$ eine Primzahl, so ist die Gruppe $(\mathbb{Z}/p\mathbb{Z})^{\times}$ zyklisch. Ist $\bar{g} \in (\mathbb{Z}/p\mathbb{Z})^{\times}$ ein Erzeuger, d.h. eine primitive Wurzel modulo p, so ist ein Dirichlet-Charakter modulo p eindeutig durch die Auswahl der $(p-1)$-ten Einheitswurzel $\chi(\bar{g})$ festgelegt. Daher gibt es genau $p-1$ Dirichlet-Charaktere modulo p. Für ein allgemeines n ist $(\mathbb{Z}/n\mathbb{Z})^{\times}$ eine abelsche Gruppe der Ordnung $\varphi(n)$. Schreiben wir gemäß Satz 5.2.5
$$(\mathbb{Z}/n\mathbb{Z})^{\times} \cong C_1 \times \cdots \times C_r$$
als Produkt zyklischer Gruppen C_i der Ordnung c_i, so gilt $\varphi(n) = c_1 \cdots c_r$. Ein Charakter wird eindeutig dadurch gegeben, dass wir für jedes $i = 1, \ldots, r$ einem fixierten Erzeuger der zyklischen Gruppe C_i eine c_i-te Einheitswurzel zuordnen. Daher erhalten wir folgenden Satz.

Satz 8.1.2. *Es gibt genau $\varphi(n)$ Dirichlet-Charaktere modulo n. Zu jedem $\bar{a} \in (\mathbb{Z}/n\mathbb{Z})^{\times}$, $\bar{a} \neq \bar{1}$, gibt es einen Dirichlet-Charakter modulo n mit $\chi(\bar{a}) \neq 1$.*

Wichtig sind die folgenden Summenformeln.

Satz 8.1.3. (i) *Es sei $\bar{a} \in (\mathbb{Z}/n\mathbb{Z})^{\times}$. Dann gilt*
$$\sum_{\chi \bmod n} \chi(\bar{a}) = \begin{cases} \varphi(n), & \text{wenn } \bar{a} = \bar{1}, \\ 0, & \text{wenn } \bar{a} \neq \bar{1}, \end{cases}$$
wobei die Summe über alle Dirichlet-Charaktere modulo n läuft.

(ii) *Es sei χ ein Dirichlet-Charakter modulo n. Dann gilt*
$$\sum_{\bar{a} \in (\mathbb{Z}/n\mathbb{Z})^{\times}} \chi(\bar{a}) = \begin{cases} \varphi(n), & \text{wenn } \chi = \epsilon, \\ 0, & \text{wenn } \chi \neq \epsilon, \end{cases}$$
wobei die Summe über alle primen Restklassen modulo n läuft.

Beweis. (i) Für jeden Dirichlet-Charakter ψ modulo n ist die Abbildung $\chi \mapsto \psi\chi$ der Menge der Dirichlet-Charaktere modulo n in sich eine Bijektion. Die Umkehrabbildung ist durch Multiplikation mit ψ^{-1} gegeben. Wegen $\chi(\bar{1}) = 1$ für jeden Charakter ist $\sum_{\chi} \chi(\bar{1})$ gleich der Anzahl der Dirichlet-Charaktere modulo n, also gleich $\varphi(n)$. Nun sei $\bar{a} \neq 1$ und es sei ψ ein Dirichlet-Charakter modulo n mit $\psi(\bar{a}) \neq 1$. Dann gilt
$$\psi(\bar{a}) \cdot \left(\sum_{\chi \bmod n} \chi(\bar{a}) \right) = \sum_{\chi \bmod n} \psi\chi(\bar{a}) = \sum_{\chi \bmod n} \chi(\bar{a}).$$
Wir erhalten $(\psi(\bar{a}) - 1) \sum_{\chi \bmod n} \chi(\bar{a}) = 0$, und wegen $\psi(\bar{a}) - 1 \neq 0$ verschwindet die Summe.

(ii) Die Aussage ist im Fall $\chi = \epsilon$ trivial. Sei $\chi \neq \epsilon$ und $\bar{b} \in (\mathbb{Z}/n\mathbb{Z})^\times$ mit $\chi(\bar{b}) \neq 1$. Die $\bar{b}$-Multiplikation definiert eine Bijektion von $(\mathbb{Z}/n\mathbb{Z})^\times$ auf sich. Daher gilt

$$\chi(\bar{b}) \cdot \left(\sum_{\bar{a} \in (\mathbb{Z}/n\mathbb{Z})^\times} \chi(\bar{a}) \right) = \sum_{\bar{a} \in (\mathbb{Z}/n\mathbb{Z})^\times} \chi(\bar{b}\bar{a}) = \sum_{\bar{a} \in (\mathbb{Z}/n\mathbb{Z})^\times} \chi(\bar{a}).$$

Wir erhalten $(\chi(\bar{b}) - 1) \sum_{\bar{a} \in (\mathbb{Z}/n\mathbb{Z})^\times} \chi(\bar{a}) = 0$, und wegen $\chi(\bar{b}) - 1 \neq 0$ verschwindet die Summe. $\qquad\square$

Wir fassen durch die Regel

$$\chi(a) := \chi(\bar{a})$$

Dirichlet-Charaktere modulo n auch als komplexwertige Funktionen auf der Menge der zu n teilerfremden ganzen Zahlen auf.

Lemma 8.1.4. *Es seien n und m natürliche Zahlen und d ihr größter gemeinsamer Teiler. Sei χ ein Dirichlet-Charakter modulo n, aufgefasst als Funktion auf der Menge der zu n teilerfremden ganzen Zahlen. Hängt χ auf dieser Menge nur von der Restklasse modulo m ab, so hängt χ nur von der Restklasse modulo d ab.*

Beweis. Nach Satz 1.1.4 existieren $x, y \in \mathbb{Z}$ mit $xn + ym = d$. Sind nun die ganzen Zahlen $a, b \in \mathbb{Z}$, $\bar{a}, \bar{b} \in (\mathbb{Z}/n\mathbb{Z})^\times$, kongruent modulo d, so gilt $a = b + e(xn + ym)$ für ein $e \in \mathbb{Z}$. Die Zahlen b und $b + exn$ haben die gleiche Restklasse modulo n. Daher ist $\chi(b + exn)$ definiert, und es gilt $\chi(b) = \chi(b + exn)$. Nun gilt $a \equiv b + exn \bmod m$, und nach Voraussetzung erhalten wir $\chi(a) = \chi(b)$. $\qquad\square$

Definition 8.1.5. *Sei χ ein Dirichlet-Charakter modulo n. Die kleinste natürliche Zahl d, so dass χ nur von der Restklasse modulo d abhängt, heißt der* **Führer** *von χ und wird mit f_χ bezeichnet.*

Bemerkung: Nach Lemma 8.1.4 gilt $f_\chi \mid n$.

Beispiele: 1. Es ist f_χ genau dann gleich 1, wenn $\chi = \epsilon$ ist.
2. Weil es modulo 2 nur die prime Restklasse $\bar{1}$ gibt, ist jeder Charakter modulo 2 gleich ϵ. Insbesondere gibt es keinen Charakter mit Führer 2.
3. Ist $\chi : (\mathbb{Z}/8\mathbb{Z})^\times \to \mathbb{C}$ durch $\chi(\bar{1}) = 1$, $\chi(\bar{3}) = -1$, $\chi(\bar{5}) = 1$, $\chi(\bar{7}) = -1$ gegeben, so hängt χ nur von den Restklassen modulo 4 ab und 4 ist minimal mit dieser Eigenschaft. Also gilt $f_\chi = 4$.
4. Ist $\chi : (\mathbb{Z}/6\mathbb{Z})^\times \to \mathbb{C}$ durch $\chi(\bar{1}) = 1$, $\chi(\bar{5}) = -1$ gegeben, so hängt χ nur von der Restklasse modulo 3 ab und daher gilt $f_\chi = 3$.

Es gibt nun in der Literatur zwei Vorgehensweisen, um einen modulo n definierten Dirichlet-Charakter χ, aufgefasst als Funktion auf der Menge der zu n teilerfremden ganzen Zahlen, zu einer Funktion auf ganz $\mathbb{Z}$ auszudehnen.

Die einfache Variante: Ist χ ein Dirichlet-Charakter modulo n, so setzt man $\chi(a) = 0$ für jedes $a \in \mathbb{Z}$ mit $(a, n) \neq 1$.

Die verfeinerte Variante: Man fasst zunächst χ als Funktion auf $(\mathbb{Z}/f_\chi\mathbb{Z})^\times$ auf und setzt dann $\chi(a) = 0$ für jedes $a \in \mathbb{Z}$ mit $(a, f_\chi) \neq 1$.

Beide Varianten haben ihre Vor- und Nachteile. Wir werden im Weiteren mit der verfeinerten Variante arbeiten. Diese hat den Vorteil, dass es nur einen trivialen Charakter

$$\epsilon: \ \mathbb{Z} \to \mathbb{C}, \quad \epsilon(a) = 1 \text{ für alle } a \in \mathbb{Z},$$

gibt, anstelle eines trivialen Charakters modulo n für jedes n. Offensichtlich gilt

$$\chi(0) \neq 0 \Longleftrightarrow \chi(0) = 1 \Longleftrightarrow f_\chi = 1 \Longleftrightarrow \chi = \epsilon.$$

Beispiel: Ist p eine ungerade Primzahl, so definiert das Legendre-Symbol

$$\chi: \ \mathbb{Z} \longrightarrow \mathbb{C}, \quad \chi(a) = \left(\frac{a}{p}\right),$$

einen Dirichlet-Charakter vom Führer p, der die Werte 0 und ± 1 annimmt.

Von jetzt an nehmen wir den Standpunkt ein, dass Dirichlet-Charaktere komplexwertige Funktionen auf $\mathbb{Z}$ sind, die auf die beschriebene Art und Weise (nämlich die „verfeinerte") aus Homomorphismen $(\mathbb{Z}/n\mathbb{Z})^\times \to \mathbb{C}^\times$ entstehen. Jeder Dirichlet-Charakter χ hat seinen Führer f_χ und ist ein Charakter modulo n für jedes Vielfache n von f_χ.

Es seien $\chi, \psi : \mathbb{Z} \to \mathbb{C}$ Dirichlet-Charaktere und sei n das kleinste gemeinsame Vielfache der Führer f_χ und f_ψ. Wir fassen χ und ψ als Charaktere modulo n auf: $\chi, \psi : (\mathbb{Z}/n\mathbb{Z})^\times \longrightarrow \mathbb{C}^\times$, multiplizieren sie und erhalten einen Charakter modulo n

$$\chi\psi: \ (\mathbb{Z}/n\mathbb{Z})^\times \longrightarrow \mathbb{C}^\times.$$

Dann dehnen wir den Charakter $\chi\psi$ nach der oben beschriebenen verfeinerten Methode zu einer komplexwertigen Funktion auf $\mathbb{Z}$ aus.

Definition 8.1.6. *Der so erhaltene Dirichlet-Charakter* $\chi\psi : \mathbb{Z} \to \mathbb{C}$ *heißt das* **Produkt** *von χ und ψ.*

Beispiele: 1. Für jeden Dirichlet-Charakter χ gilt $\chi\bar\chi = \chi\chi^{-1} = \epsilon$.
2. Für den oben definierten Charakter $\chi : (\mathbb{Z}/4\mathbb{Z})^\times \to \mathbb{C}$ mit $\chi(\bar{1}) = 1$, $\chi(\bar{3}) = -1$ vom Führer 4 gilt $\chi^2 = \epsilon$.

Lemma 8.1.7. *Für $a \in \mathbb{Z}$ mit $(a, f_\chi) = 1 = (a, f_\psi)$ gilt*

$$\chi\psi(a) = \chi(a)\psi(a).$$

Bemerkung: Für allgemeines $a \in \mathbb{Z}$ kann die obige Formel falsch sein. Zum Beispiel ist für $\chi \neq \epsilon$ immer $1 = \epsilon(0) = (\chi\chi^{-1})(0)$, aber $0 = \chi(0)\chi^{-1}(0)$.

Beweis von Lemma 8.1.7. Ist $a = 0$, so ist die Voraussetzung nur für $f_\chi = f_\psi = 1$, also nur für $\chi = \psi = \epsilon$ erfüllt. Die Behauptung ist in diesem Fall offensichtlich. Sei $a \neq 0$. Dann ist die Restklasse $\bar{a}$ von a modulo $f_\chi f_\psi$ prim. Daher ist $\bar{a}$ auch prime Restklasse modulo $n = \mathrm{kgV}(f_\chi, f_\psi)$. Nach Konstruktion gilt $\chi\psi(a) = \chi\psi(\bar{a}) = \chi(\bar{a})\psi(\bar{a}) = \chi(a)\psi(a)$. □

Die Summenformel in Satz 8.1.3 (ii) modifiziert sich entsprechend, wenn man Dirichlet-Charaktere als Funktionen auf $\mathbb{Z}$ auffasst.

Satz 8.1.8. *Sei $\chi : \mathbb{Z} \to \mathbb{C}$ ein Dirichlet-Charakter modulo n. Dann gilt*

$$\sum_{a=1}^{n} \chi(a) = \begin{cases} n, & \text{wenn } \chi = \epsilon, \\ 0, & \text{wenn } \chi \neq \epsilon. \end{cases}$$

Beweis. Die Aussage für $\chi = \epsilon$ ist offensichtlich. Sei $f_\chi > 1$ der Führer von χ. Dann gilt $f_\chi \mid n$ und $\chi(a)$ hängt nur von der Restklasse modulo f_χ ab. Also gilt

$$\sum_{a=1}^{n} \chi(a) = \frac{n}{f_\chi} \sum_{a=1}^{f_\chi} \chi(a) = \frac{n}{f_\chi} \sum_{\bar{a} \in (\mathbb{Z}/f_\chi\mathbb{Z})^\times} \chi(\bar{a}).$$

Nach Satz 8.1.3 (ii) verschwindet die letzte Summe. □

Aufgabe 1. Man zeige die Assoziativität der Charaktermultiplikation

$$\chi_1(\chi_2\chi_3) = (\chi_1\chi_2)\chi_3.$$

Aufgabe 2. Man zeige für Dirichlet-Charaktere χ, ψ mit $(f_\chi, f_\psi) = 1$ die Gleichung $f_{\chi\psi} = f_\chi f_\psi$.

8.2 Gauß- und Jacobi-Summen

In diesem Abschnitt werden wir Gaußsche und Jacobische Summen einführen und untersuchen. Es handelt sich um gewisse Charaktersummen, deren komplexer Absolutbetrag bestimmt werden kann. Dies werden wir im nächsten Abschnitt zur Abschätzung der Anzahl der Lösungen modulo p einer diophantischen Gleichung benutzen.

Sei p eine Primzahl und sei $\chi : \mathbb{Z} \to \mathbb{C}$ ein Dirichlet-Charakter modulo p. Für $a \in \mathbb{Z}$ hängt die komplexe Zahl $\zeta_p^a = e^{2\pi ai/p}$ nur von der Restklasse von a modulo p ab. Von jetzt an werden wir auf den Überstrich bei der Bezeichnung von Restklassen verzichten und bezeichnen Elemente von $\mathbb{Z}/p\mathbb{Z}$ mit einfachen Buchstaben.

Definition 8.2.1. *Die* **Gaußsche Summe** *zum Dirichlet-Charakter* χ *modulo p und $a \in \mathbb{Z}/p\mathbb{Z}$ ist als die komplexe Zahl*

$$g_a(\chi) = \sum_{x \in \mathbb{Z}/p\mathbb{Z}} \chi(x) e^{ax2\pi i/p}$$

erklärt. Insbesondere wird $g(\chi) = g_1(\chi)$ gesetzt.

Beispiel: Sei χ der eindeutig bestimmte nichttriviale Dirichlet-Charakter modulo 3, d.h. $\chi(1) = 1$, $\chi(2) = -1$. Dann gilt $g_0(\chi) = 0$, $g_1(\chi) = \frac{-1+\sqrt{-3}}{2} - \frac{-1-\sqrt{-3}}{2} = \sqrt{-3}$ und $g_2(\chi) = \frac{-1-\sqrt{-3}}{2} - \frac{-1+\sqrt{-3}}{2} = -\sqrt{-3}$.

Satz 8.2.2. *Es gilt*

$$g_a(\chi) = \begin{cases} \chi(a^{-1})g(\chi), & \text{für } a \neq 0, \chi \neq \epsilon, \\ 0, & \text{für } a \neq 0, \chi = \epsilon, \\ 0, & \text{für } a = 0, \chi \neq \epsilon, \\ p, & \text{für } a = 0, \chi = \epsilon. \end{cases}$$

Beweis. Ist $a = 0$ und $\chi \neq \epsilon$, so gilt $g_a(\chi) = \sum_x \chi(x) = 0$ nach Satz 8.1.8. Die Aussage für $a = 0$ und $\chi = \epsilon$ ist offensichtlich. Ist $a \neq 0$ und $\chi = \epsilon$, so gilt $g_a(\chi) = \sum_x e^{ax2\pi i/p}$. Da a prime Restklasse modulo p ist, ist der letzte Term gleich der Summe aller p-ten Einheitswurzeln, d.h. der mit (-1) multiplizierte Koeffizient vor X^{p-1} im Polynom $X^p - 1$, und daher gleich Null. Sei also $a \neq 0$, $\chi \neq \epsilon$. Dann gilt

$$\chi(a)g_a(\chi) = \sum_{x \in \mathbb{Z}/p\mathbb{Z}} \chi(a)\chi(x)e^{ax2\pi i/p} = \sum_{x \in \mathbb{Z}/p\mathbb{Z}} \chi(ax)e^{ax2\pi i/p} = g(\chi).$$

Dies vervollständigt den Beweis.   □

Satz 8.2.3. *Ist $\chi \neq \epsilon$ und $a \neq 0$, so gilt*

$$|g_a(\chi)| = \sqrt{p}.$$

Beweis. Wegen $|\chi(a^{-1})| = 1$ folgen aus Satz 8.2.2 die Gleichungen $|g_a(\chi)| = |g(\chi)| = |g_b(\chi)|$ für beliebiges $b \neq 0$. Außerdem gilt $g_0(\chi) = 0$. Deshalb genügt es, die Gleichung

$$\sum_{a \in \mathbb{Z}/p\mathbb{Z}} |g_a(\chi)|^2 = (p-1)p$$

zu zeigen. Nun gilt

$$\sum_a |g_a(\chi)|^2 = \sum_a g_a(\chi)\overline{g_a(\chi)} = \sum_a \sum_{x,y} \chi(x)\overline{\chi(y)}e^{a(x-y)2\pi i/p}.$$

Daher sind wir fertig, wenn wir für beliebige $x, y \in \mathbb{Z}/p\mathbb{Z}$ die Gültigkeit der Aussage

$$\chi(x)\overline{\chi(y)} \sum_{a=1}^{p} e^{a(x-y)2\pi i/p} = \begin{cases} p, & \text{wenn } x = y \neq 0, \\ 0, & \text{sonst,} \end{cases} \qquad (*)$$

gezeigt haben. Nun ist $a \mapsto e^{a(x-y)2\pi i/p}$ ein Dirichlet-Charakter modulo p. Es handelt sich genau dann um den trivialen Charakter ϵ, wenn $x = y$ gilt. Nach Satz 8.1.3 ist daher $\sum_{a=1}^{p} e^{a(x-y)2\pi i/p}$ gleich p für $x = y$ und gleich 0 für $x \neq y$. Bemerkt man noch, dass $\chi(x)\overline{\chi(x)} = |\chi(x)|^2$ gleich 1 für $x \neq 0$ und gleich 0 für $x = 0$ ist, folgt hieraus (∗). Dies beendet den Beweis. $\qquad \square$

Definition 8.2.4. *Die* **Jacobische Summe** *zu den Dirichlet-Charakteren* χ *und* ψ *modulo* p *und* $c \in \mathbb{Z}/p\mathbb{Z}$ *ist als die komplexe Zahl*

$$J_c(\chi, \psi) = \sum_{\substack{a,b \in \mathbb{Z}/p\mathbb{Z} \\ a+b=c}} \chi(a)\psi(b)$$

erklärt. Insbesondere wird $J(\chi, \psi) = J_1(\chi, \psi)$ *gesetzt.*

Offenbar gilt $J_c(\chi, \psi) = J_c(\psi, \chi)$.

Satz 8.2.5. *Für* $c = 0$ *gelten die folgenden Aussagen:*
  (i) $J_0(\epsilon, \epsilon) = p$.
 (ii) *Für* $\chi \neq \epsilon$ *gilt* $J_0(\chi, \epsilon) = J_0(\epsilon, \chi) = 0$.
(iii) *Für* $\chi \neq \epsilon$ *gilt* $J_0(\chi, \chi^{-1}) = (p-1)\chi(-1)$.
 (iv) *Sind* χ, ψ *und* $\chi\psi$ *von* ϵ *verschieden, so gilt* $J_0(\chi, \psi) = 0$.

Beweis. Es gilt

$$J_0(\chi, \psi) = \sum_{x \in \mathbb{Z}/p\mathbb{Z}} \chi(x)\psi(-x) = \psi(-1) \sum_{x \in \mathbb{Z}/p\mathbb{Z}} \chi(x)\psi(x).$$

Im Fall $\chi = \psi = \epsilon$ ist die letzte Summe gleich p. Dies zeigt (i). Im Fall $\chi \neq \epsilon$ und $\psi = \chi^{-1}$ gilt $\psi(-1) = \chi(-1)$, und die letzte Summe ist gleich $p-1$, was (iii) zeigt. Für $\chi\psi \neq \epsilon$ erhalten wir nach Lemma 8.1.7 und Satz 8.1.8 die Gleichungen

$$\sum_{x \in \mathbb{Z}/p\mathbb{Z}} \chi(x)\psi(x) = \sum_{x \in \mathbb{Z}/p\mathbb{Z}} \chi\psi(x) = \sum_{x=1}^{p} \chi\psi(x) = 0.$$

Dies zeigt (ii) und (iv). $\qquad \square$

Satz 8.2.6. *Für* $c \neq 0$ *gelten die folgenden Aussagen:*
  (i) $J_c(\epsilon, \epsilon) = p$.
 (ii) *Für* $\chi \neq \epsilon$ *gilt* $J_c(\chi, \epsilon) = J_c(\epsilon, \chi) = 0$.
(iii) *Für* $\chi \neq \epsilon$ *gilt* $J_c(\chi, \chi^{-1}) = -\chi(-1)$.
 (iv) *Sind* χ, ψ *und* $\chi\psi$ *von* ϵ *verschieden, so gilt*

$$J_c(\chi, \psi) = \frac{g(\chi)g(\psi)\chi\psi(c)}{g(\chi\psi)}.$$

Beweis. Die Aussage (i) ist offensichtlich und (ii) folgt direkt aus Satz 8.1.8. Für (iii) beachte man

$$J_c(\chi, \chi^{-1}) = \sum_{a+b=c} \chi(a)\chi^{-1}(b) = \sum_{\substack{a+b=c \\ b\neq 0}} \chi\left(\frac{a}{b}\right) = \sum_{a\neq c} \chi\left(\frac{a}{c-a}\right).$$

Die Abbildung

$$\mathbb{Z}/p\mathbb{Z} \smallsetminus \{c\} \longrightarrow \mathbb{Z}/p\mathbb{Z} \smallsetminus \{-1\}, \ a \longmapsto \frac{a}{c-a}$$

ist eine Bijektion (mit Umkehrabbildung $x \mapsto \frac{xc}{x+1}$). Daher gilt

$$J_c(\chi, \chi^{-1}) = \sum_{x\neq -1} \chi(x) = -\chi(-1) + \sum_{x} \chi(x) = -\chi(-1).$$

Um (iv) zu zeigen, berechnet man

$$g(\chi)g(\psi) = \left(\sum_x \chi(x)e^{x2\pi i/p}\right)\left(\sum_y \psi(y)e^{y2\pi i/p}\right)$$

$$= \sum_{x,y} \chi(x)\psi(y)e^{(x+y)2\pi i/p}$$

$$= \sum_c \sum_{x+y=c} (\chi(x)\psi(y))\, e^{c2\pi i/p}$$

$$= \sum_c J_c(\chi,\psi)e^{c2\pi i/p}$$

$$= \sum_{c\neq 0} J_c(\chi,\psi)e^{c2\pi i/p}.$$

Nun gilt für $c \neq 0$

$$J_c(\chi,\psi) = \sum_{x+y=c} \chi(x)\psi(y) = \sum_{x'+y'=1} \chi(cx')\psi(cy') = \chi\psi(c)J(\chi,\psi).$$

Setzt man dies in die vorherige Gleichung ein, erhält man

$$g(\chi)g(\psi) = J(\chi,\psi) \sum_{c\neq 0} \chi\psi(c)e^{c2\pi i/p}$$

$$= J(\chi,\psi)g(\chi\psi).$$

Für ein fest gewähltes $c \neq 0$ ergibt sich mit Hilfe der Gleichung $J_c(\chi,\psi) = \chi\psi(c)J(\chi,\psi)$ die Aussage von (iv). $\qquad\square$

Korollar 8.2.7. *Ist $c \neq 0$ und sind χ, ψ und $\chi\psi$ von ϵ verschieden, so gilt*

$$|J_c(\chi,\psi)| = \sqrt{p}.$$

Beweis. Dies folgt wegen $|\chi\psi(c)| = 1$ aus Satz 8.2.6 (iv) und Satz 8.2.3. $\qquad\square$

8.3 Diophantische Gleichungen modulo p

In diesem Abschnitt zeigen wir exemplarisch, wie man die Anzahl der Lösungen modulo p bei bestimmten Gleichungen abschätzen kann. Für eine Gleichung $f(X) = 0$, $f \in \mathbb{Z}[X]$, bezeichnen wir mit $A_p(f)$ die Anzahl der Lösungen modulo p.

Wir werden uns auf Gleichungen mit vierten Potenzen beschränken. Ein Dirichlet-Charakter χ modulo p ist immer schon eindeutig durch seinen Wert auf einer primitiven Wurzel g gegeben. Gilt $\chi^4 = \epsilon$, so unterscheiden wir die folgenden Fälle. Ist $p \equiv 3 \bmod 4$, so gibt es nur zwei Möglichkeiten, nämlich $\chi = \epsilon$ und $\chi = $„Legendre-Symbol". Dies sieht man so ein: $\chi(g)$ ist eine $(p-1)$-te Einheitswurzel (wegen $\varphi(p) = p - 1$), aber auch eine 4-te Einheitswurzel (wegen $\chi^4 = \epsilon$). Daher ist $\chi(g)^2 = \chi(g^2)$ eine $\frac{p-1}{2}$-te und eine 2-te Einheitswurzel. Da $\frac{p-1}{2}$ ungerade ist, muss $\chi(g)^2 = 1$ sein. Daher haben wir nur die Möglichkeiten $\chi(g) = \pm 1$. Ist $p \equiv 1 \bmod 4$, kann man $\chi(g)$ nach Belieben als $\pm 1, \pm i$ festsetzen, d.h. in diesem Fall gibt es vier verschiedene Dirichlet-Charaktere χ modulo p mit $\chi^4 = \epsilon$.

Lemma 8.3.1. *Es sei p eine Primzahl kongruent 1 modulo 4 und g eine primitive Wurzel modulo p. Dann gilt für $k \in \mathbb{Z}$:*

$$A_p(X^4 - g^k) = \begin{cases} 4, & \text{wenn } 4 \mid k, \\ 0, & \text{wenn } 4 \nmid k. \end{cases}$$

Beweis. Wir setzen $\bar{a} = \bar{g}^k$. Nach Satz 1.6.4 gilt $A_p(X^4 - \bar{a}) \leq 4$. Angenommen, $A_p(X^4 - \bar{a}) \neq 0$. Dann gilt $\bar{a} = \bar{b}^4$ für ein $\bar{b} \in (\mathbb{Z}/p\mathbb{Z})^\times$. Es gilt $\bar{b} = \bar{g}^l$ für ein $l \in \mathbb{Z}$, und wegen $\bar{g}^k = \bar{a} = \bar{g}^{4l}$, folgt $(p-1) \mid (4l - k)$. Da $p - 1$ durch 4 teilbar ist, ist auch k durch 4 teilbar. Dies impliziert $A_p(X^4 - g^k) = 0$ für $4 \nmid k$. Im Fall $k = 4l$, $l \in \mathbb{Z}$, existieren mit $\bar{g}^l, \bar{g}^{l+\frac{p-1}{4}}, \bar{g}^{l+\frac{p-1}{2}}, \bar{g}^{l+\frac{3(p-1)}{4}}$ vier paarweise verschiedene Lösungen der Gleichung $X^4 = \bar{a}$ in $\mathbb{Z}/p\mathbb{Z}$. $\qquad\square$

Satz 8.3.2. *Es sei p eine Primzahl kongruent 1 modulo 4. Für $a \in \mathbb{Z}$ gilt:*

$$A_p(X^4 - a) = \begin{cases} 1, & \text{wenn } p \mid a, \\ 4, & \text{wenn } \bar{a}^{\frac{p-1}{4}} = \bar{1}, \\ 0, & \text{sonst.} \end{cases}$$

Beweis. Ist a durch p teilbar, so ist $\bar{0}$ die eindeutig bestimmte Lösung von $X^4 = \bar{a}$ in $\mathbb{Z}/p\mathbb{Z}$. Sei a prim zu p und g eine primitive Wurzel modulo p. Dann ist $\bar{a} = \bar{g}^k$ für ein ganzes k und es gilt

$$\bar{a}^{\frac{p-1}{4}} = \bar{1} \iff \bar{g}^{\frac{k(p-1)}{4}} = \bar{1} \iff (p-1) \mid \left(\tfrac{1}{4}(p-1)k\right) \iff 4 \mid k. \qquad\square$$

Korollar 8.3.3. *Es sei p eine Primzahl kongruent 1 modulo 4 und $a \in \mathbb{Z}$. Dann gilt*

$$A_p(X^4 - a) = \sum_{\chi^4 = \epsilon} \chi(a),$$

wobei χ die vier Dirichlet-Charaktere modulo p mit $\chi^4 = \epsilon$ durchläuft.

Beweis. Ist a durch p teilbar, so ist $\chi(a) = 0$ für $\chi \neq \epsilon$, woraus die Formel folgt. Nehmen wir an, es gelte $p \nmid a$. Sei g eine primitive Wurzel modulo p und $\bar{a} = g^k$. Ist $k = 4l$, $l \in \mathbb{Z}$, so gilt

$$\sum_{\chi^4 = \epsilon} \chi(a) = \sum_{\chi^4 = \epsilon} \chi(g^{4l}) = \sum_{\chi^4 = \epsilon} \chi^4(g^l) = 4.$$

Ist k nicht durch 4 teilbar, so betrachten wir den Dirichlet-Charakter χ_0, der durch

$$\chi_0(g) = e^{\pi i/2} = i$$

gegeben ist. Wir haben $\chi_0^4 = \epsilon$, $\chi_0(a) \neq 1$ und erhalten

$$(\chi_0(a) - 1)\left(\sum_{\chi^4 = \epsilon} \chi(a) \right) = \sum_{\chi^4 = \epsilon} \chi(a) - \sum_{\chi^4 = \epsilon} \chi(a) = 0,$$

woraus $\sum_{\chi^4 = \epsilon} \chi(a) = 0$ folgt. $\square$

Theorem 8.3.4. *Sei p eine Primzahl kongruent 1 modulo 4 und seien a, b, c ganze Zahlen, die nicht durch p teilbar sind. Dann gilt für die Anzahl A_p der Lösungen modulo p der Gleichung $aX^4 + bY^4 = c$ die Ungleichung*

$$|A_p - p| < 3 + 6\sqrt{p}.$$

Insbesondere ist $A_p > 0$ für $p > 41$.

Beweis. Wir haben mit $A_p = A_p(aX^4 + bY^4 - c)$

$$\begin{aligned}
A_p &= \sum_{\alpha+\beta=c} A_p(aX^4 - \alpha)A_p(bY^4 - \beta) \\
&= \sum_{\alpha+\beta=c} A_p(X^4 - \frac{\alpha}{a})A_p(Y^4 - \frac{\beta}{b}) \\
&= \sum_{\alpha+\beta=c} \left(\sum_{\chi^4=\epsilon} \chi\left(\frac{\alpha}{a}\right) \right)\left(\sum_{\psi^4=\epsilon} \psi\left(\frac{\beta}{b}\right) \right) \\
&= \sum_{\chi^4=\epsilon=\psi^4} \sum_{\alpha+\beta=c} \chi(a^{-1})\psi(b^{-1})\chi(\alpha)\psi(\beta) \\
&= \sum_{\chi^4=\epsilon=\psi^4} \chi(a^{-1})\psi(b^{-1})J_c(\chi,\psi).
\end{aligned}$$

Analysieren wir die einzelnen Summanden, so erhalten wir unter Benutzung der Ergebnisse des letzten Abschnitts:

- $\chi = \epsilon = \psi$:   ein Summand ist gleich p,
- $\chi = \epsilon$, $\psi \neq \epsilon$ oder $\chi \neq \epsilon$, $\psi = \epsilon$:   sechs Summanden sind gleich 0,
- $\chi \neq \epsilon$, $\psi = \chi^{-1}$:   drei Summanden haben den Betrag 1,
- $\chi \neq \epsilon$, $\psi \neq \epsilon$, $\chi\psi \neq \epsilon$:   sechs Summanden haben den Betrag $\sqrt{p}$.

Bringen wir p auf die andere Seite und wenden die Dreiecksungleichung an, so erhalten wir $|A_p - p| \leq 3 + 6\sqrt{p}$. Weil aber $3 + 6\sqrt{p}$ keine ganze Zahl ist, gilt auch die strikte Ungleichung. $\square$

8.4 Die Riemannsche Zetafunktion

Viele der tiefliegenden arithmetischen Gesetzmäßigkeiten eines Zahlkörpers sind in seiner Zetafunktion enthalten. Die Zetafunktion des Körpers $\mathbb{Q}$ ist die Riemannsche Zetafunktion, die wir in diesem Abschnitt einführen. Sie ist durch eine Reihenentwicklung gegeben.

Lemma 8.4.1. *Für reelles $s > 1$ ist die Reihe*

$$\sum_{n=1}^{\infty} \frac{1}{n^s}$$

absolut konvergent.

Beweis. Wir erinnern an die Notation $[x]$ für die größte ganze Zahl kleiner gleich einer reellen Zahl x. Für $N \geq 2$ gilt

$$\sum_{n=1}^{N} \frac{1}{n^s} = 1 + \sum_{n=2}^{N} \frac{1}{n^s} = 1 + \int_{1}^{N} \frac{1}{[x+1]^s} dx$$

$$< 1 + \int_{1}^{N} \frac{1}{x^s} dx = 1 + \frac{N^{1-s} - 1}{1-s},$$

was wegen $s > 1$ für $N \to \infty$ gegen $1 + \frac{1}{s-1} < \infty$ strebt. $\qquad\square$

Wir wollen diese Reihe auch für komplexes s betrachten und müssen daher die Funktion n^s auf komplexe Argumente ausdehnen. Wir betrachten die Reihenentwicklung der e-Funktion

$$e^s = 1 + s + \frac{s^2}{2} + \frac{s^3}{3!} + \frac{s^4}{4!} + \cdots .$$

Wegen des starken Anwachsens der Fakultät ist diese Reihe für jedes $s \in \mathbb{C}$ absolut konvergent (das sieht man beispielsweise mit dem Quotientenkriterium). Man definiert e^s für $s \in \mathbb{C}$ als den Grenzwert dieser Reihe. Die komplexe **Exponentialfunktion** $s \mapsto e^s$, $\mathbb{C} \to \mathbb{C}$, ist unendlich oft (komplex) stetig differenzierbar (sie ist gleich ihrer komplexen Ableitung), und wie im Reellen erfüllt sie auch für komplexe Zahlen z, w die Funktionalgleichung

$$e^{z+w} = e^z e^w.$$

Da außerdem $\overline{e^z} = e^{\bar{z}}$ gilt, folgt insbesondere

$$|e^z|^2 = e^z e^{\bar{z}} = e^{z+\bar{z}} = e^{2\,\mathrm{Re}(z)} = (e^{\mathrm{Re}(z)})^2,$$

also $|e^z| = e^{\mathrm{Re}(z)}$. Für $n > 0$ und $s \in \mathbb{C}$ setzt man nun

$$n^s = e^{s \cdot \log n}$$

und erhält $|n^s| = n^{\mathrm{Re}(s)}$.

Satz 8.4.2. *Für* $\mathrm{Re}(s) > 1$ *ist die Reihe*

$$\zeta(s) = \sum_{n=1}^{\infty} \frac{1}{n^s}$$

absolut konvergent. Die Zuordnung $s \mapsto \zeta(s)$ *ist auf dem Gebiet* $\{s \in \mathbb{C} \mid \mathrm{Re}(s) > 1\}$ *eine holomorphe (d.h. komplex-differenzierbare) Funktion und heißt die* **Riemannsche Zetafunktion.**

Beweis. Die Konvergenz ist nach dem oben Gesagten klar. Für $\mathrm{Re}(s) > \alpha > 1$ gilt $|\frac{1}{n^s}| < \frac{1}{n^\alpha}$, und daher konvergiert für jedes $\alpha > 1$ die Reihe $\sum_{n=1}^{\infty} \frac{1}{n^s}$ in dem Gebiet $\{s \in \mathbb{C} \mid \mathrm{Re}(s) > \alpha\}$ gleichmäßig. Nach dem Satz von Weierstraß ist damit $\zeta(s)$ als gleichmäßiger Grenzwert holomorpher Funktionen holomorph in diesem Gebiet.   □

Ohne die notwendigen Definitionen zu geben, erwähnen wir, dass man sagen kann, wann ein unendliches Produkt $a_1 a_2 \cdots$ komplexer Zahlen konvergiert und wann es absolut konvergiert. Im Falle absoluter Konvergenz kann man die Faktoren beliebig umordnen, ohne den Grenzwert zu ändern. Wegen der Eindeutigkeit der Primzahlzerlegung und unter Zuhilfenahme von

$$\frac{1}{1 - p^{-s}} = 1 + \frac{1}{p^s} + \frac{1}{(p^2)^s} + \cdots,$$

erhalten wir für $\zeta(s)$ eine Darstellung als unendliches Produkt

$$\zeta(s) = \prod_p \frac{1}{1 - p^{-s}}.$$

Der Zusammenhang mit den Bernoulli-Zahlen (siehe Abschnitt 7.3) ist durch den folgenden Satz gegeben. Für einen Beweis verweisen wir auf [Neu], Kap. VII, Kor. 1.10.

Satz 8.4.3 (Euler). *Für die Werte von* $\zeta(s)$ *an den positiven geraden Stellen* $s = 2k$, $k = 1, 2, \ldots$, *gilt*

$$\zeta(2k) = (-1)^{k-1} \frac{(2\pi)^{2k}}{2(2k)!} B_{2k}.$$

Insbesondere erhalten wir aus $B_2 = \frac{1}{6}$ die bekannte Formel $\sum_{n=1}^{\infty} \frac{1}{n^2} = \frac{\pi^2}{6}$. Die Werte von $\zeta(s)$ an ungeraden natürlichen Zahlen sind der Gegenstand tiefliegender Vermutungen.

Wir dehnen jetzt die Riemannsche Zetafunktion auf den größeren Definitionsbereich $\mathrm{Re}(s) > 0$ aus.

Satz 8.4.4. *Die Funktion*

$$\phi(s) = \zeta(s) - \frac{1}{s - 1}$$

hat eine eindeutig bestimmte holomorphe Fortsetzung auf das Gebiet $\{s \in \mathbb{C} \mid \mathrm{Re}(s) > 0\}$.

Beweis. Wir benutzen

$$\frac{1}{s-1} = \int\limits_1^\infty t^{-s}dt = \sum_{n=1}^\infty \int\limits_n^{n+1} t^{-s}dt.$$

Dies ergibt $\phi(s) = \sum_{n=1}^\infty \phi_n(s)$ mit

$$\phi_n(s) = \int\limits_n^{n+1} (n^{-s} - t^{-s})dt.$$

Wir zeigen nun, dass die Summe der $\phi_n(s)$ für $\mathrm{Re}(s) > 0$ absolut konvergent ist. Es gilt

$$|\phi_n(s)| \leq \sup_{n \leq t \leq n+1} |n^{-s} - t^{-s}|.$$

Man kann durch elementare Rechnungen zeigen, dass für die Ableitung $f'(t)$ der Funktion $f(t) = |n^{-s} - t^{-s}|$ für $t \in [n, n+1]$ die Ungleichung

$$f'(t) \leq \frac{|s|}{|t^{s+1}|} \leq \frac{|s|}{n^{\mathrm{Re}(s)+1}}$$

gilt. Es gilt $f(n) = 0$, und daher

$$\sup_{n \leq t \leq n+1} |n^{-s} - t^{-s}| \leq \frac{|s|}{n^{\mathrm{Re}(s)+1}}.$$

Die Reihe $\sum \phi_n(s)$ wird folglich durch $|s| \sum n^{-(\mathrm{Re}(s)+1)}$ majorisiert und ist daher absolut konvergent für $\mathrm{Re}(s) > 0$. Der Grenzwert ist eine holomorphe Funktion. Dass die angegebene Fortsetzung eindeutig ist, folgt aus dem Identitätssatz der Funktionentheorie. $\qquad\square$

Hieraus erhalten wir sofort das

Korollar 8.4.5. *Die Riemannsche Zetafunktion $\zeta(s)$ setzt sich eindeutig zu einer holomorphen Funktion auf dem Bereich*

$$\{s \in \mathbb{C} \mid \mathrm{Re}(s) > 0\} \smallsetminus \{1\}$$

fort und hat einen einfachen Pol mit Residuum 1 bei $s = 1$.

Man kann sogar zeigen ([Neu], Kap. VII, Kor. 1.7), dass die Riemannsche Zetafunktion eine eindeutig bestimmte holomorphe Fortsetzung auf die im Punkt $s = 1$ gelochte Ebene $\mathbb{C} \smallsetminus \{1\}$ hat. Für $n \in \mathbb{N}$ gilt

$$\zeta(-2n) = 0, \ \zeta(1 - 2n) = -B_{2n}/2n.$$

(siehe [Neu], Kap. VII, Thm. 1.8). Die **Riemannsche Vermutung** besagt, dass alle von $-2n$, $n \in \mathbb{N}$, verschiedenen Nullstellen der Riemannschen Zetafunktion den Realteil $1/2$ haben.

Der nächste Satz legt die Basis für den Begriff der Dirichlet-Dichte.

Satz 8.4.6. *Es gilt*

$$\lim_{s \to 1} \frac{\sum\limits_{p} \frac{1}{p^s}}{\log \frac{1}{s-1}} = 1.$$

Beweis. Mit Hilfe der Produktdarstellung der Riemannschen Zetafunktion und der Reihenentwicklung für den Logarithmus erhalten wir für reelles $s > 1$:

$$\log \zeta(s) = -\sum_{p} \log(1 - p^{-s}) = \sum_{p} \sum_{m=1}^{\infty} \frac{p^{-sm}}{m} = \sum_{p} \frac{1}{p^s} + \psi(s),$$

mit $\psi(s) = \sum_{p} \sum_{m=2}^{\infty} \frac{p^{-sm}}{m}$. Für festes p ist

$$\sum_{m=2}^{\infty} \frac{1}{p^{ms}} = \frac{1}{p^{2s}} \sum_{m=0}^{\infty} \frac{1}{p^{ms}} = \frac{1}{p^{2s}} \frac{1}{(p^s - 1)} \leq \frac{1}{p(p-1)}.$$

Daher gilt

$$\psi(s) \leq \sum_{p} \frac{1}{p(p-1)} \leq \sum_{n=2}^{\infty} \frac{1}{n(n-1)} = 1$$

und folglich bleibt $\psi(s)$ für $s \to 1$ beschränkt. Nun gilt für $s > 1$

$$\frac{\sum_p \frac{1}{p^s}}{\log \frac{1}{s-1}} = \frac{\log \zeta(s) - \psi(s)}{\log \frac{1}{s-1}} = \frac{\log(\phi(s) + \frac{1}{s-1}) - \psi(s)}{\log \frac{1}{s-1}},$$

wobei $\phi(s) = \zeta(s) - \frac{1}{s-1}$, wie in Satz 8.4.4. Da $\phi(s)$ in einer Umgebung von $s = 1$ holomorph ist, bleibt insbesondere $\phi(s)$ bei $s \to 1$ beschränkt. Da auch $\psi(s)$ bei $s \to 1$ beschränkt bleibt, folgt die Behauptung. $\square$

Definition 8.4.7. *Für eine Menge P von Primzahlen nennt man, wenn er existiert, den Grenzwert*

$$\delta(P) = \lim_{s \to 1} \frac{\sum\limits_{p \in P} \frac{1}{p^s}}{\log \frac{1}{s-1}}$$

die **Dirichlet-Dichte** *von P.*

Nach Satz 8.4.6 hat die Menge aller Primzahlen die Dichte 1. Nicht jede Menge P von Primzahlen hat eine Dirichlet-Dichte. Ist die Dichte $\delta(P)$ definiert, so gilt $0 \leq \delta(P) \leq 1$, und man sollte sich $\delta(P)$ als die Wahrscheinlichkeit vorstellen, dass eine willkürlich gewählte Primzahl in P liegt. Endliche Primzahlmengen haben die Dichte 0. Unterscheiden sich zwei Primzahlmengen nur um endlich viele Primzahlen, so haben sie die gleiche Dichte (oder keine).

Für einen Zahlkörper K hat man die **Dedekindsche Zetafunktion** $\zeta_K(s)$, die für $\mathrm{Re}(s) > 1$ durch die absolut konvergente Reihe

$$\zeta_K(s) = \sum_{\mathfrak{a}} \frac{1}{\mathfrak{N}(\mathfrak{a})^s}$$

gegeben ist. Die Summe erstreckt sich über alle von Null verschiedenen ganzen Ideale von K. Wegen der Eindeutigkeit der Primidealzerlegung und der Multiplikativität der Norm haben wir die Produktdarstellung

$$\zeta_K(s) = \prod_{\mathfrak{p}} \frac{1}{1 - \mathfrak{N}(\mathfrak{p})^{-s}}.$$

Einen Beweis des folgenden Satzes findet der Leser in [Neu], VII, Kor. 5.11.

Satz 8.4.8. *Die Dedekindsche Zetafunktion* $\zeta_K(s)$ *hat eine eindeutige Fortsetzung zu einer holomorphen Funktion*

$$\zeta_K : \mathbb{C} \smallsetminus \{1\} \longrightarrow \mathbb{C}$$

und einen einfachen Pol bei $s = 1$.

Die Riemannsche Zetafunktion ordnet sich durch $\zeta(s) = \zeta_{\mathbb{Q}}(s)$ in dieses allgemeinere Konzept ein. Das Residuum von $\zeta_K(s)$ bei $s = 1$ berechnet sich durch die berühmte *Klassenzahlformel* ([Neu], Kap. VII, Kor. 5.11) aus wichtigen Invarianten des Zahlkörpers K.

Die *verallgemeinerte Riemannsche Vermutung* für die Dedekindsche Zetafunktion besagt, dass jede Nullstelle von $\zeta_K(s)$ im „kritischen Streifen" $0 < \mathrm{Re}(s) < 1$ den Realteil $1/2$ hat.

8.5 *L*-Reihen

Für einen Dirichlet-Charakter $\chi : \mathbb{Z} \to \mathbb{C}$ betrachten wir die **Dirichletsche *L*-Reihe**

$$L(s, \chi) = \sum_{n=1}^{\infty} \frac{\chi(n)}{n^s}.$$

Wegen $|\chi(n)| \leq 1$ konvergiert die Reihe für $\mathrm{Re}(s) > 1$ absolut, und wir erhalten eine holomorphe Funktion, die **Dirichletsche *L*-Funktion** zu χ. Für $\chi = \epsilon$ erhalten wir die Riemannsche Zetafunktion. Für $\chi \neq \epsilon$ gilt (siehe [Neu], Kap. VII, Kor. 8.6):

Satz 8.5.1. *Für jeden Dirichlet-Charakter* $\chi \neq \epsilon$ *setzt sich die Funktion* $L(s, \chi)$ *zu einer holomorphen Funktion auf ganz* $\mathbb{C}$ *fort. Für* $\mathrm{Re}(s) > 1$ *erhalten wir eine Produktdarstellung der Form*

$$L(s, \chi) = \prod_{p} \frac{1}{1 - \chi(p)p^{-s}}.$$

Das folgende Theorem besagt, dass sich die Dedekindsche Zetafunktion eines Kreisteilungskörpers in das Produkt von *L*-Funktionen aufspaltet.

Theorem 8.5.2. *Für den n-ten Kreisteilungskörper $K = \mathbb{Q}(\zeta_n)$ gilt*

$$\zeta_K(s) = \prod_{\chi \bmod n} L(s, \chi)$$

Das Produkt auf der rechten Seite erstreckt sich über alle Dirichlet-Charaktere modulo n, d.h. über die Charaktere χ mit $f_\chi | n$.

Bemerkung: Benutzt man, abweichend von unserem Vorgehen, die „einfache" Methode (siehe Seite 136), um Dirichlet-Charaktere modulo n zu Funktionen auf $\mathbb{Z}$ auszudehnen, so erhält man modifizierte L-Reihen. In Theorem 8.5.2 taucht dann ein Korrekturterm auf.

Beweis von Theorem 8.5.2. Wegen der Produktdarstellungen genügt es, für jede Primzahl p die Identität

$$\prod_{\mathfrak{p}|p} \frac{1}{1 - \mathfrak{N}(\mathfrak{p})^{-s}} = \prod_{\chi \bmod n} \frac{1}{1 - \chi(p)p^{-s}} \qquad (*)$$

zu zeigen, wobei sich das Produkt auf der linken Seite über die endlich vielen Primideale $\mathfrak{p}$ in K erstreckt, die das Hauptideal (p) teilen. Nun sei

$$(p) = \mathfrak{p}_1^{e_1} \cdots \mathfrak{p}_g^{e_g}$$

die Primidealzerlegung von (p) in K, und sei $n = p^r m$ mit $(m, p) = 1$. Nach [Neu], Kap. I, Thm. 10.3, gilt $e_1 = \cdots = e_g = \varphi(p^r)$, sowie $\mathfrak{N}(\mathfrak{p}_1) = \cdots = \mathfrak{N}(\mathfrak{p}_g) = p^f$, wobei f die kleinste natürliche Zahl mit $p^f \equiv 1 \bmod m$ ist. Weiterhin gilt $fg = \varphi(n)/\varphi(p^r) = \varphi(m)$.

Es sei nun χ ein Dirichlet-Charakter modulo n. Aus $p | f_\chi$ folgt $\chi(p) = 0$. Diese Charaktere können wir ignorieren. Anderenfalls gilt $f_\chi | m$ und wegen $p^f \equiv 1 \bmod m$ ist $\chi(p)$ eine f-te Einheitswurzel. Es gibt genau $\varphi(m)$ Charaktere χ mit $f_\chi | m$ und von diesen wird jede f-te Einheitswurzel genau g-mal als Wert $\chi(p)$ angenommen. Daher gilt

$$\prod_{\chi \bmod n} (1 - \chi(p)p^{-s}) = \prod_{a=1}^{f-1} (1 - \zeta^a p^{-s})^g, \qquad (**)$$

wobei ζ eine primitive f-te Einheitswurzel ist. Die Polynomidentität

$$T^f - 1 = \prod_{a=0}^{f-1} (T - \zeta^{-a}) = (-1)^f \cdot \prod_{a=0}^{f-1} \zeta^{-a} \cdot \prod_{a=0}^{f-1} (1 - \zeta^a T)$$

zeigt wegen $(-1)^f \cdot \prod_{a=0}^{f-1} \zeta^{-a} = -1$ die Gleichung $\prod_{a=0}^{f-1}(1 - \zeta^a T) = 1 - T^f$. Einsetzen von $T = p^{-s}$ liefert

$$\prod_{a=1}^{f-1} (1 - \zeta^a p^{-s})^g = (1 - p^{-fs})^g = \prod_{i=1}^{g} (1 - \mathfrak{N}(\mathfrak{p}_i)^{-s}).$$

Zusammen mit $(**)$ zeigt dies die gesuchte Identität $(*)$. $\square$

Auf den ersten Blick harmlos, aber tiefliegend und von fundamentaler Bedeutung ist nun das

Korollar 8.5.3. *Für* $\chi \neq \epsilon$ *gilt* $L(1, \chi) \neq 0$, *d.h. die L-Funktion zu* χ *hat keine Nullstelle bei* $s = 1$.

Beweis. Sei $\chi \neq \epsilon$, $n = f_\chi$ und $K = \mathbb{Q}(\zeta_n)$. Dann taucht $L(s, \chi)$ als ein Faktor in der Zerlegung

$$\zeta_K(s) = \prod_{\psi \bmod n} L(s, \psi)$$

auf. Ein Faktor auf der rechten Seite, nämlich der zu $\psi = \epsilon$, hat einen einfachen Pol bei $s = 1$, und die anderen Faktoren sind holomorph bei $s = 1$. Wäre $L(1, \chi) = 0$ für ein $\chi \neq \epsilon$, so würde sich der Pol auf der rechten Seite aufheben, und dann wäre $\zeta_K(s)$ holomorph auf ganz $\mathbb{C}$. Aber $\zeta_K(s)$ hat einen Pol bei $s = 1$. Also gilt $L(1, \chi) \neq 0$ für alle $\chi \neq \epsilon$. □

8.6 Primzahlen mit vorgegebener Restklasse IV

Jetzt nutzen wir das Nichtverschwinden der L-Reihen bei $s = 1$, um den folgenden Satz zu zeigen:

Theorem 8.6.1 (Dirichletscher Primzahlsatz). *Sei* $n \in \mathbb{N}$ *und* $a \in \mathbb{Z}$ *mit* $(a, n) = 1$. *Dann hat die Menge der Primzahlen* p *mit*

$$p \equiv a \mod n$$

die Dichte $1/\varphi(n)$. *Insbesondere gibt es unendlich viele Primzahlen kongruent* a *modulo* n.

Beweis. Sei χ ein Dirichlet-Charakter modulo n. Mit Hilfe der Produktdarstellung der L-Reihe und der Potenzreihenentwicklung für den Logarithmus erhalten wir für reelles $s > 1$

$$\log L(s, \chi) = -\sum_p \log(1 - \chi(p)p^{-s})$$

$$= \sum_p \sum_{m=1}^\infty \frac{\chi(p)^m p^{-sm}}{m}$$

$$= \sum_p \frac{\chi(p)}{p^s} + g_\chi(s).$$

Wie im Beweis von Satz 8.4.6 zeigt man, dass der Grenzwert der Reihe

$$g_\chi(s) = \sum_p \sum_{m=2}^\infty \frac{\chi(p)^m p^{-sm}}{m}$$

für $s \to 1$ beschränkt bleibt. Nun bilden wir die Summe

$$\sum_{\chi \bmod n} \chi(a)^{-1} \log L(s, \chi) = \sum_{p} \sum_{\chi \bmod n} \frac{\chi(a)^{-1}\chi(p)}{p^s} + \sum_{\chi \bmod n} \chi(a)^{-1} g_\chi(s).$$

Die zweite Summe auf der rechten Seite ist für $s \to 1$ beschränkt, und wir bezeichnen sie mit $g(s)$. Wir untersuchen die erste Summe auf der rechten Seite. Nach Satz 8.1.3 gilt

$$\sum_{\chi \bmod n} \chi(a)^{-1}\chi(p) = \begin{cases} \varphi(n), & \text{für } p \equiv a \bmod n, \\ 0, & \text{für } p \not\equiv a \bmod n, \ p \nmid n. \end{cases}$$

Daher erhalten wir

$$\sum_{\chi \bmod n} \chi(a)^{-1} \log L(s, \chi) = \sum_{p \equiv a \bmod n} \frac{\varphi(n)}{p^s} + g(s) + \sum_{\substack{p \mid n \\ \chi \bmod n}} \frac{\chi(a)^{-1}\chi(p)}{p^s}. \qquad (*)$$

Laufen wir nun auf der reellen Achse mit s von rechts nach 1 und untersuchen die linke Seite von $(*)$. Für $\chi \neq \epsilon$ gilt $L(1, \chi) \neq 0$, also bleibt $\log L(s, \chi)$ beschränkt bei $s \to 1$. Für $\chi = \epsilon$ gilt nach Satz 8.4.6

$$\lim_{s \to 1} \frac{\log L(s, \epsilon)}{\log \frac{1}{s-1}} = 1.$$

Der zweite Summand auf der rechten Seite von $(*)$, d.h. $g(s)$, ist bei $s \to 1$ beschränkt und der dritte Summand offensichtlich auch. Daher erhalten wir

$$\lim_{s \to 1} \frac{\sum_{p \equiv a \bmod n} \frac{\varphi(n)}{p^s}}{\log \frac{1}{s-1}} = 1.$$

Dies zeigt die Behauptung. $\square$

Als zweite Anwendung zeigen wir:

Satz 8.6.2. *Für ein Nichtquadrat $a \in \mathbb{Z}$ hat die Menge der Primzahlen p mit $\left(\frac{a}{p}\right) = 1$ die Dichte $1/2$.*

Hieraus folgt sofort, dass auch die Menge der Primzahlen p mit $\left(\frac{a}{p}\right) = -1$ die Dichte $1/2$ hat.

Beweis. Wegen der Multiplikativität des Legendre-Symbols können wir a als quadratfrei annehmen. Sei $a = (-1)^\varepsilon 2^e p_1 \cdots p_n$, wobei die p_i paarweise verschiedene ungerade Primzahlen sind, und seien genau k der n Primzahlen p_i kongruent -1 modulo 4. Dann gilt für jede ungerade Primzahl p

$$\left(\frac{a}{p}\right) = (-1)^{\varepsilon \frac{p-1}{2}} (-1)^{e \frac{p^2-1}{8}} (-1)^{k \frac{p-1}{2}} \left(\frac{p}{p_1}\right) \cdots \left(\frac{p}{p_n}\right).$$

Daher hängt $\left(\frac{a}{p}\right)$ nur von der Restklasse von p modulo $8p_1 \cdots p_n$ ab. Wir fassen die rechte Seite als Funktion auf $(\mathbb{Z}/8p_1 \cdots p_n \mathbb{Z})^\times$ auf und bezeichnen sie mit χ. Dann ist χ ein Charakter modulo $8p_1 \cdots p_n$ mit $\chi^2 = \epsilon$.

Wir behaupten, dass χ nicht der triviale Charakter ist. Ist a durch mindestens eine ungerade Primzahl teilbar (d.h. $n \geq 1$), so finden wir nach dem Chinesischen Restklassensatz ein $A \in \mathbb{Z}$ mit $A \equiv 1 \bmod 8p_2 \cdots p_n$ und so, dass A quadratischer Nichtrest modulo p_1 ist. Dann gilt $\chi(A) = -1$. Da a quadratfrei und von 1 verschieden ist, verbleiben die Fälle $a = \pm 2$, d.h. $e = 1$, $\varepsilon \in \{0, 1\}$. Hier sieht man das explizit: Für $b \in (\mathbb{Z}/8\mathbb{Z})^\times$ gilt $\chi(b) = (-1)^{\varepsilon \frac{b-1}{2} + \frac{b^2-1}{8}}$. Im Fall $\varepsilon = 0$ gilt z.B. $\chi(3) = -1$, während im Fall $\varepsilon = 1$ z.B. $\chi(5) = -1$ gilt. Hieraus folgt $\chi \neq \epsilon$.

Sei nun ein $b \in (\mathbb{Z}/8p_1 \cdots p_n\mathbb{Z})^\times$ mit $\chi(b) = -1$ fixiert. Dann definiert die b-Multiplikation auf $(\mathbb{Z}/8p_1 \cdots p_n\mathbb{Z})^\times$ eine Bijektion zwischen der Menge der Restklassen a mit $\chi(a) = 1$ und der Menge der Restklassen a mit $\chi(a) = -1$. Daher haben beide Mengen die Mächtigkeit $\frac{1}{2}\varphi(8p_1 \cdots p_n)$. Nun wenden wir Theorem 8.6.1 an und erhalten, dass für die Dichte der Menge P der Primzahlen p mit $\left(\frac{a}{p}\right) = 1$ gilt:

$$\delta(P) = \frac{\frac{1}{2}\varphi(8p_1 \cdots p_n)}{\varphi(8p_1 \cdots p_n)} = \frac{1}{2} \qquad\qquad \square$$

Bemerkung: Der im letzten Beweis konstruierte Charakter heißt der zum quadratischen Zahlkörper $K = \mathbb{Q}(\sqrt{a})$ assoziierte Charakter χ_K. Man kann zeigen, dass jeder Dirichlet-Charakter der Ordnung 2 von dieser Form ist. Der Charakter χ_K ist eindeutig durch die Eigenschaft

$$p \text{ ist zerlegt in } K \iff \chi_K(p) = 1$$

bestimmt. Eine Primzahl p ist genau dann in K verzweigt, wenn $\chi_K(p) = 0$, und genau dann träge, wenn $\chi_K(p) = -1$ gilt. Außerdem gilt $f_{\chi_K} = |\Delta_K|$.

Kapitel 9

p-adische Zahlen

Ein mögliches Hindernis gegen die Existenz ganzzahliger Lösungen einer diophantischen Gleichung ist die Nichtexistenz einer Lösung modulo einer natürlichen Zahl m. Nach dem Chinesischen Restklassensatz genügt es, die Frage der Existenz von Lösungen modulo Primpotenzen zu betrachten. Die Sprache der *p*-adischen Zahlen erlaubt es uns, sehr bequem auszudrücken, dass eine Gleichung eine Lösung modulo p^n für alle $n \in \mathbb{N}$ hat. Dies ist nämlich äquivalent zur Existenz einer Lösung im *Ring der ganzen p-adischen Zahlen*. Hat man zwei modulo p^n übereinstimmende Lösungen einer Gleichung, so sind diese „bezüglich p" nahe beieinander, und umso näher, je größer n ist. Diese intuitive Einsicht kann man durch die Einführung der *p*-adischen Metrik formalisieren. Der Übergang von $\mathbb{Q}$ zu Cauchy-Folgen rationaler Zahlen bzgl. der *p*-adischen Metrik liefert uns (anstelle von $\mathbb{R}$ für den gewöhnlichen Abstand) den Körper $\mathbb{Q}_p$ der *p*-adischen Zahlen.

9.1 Der *p*-adische Abstand

Erinnern wir uns zunächst, wie man den Körper $\mathbb{R}$ aus $\mathbb{Q}$ durch einen Vervollständigungsprozess erhält. Wir haben auf $\mathbb{Q}$ die Betragsfunktion

$$|x| = \begin{cases} x, & \text{wenn } x \geq 0, \\ -x, & \text{wenn } x < 0, \end{cases}$$

und die dazu assoziierte Abstandsfunktion $d(x,y) = |x - y|$. Diese erfüllt die Dreiecksungleichung $d(x,z) \leq d(x,y) + d(y,z)$. Man sagt, dass eine Folge $(x_n)_{n \in \mathbb{N}}$ rationaler Zahlen gegen die rationale Zahl x konvergiert, wenn zu jedem $\varepsilon > 0$ ein $N \in \mathbb{N}$ existiert, so dass $|x_n - x| < \varepsilon$ für alle $n \geq N$ gilt. Eine Cauchy-Folge in $\mathbb{Q}$ ist eine Folge $(x_n)_{n \in \mathbb{N}}$ rationaler Zahlen, so dass zu jedem $\varepsilon > 0$ ein $N \in \mathbb{N}$ mit $|x_n - x_m| < \varepsilon$ für alle $n, m \geq N$ existiert. Wegen der Dreiecksungleichung ist jede konvergente Folge eine Cauchy-Folge. Es gibt aber Cauchy-Folgen, die nicht gegen eine rationale Zahl konvergieren. Man erhält nun die reellen Zahlen als Vervollständigung der rationalen Zahlen bezüglich der Abstandsfunktion d, d.h.

$$\mathbb{R} = \{\text{Cauchy-Folgen } (x_i)_{i \in \mathbb{N}} \text{ in } \mathbb{Q}\} \, / \sim,$$

wobei die Äquivalenzrelation $\sim$ durch

$$(x_i)_{i \in \mathbb{N}} \sim (y_i)_{i \in \mathbb{N}} \Longleftrightarrow (x_i - y_i)_{i \in \mathbb{N}} \text{ ist eine Nullfolge}$$

gegeben ist (eine Nullfolge ist eine Folge, die gegen 0 konvergiert). Man fasst den Körper $\mathbb{Q}$ als Teilkörper von $\mathbb{R}$ auf, indem man jeder rationalen Zahl x die konstante Cauchy-Folge $x, x, \ldots$ zuordnet. Der Körper $\mathbb{R}$ der reellen Zahlen ist vollständig, d.h. jede Cauchy-Folge in $\mathbb{R}$ konvergiert gegen eine reelle Zahl, und daher für die Analysis geeignet, weil man Grenzprozesse ausführen kann. Die anschauliche Bedeutung einer reellen Zahl als Punkt auf der Zahlengeraden ist hierbei von großem Nutzen für das intuitive Verständnis der Situation. Wir werden im Folgenden den gleichen Prozess bezüglich anderer Abstandsfunktionen auf $\mathbb{Q}$ durchführen. Im Prinzip passiert nichts Neues, aber man muss ganz auf den mathematischen Formalismus vertrauen, weil eine intuitive Interpretation, wie man sie bei den reellen Zahlen hat, nicht zur Verfügung steht.

Sei p eine beliebige Primzahl, die wir für den Rest der Betrachtungen festhalten. Jede von Null verschiedene rationale Zahl r hat eine eindeutige Darstellung der Form

$$r = \frac{a}{b} p^n$$

mit $a, b, n \in \mathbb{Z}$, $b > 0$ und $(a, b) = (a, p) = (b, p) = 1$.

Definition 9.1.1. *Die in der obigen Zerlegung auftauchende ganze Zahl*

$$n =: v_p(r)$$

heißt die p-Bewertung von r.

Man setzt die Konvention $v_p(0) = \infty$. Den Beweis des folgenden Lemmas überlassen wir dem Leser.

Lemma 9.1.2. *Für $x, y \in \mathbb{Q}$ gilt*

$$v_p(xy) = v_p(x) + v_p(y), \quad v_p(x + y) \geq \min(v_p(x), v_p(y)).$$

Ist $v_p(x) \neq v_p(y)$, so gilt sogar $v_p(x + y) = \min(v_p(x), v_p(y))$.

Definition 9.1.3. *Für eine rationale Zahl r heißt*

$$|r|_p = \begin{cases} p^{-v_p(r)}, & r \neq 0, \\ 0, & r = 0, \end{cases}$$

der p-Betrag von r.

Mit Hilfe der Konvention $p^{-\infty} = 0$ hätte man sich die Fallunterscheidung ersparen können. Man beachte, dass der p-Betrag einer rationalen Zahl r klein wird, wenn der Zähler von r (in gekürzter Schreibweise) durch eine große p-Potenz teilbar ist. Eine ganze Zahl hat einen p-Betrag kleiner oder gleich 1, und dieser wird um so kleiner, je öfter die Zahl durch p teilbar ist.

Korollar 9.1.4. *Für* $x, y \in \mathbb{Q}$ *gilt*

$$|xy|_p = |x|_p|y|_p, \quad |x+y|_p \leq \max(|x|_p, |y|_p).$$

Ist $|x|_p \neq |y|_p$, *so gilt sogar* $|x+y|_p = \max(|x|_p, |y|_p)$.

Definition 9.1.5. *Seien* $x, y \in \mathbb{Q}$. *Die Zahl*

$$d_p(x, y) = |x - y|_p$$

heißt der **p-adische Abstand** *von* x *und* y.

Beispiel: Es gilt $d_2(4, 16) = \frac{1}{4}$, $d_3(4, 16) = \frac{1}{3}$, $d_5(4, 16) = 1$.

Da $|r|_p = 0$ nur für $r = 0$ gilt, ist $d_p(x, y) = 0$ äquivalent zu $x = y$. Außerdem gilt

$$\begin{aligned}
d_p(x, z) = |x - z|_p &= |(x - y) + (y - z)|_p \\
&\leq \max(|x - y|_p, |y - z|_p) \\
&= \max(d_p(x, y), d_p(y, z)),
\end{aligned}$$

und diese Relation nennt man die **verschärfte Dreiecksungleichung.** Wegen $\max(d_p(x, y), d_p(y, z)) \leq d_p(x, y) + d_p(y, z)$ gilt natürlich auch die gewöhnliche Dreiecksungleichung, und wir können in genau der gleichen Art und Weise wie bezüglich des gewöhnlichen Abstands über Begriffe wie konvergente Folge, offene Teilmenge, abgeschlossene Teilmenge usw. sprechen. Zur Unterscheidung sagt man, eine Folge konvergiert p-adisch, eine Teilmenge ist bezüglich der p-adischen Topologie offen bzw. abgeschlossen usw. Allerdings muss man eine neue Intuition entwickeln, die nicht aus der geometrischen Anschauung kommt.

Beispiele: 1. Die Folge

$$1, p, p^2, p^3, \ldots$$

konvergiert p-adisch gegen 0. In der Tat ist

$$d_p(0, p^n) = |-p^n|_p = p^{-v_p(-p^n)} = p^{-n},$$

und p^{-n} wird für großes n beliebig klein.

2. Die Folge

$$1, \frac{1}{2}, \frac{1}{3}, \ldots$$

enthält die (jetzt immer p-adisch) divergente Teilfolge $1, \frac{1}{p}, \frac{1}{p^2}, \ldots$. Enthalten ist aber auch die Teilfolge $\frac{1}{1+1}, \frac{1}{p+1}, \frac{1}{p^2+1}, \frac{1}{p^3+1}, \ldots$, die gegen 1 konvergiert (weil p^n gegen 0 geht).

Typische geometrische Gebilde sind die offene und die abgeschlossene Kreisscheibe vom Radius r um $x \in \mathbb{Q}$, die wir mit

$$K(x, r) = \{y \in \mathbb{Q} \mid d_p(x, y) < r\}$$
$$\overline{K}(x, r) = \{y \in \mathbb{Q} \mid d_p(x, y) \leq r\}$$

bezeichnen. Man sieht leicht, dass $K(x, r)$ eine offene und $\overline{K}(x, r)$ eine abgeschlossene Teilmenge ist. Der nächste Satz zeigt, dass die p-adische Topologie auf $\mathbb{Q}$ einigermaßen gewöhnungsbedürftig ist.

Satz 9.1.6. *Sei $x \in \mathbb{Q}$ und $r > 0$ eine reelle Zahl.*

(i) *In der offenen Kreisscheibe $K(x, r)$ ist jeder Punkt Mittelpunkt, d.h. für jedes $x' \in K(x, r)$ gilt $K(x, r) = K(x', r)$.*

(ii) *Für hinreichend kleines $\varepsilon > 0$ gilt*

$$K(x, r) = \bar{K}(x, r - \varepsilon), \quad \bar{K}(x, r) = K(x, r + \varepsilon).$$

Das heißt, offene Kreisscheiben sind auch abgeschlossen und abgeschlossene Kreisscheiben sind auch offen.

(iii) *Für $r \in \mathbb{R} \setminus \{p^a, \, a \in \mathbb{Z}\}$ gilt*

$$K(x, r) = \bar{K}(x, r).$$

(iv) *Sei $r = p^a$, $a \in \mathbb{Z}$. Dann gilt $K(x, p^a) = \bar{K}(x, p^{a-1})$. Es existieren rationale Zahlen $x_1, \ldots, x_{p-1} \in \bar{K}(x, p^a)$, so dass*

$$\bar{K}(x, p^a) = \bar{K}(x, p^{a-1}) \sqcup \bigsqcup_{i=1}^{p-1} \bar{K}(x_i, p^{a-1}).$$

Das heißt, jede abgeschlossene Kreisscheibe vom Radius p^a zerfällt in die disjunkte Vereinigung von p abgeschlossenen Kreisscheiben vom Radius p^{a-1}.

Bemerkung: Nach (iii) ist der Rand $\partial \bar{K}(x, r) := \bar{K}(x, r) \setminus K(x, r)$ für $r \in \mathbb{R} \setminus \{p^a, \, a \in \mathbb{Z}\}$ leer. Nach (iv) hat $\bar{K}(x, r)$ für $r = p^a$, $a \in \mathbb{Z}$, „mehr Rand als Inneres": $K(x, p^a) = \bar{K}(x, p^{a-1})$ ist eine abgeschlossene Kreisscheibe vom Radius p^{a-1}, während $\partial \bar{K}(x, p^a)$ disjunkte Vereinigung von $p - 1$ abgeschlossenen Kreisscheiben vom Radius p^{a-1} ist.

Beweis von Satz 9.1.6. Sei $x' \in K(x, r)$. Für $y \in K(x, r)$ gilt wegen der verschärften Dreiecksungleichung

$$d_p(x', y) \leq \max(d_p(x', x), d_p(x, y)) < r.$$

Daher gilt $K(x', r) \subset K(x, r)$. Wegen $x \in K(x', r)$ erhalten wir in analoger Weise auch die Inklusion $K(x, r) \subset K(x', r)$. Das zeigt Aussage (i).

Die Abstandsfunktion $d_p(x, y)$ nimmt nur die abzählbar vielen Werte p^a, $a \in \mathbb{Z}$, und 0 an. Also gilt für $r > 0$ und hinreichend kleines $\varepsilon > 0$:

$$d_p(x, y) < r \Longleftrightarrow d_p(x, y) \leq r - \varepsilon, \quad d_p(x, y) \leq r \Longleftrightarrow d_p(x, y) < r + \varepsilon.$$

Ist r nicht von der Form p^a, $a \in \mathbb{Z}$, so gilt

$$d_p(x, y) < r \Longleftrightarrow d_p(x, y) \leq r.$$

Das zeigt die Behauptungen (ii) und (iii). Für $r = p^a$, $a \in \mathbb{Z}$, erhalten wir

$$d_p(x, y) < p^a \Longleftrightarrow d_p(x, y) \leq p^{a-1},$$

was die erste Aussage von (iv) zeigt. Um die zweite Aussage von (iv) zu zeigen betrachten wir zunächst den Fall $x = 0$ und $r = 1 = p^0$. Sei $y \in \bar{K}(0, 1)$. Wir schreiben $y = \frac{a}{b}$ mit $a \in \mathbb{Z}$, $b \in \mathbb{N}$, $(a, b) = 1$. Wegen $|y|_p = d_p(0, y) \leq 1$ gilt $p \nmid b$. Daher durchläuft

$$0, b, 2b, \ldots, (p-1)b$$

alle Restklassen modulo p. Nun gilt für $i = 0, 1, \ldots, p-1$

$$d_p(i, y) = |y - i|_p = \left| \frac{a - ib}{b} \right|_p.$$

Daher gilt $d_p(i, y) \leq p^{-1}$, wenn $a \equiv ib \bmod p$, und $d_p(i, y) = 1$ sonst. Wir erhalten die disjunkte Zerlegung

$$\bar{K}(0, 1) = \bigsqcup_{i=0}^{p-1} \bar{K}(i, p^{-1}).$$

Für beliebiges $a \in \mathbb{Z}$ gilt $\bar{K}(0, p^a) = p^a \cdot \bar{K}(0, 1)$ und für $i = 0, \ldots, p-1$ gilt $\bar{K}(p^a i, p^{a-1}) = p^a \cdot \bar{K}(i, p^{-1})$. Durch Strecken um den Faktor p^a erhalten wir daher

$$\bar{K}(0, p^a) = \bigsqcup_{i=0}^{p-1} \bar{K}(p^a i, p^{a-1}).$$

Verschiebung um x ergibt dann

$$\bar{K}(x, p^a) = \bigsqcup_{i=0}^{p-1} \bar{K}(x + p^a i, p^{a-1}).$$

Nun setzen wir $x_i = x + p^a i$ für $i = 1, \ldots, p-1$ und erhalten die in (iv) behauptete Zerlegung. $\qquad\qquad\qquad\qquad\qquad\qquad\qquad\qquad\qquad\qquad\qquad\square$

In vollkommen analoger Weise zum Fall des gewöhnlichen Abstands sagt man, dass eine Folge $(x_n)_{n \in \mathbb{N}}$ rationaler Zahlen eine **p-adische Cauchy-Folge** ist, wenn für jedes $\varepsilon > 0$ ein $N \in \mathbb{N}$ mit $d_p(x_n, x_m) < \varepsilon$ für alle $n, m \geq N$ existiert. Wegen der verschärften Dreiecksungleichung kann man diese Bedingung auch in der Form $d_p(x_n, x_N) < \varepsilon$ für alle $n \geq N$ schreiben (was für den gewöhnlichen Abstand falsch ist). Es gibt p-adische Cauchy-Folgen, die keinen Grenzwert in $\mathbb{Q}$ haben.

Beispiel: Sei p eine Primzahl $\equiv \pm 1 \bmod 8$, d.h. nach dem zweiten Ergänzungssatz zum Quadratischen Reziprozitätsgesetz ist 2 quadratischer Rest modulo p. Wir finden also eine ganze Zahl $x = x_1$ mit

$$x^2 \equiv 2 \mod p.$$

Wegen $p \neq 2$ ist $2x$ prim zu p, d.h. x ist eine primitive Lösung modulo p der Gleichung $X^2 - 2 = 0$. Nach Korollar 3.4.2 finden wir eine Folge ganzer Zahlen $(x_n)_{n \in \mathbb{N}}$ mit

$$x_n^2 \equiv 2 \mod p^n, \quad x_{n+1} \equiv x_n \mod p^n.$$

Für $n, m \geq N$ gilt $x_n - x_m \equiv 0 \bmod p^N$, d.h. $d_p(x_n, x_m) \leq p^{-N}$. Daher ist die konstruierte Folge eine p-adische Cauchy-Folge. Sie hat aber keinen Grenzwert in $\mathbb{Q}$. Wäre nämlich $y \in \mathbb{Q}$ ihr Grenzwert, erhielten wir $d_p(y^2, 2) < p^{-n}$ für jedes $n \in \mathbb{N}$, also $d_p(y^2, 2) = 0$ und folglich $y^2 = 2$. Es gibt aber keine Quadratwurzel aus 2 in $\mathbb{Q}$.

Zur besseren Unterscheidung werden wir von nun an den gewöhnlichen Betrag $|x|$ und den gewöhnlichen Abstand $d(x,y)$ auf $\mathbb{Q}$ mit $|x|_\infty$ und $d_\infty(x,y)$ bezeichnen.

Lemma 9.1.7.   (i) *Ist $(x_n)_{n\in\mathbb{N}}$ eine p-adische Cauchy-Folge, so ist die Folge der p-Beträge $(|x_n|_p)_{n\in\mathbb{N}}$ eine Cauchy-Folge bezüglich des gewöhnlichen Abstands.*

(ii) *Die Folge $(x_n)_{n\in\mathbb{N}}$ ist genau dann eine p-adische Nullfolge, wenn die Folge der p-Beträge $(|x_n|_p)_{n\in\mathbb{N}}$ bezüglich des gewöhnlichen Abstands gegen 0 konvergiert.*

(iii) *Sei $(x_n)_{n\in\mathbb{N}}$ eine p-adische Cauchy-Folge, aber keine p-adische Nullfolge. Dann gibt es ein $N \in \mathbb{N}$ und ein $k \in \mathbb{Z}$, so dass $|x_n|_p = p^k$ für alle $n \geq N$ gilt.*

Beweis. Für rationale Zahlen x und y impliziert die Dreiecksungleichung für den p-adischen Abstand die Ungleichungen

$$-|x-y|_p \leq |x|_p - |y|_p \leq |x-y|_p. \tag{1}$$

Daher gilt
$$\left|\big(|x|_p - |y|_p\big)\right|_\infty \leq |x-y|_p. \tag{2}$$

Nun sei (x_n) eine p-adische Cauchy-Folge. Dann gibt es zu jedem $\varepsilon > 0$ ein $N \in \mathbb{N}$ mit $|x_n - x_m|_p < \varepsilon$ für alle $n, m \geq N$. Unter Verwendung von (2) folgt hieraus für $n, m \geq N$ die Ungleichung

$$\left|\big(|x_n|_p - |x_m|_p\big)\right|_\infty \leq |x_n - x_m|_p < \varepsilon.$$

Daher ist die Folge $(|x_n|_p)$ eine Cauchy-Folge bezüglich des gewöhnlichen Abstands. Dies zeigt (i).

Eine Folge (x_n) rationaler Zahlen ist genau dann eine p-adische Nullfolge, wenn es zu jedem $\varepsilon > 0$ ein $N \in \mathbb{N}$ mit $|x_n|_p < \varepsilon$ für alle $n \geq N$ gibt. Nun ist $|x_n|_p$ eine nicht-negative rationale Zahl, d.h. die Bedingung $|x_n|_p < \varepsilon$ ist äquivalent zu $\big||x_n|_p\big|_\infty < \varepsilon$. Folglich ist (x_n) genau dann eine p-adische Nullfolge, wenn $(|x_n|_p)$ eine Nullfolge bezüglich des gewöhnlichen Abstands ist. Dies zeigt (ii).

Der p-adische Abstand $|x|_p$ nimmt nur die abzählbar vielen Werte p^k, $k \in \mathbb{Z}$, und 0 an. Ist nun (x_n) eine p-adische Cauchy-Folge, die keine Nullfolge ist, so muss nach (i) und (ii) die Folge $(|x_n|_p)$ stationär werden, d.h. es gibt ein $k \in \mathbb{Z}$ mit $|x_n|_p = p^k$ für hinreichend großes $n \in \mathbb{N}$. Dies zeigt (iii). $\square$

9.2 Der Körper der p-adischen Zahlen

Wir fixieren bis auf weiteres eine Primzahl p und betrachten den im letzten Abschnitt eingeführten p-adischen Abstand auf $\mathbb{Q}$.

Definition 9.2.1. *Der* **Körper der p-adischen Zahlen** $\mathbb{Q}_p$ *ist die Vervollständigung von $\mathbb{Q}$ bezüglich des p-adischen Abstandes d_p.*

Mit anderen Worten: Die Elemente von $\mathbb{Q}_p$ (sogenannte p-adische Zahlen) sind Äquivalenzklassen p-adischer Cauchy-Folgen $(x_n)_{n \in \mathbb{N}}$ in $\mathbb{Q}$ bezüglich der Äquivalenzrelation

$$(x_i)_{i \in \mathbb{N}} \sim (y_i)_{i \in \mathbb{N}} \iff (x_i - y_i)_{i \in \mathbb{N}} \text{ ist eine } p\text{-adische Nullfolge.}$$

Es ist leicht einzusehen, dass dies eine Äquivalenzrelation ist. Ist (x'_n) eine Teilfolge der Cauchy-Folge (x_n), so gilt $(x'_n) \sim (x_n)$. Von einer Cauchy-Folge, die keine Nullfolge ist, werden wir im Weiteren stillschweigend annehmen, dass alle ihre Folgenglieder von Null verschieden sind. Dies erreichen wir durch Übergang zu einer geeigneten Teilfolge, ohne dabei die Äquivalenzklasse zu ändern. Den Beweis des nächsten Lemmas überlassen wir dem Leser.

Lemma 9.2.2. *Sind (x_n), (y_n) und (x'_n), (y'_n) Cauchy-Folgen mit $(x_n) \sim (x'_n)$ und $(y_n) \sim (y'_n)$, so gilt auch $(x_n + y_n) \sim (x'_n + y'_n)$ und $(x_n y_n) \sim (x'_n y'_n)$. Ist $(y_n) \sim (y'_n)$ keine Nullfolge, so gilt $(x_n/y_n) \sim (x'_n/y'_n)$.*

Korollar 9.2.3. *Die Operationen Addition und Multiplikation*

$$\mathbb{Q}_p \times \mathbb{Q}_p \longrightarrow \mathbb{Q}_p$$

sowie die Division

$$\mathbb{Q}_p \times (\mathbb{Q}_p \smallsetminus \{0\}) \longrightarrow \mathbb{Q}_p,$$

die durch Addition, Multiplikation und Division repräsentierender Cauchy-Folgen gegeben sind, sind wohldefiniert. Durch diese Operationen wird $\mathbb{Q}_p$ zu einem Körper.

Wir fassen den Körper $\mathbb{Q}$ der rationalen Zahlen als Teilkörper des Körpers $\mathbb{Q}_p$ der p-adischen Zahlen auf, indem wir einer rationalen Zahl a die konstante Cauchy-Folge $a, a, a, \ldots$ zuordnen. Der p-adische Betrag setzt sich durch die Regel

$$|(x_n)_{n \in \mathbb{N}}|_p = \lim_{n \to \infty} |x_n|_p$$

in natürlicher Weise von $\mathbb{Q}$ auf $\mathbb{Q}_p$ fort. Lemma 9.1.7 impliziert die folgenden Aussagen: Der Grenzwert existiert und ist unabhängig von der Auswahl der repräsentierenden Cauchy-Folge. Es gilt $|(x_n)_{n \in \mathbb{N}}|_p = 0$ dann und nur dann, wenn $(x_n)_{n \in \mathbb{N}}$ eine p-adische Nullfolge ist. Ist die Cauchy-Folge $(x_n)_{n \in \mathbb{N}}$ keine Nullfolge, so wird die Folge der p-Bewertungen $(v_p(x_n))_{n \in \mathbb{N}}$ stationär, und wir nennen ihren Grenzwert (der eine ganze Zahl ist) die p-Bewertung der durch die Folge $(x_n)_{n \in \mathbb{N}}$ repräsentierten p-adischen Zahl. Macht man die Konvention, einer Nullfolge die p-Bewertung ∞ zuzuordnen, so setzt sich die

p-Bewertung in natürlicher Weise von $\mathbb{Q}$ auf $\mathbb{Q}_p$ fort. Ferner sind p-Betrag und p-Bewertung durch die Regel

$$|(x_n)_{n\in\mathbb{N}}|_p = p^{-v_p((x_n)_{n\in\mathbb{N}})}$$

auseinander bestimmbar. Mit Hilfe des p-adischen Abstands

$$d_p((x_n)_{n\in\mathbb{N}}, (y_n)_{n\in\mathbb{N}}) = |(x_n - y_n)_{n\in\mathbb{N}}|_p$$

erhalten wir in natürlicher Weise Begriffe wie konvergente Folge p-adischer Zahlen, offene Teilmenge von $\mathbb{Q}_p$, abgeschlossene Teilmenge von $\mathbb{Q}_p$ usw. Der Beweis des nächsten Satzes ist Routine und sei dem Leser überlassen.

Satz 9.2.4. *Alle für die p-Bewertung, den p-Betrag und den p-adischen Abstand auf $\mathbb{Q}$ im letzten Abschnitt formulierten Eigenschaften setzen sich in natürlicher Weise auf $\mathbb{Q}_p$ fort. Insbesondere bleiben Lemma 9.1.2, Korollar 9.1.4, Satz 9.1.6 und Lemma 9.1.7 richtig, wenn man in ihren Aussagen $\mathbb{Q}$ durch $\mathbb{Q}_p$ ersetzt.*

Die Körper $\mathbb{Q}_p$ (p Primzahl) stehen vollkommen gleichberechtigt neben dem Körper $\mathbb{R}$ der reellen Zahlen. Es gibt nur eine wesentliche Abweichung: Die Anordnung, d.h. die $\leq$-Relation auf $\mathbb{Q}$, setzt sich nicht nach $\mathbb{Q}_p$ fort. Es ist nicht möglich, die Elemente von $\mathbb{Q}_p$ in sinnvoller Weise anzuordnen. In dieser Hinsicht sind die Körper $\mathbb{Q}_p$ eher mit dem Körper $\mathbb{C}$ der komplexen Zahlen zu vergleichen.

Der folgende Satz ist die p-adische Version des Satzes von Bolzano-Weierstraß.

Satz 9.2.5. *Der Körper $\mathbb{Q}_p$ ist vollständig, d.h. jede Cauchy-Folge in $\mathbb{Q}_p$ konvergiert. Jede in $\mathbb{Q}_p$ beschränkte Folge hat einen Häufungspunkt. Jede abgeschlossene und beschränkte Teilmenge in $\mathbb{Q}_p$ ist kompakt.*

Beweis. Es genügt zu zeigen, dass jede beschränkte Folge einen Häufungspunkt hat. Sei (x_n) eine beschränkte Folge in $\mathbb{Q}_p$. Die Folgenglieder x_n sind nach Definition von $\mathbb{Q}_p$ Cauchy-Folgen in $\mathbb{Q}$ bezüglich des p-adischen Abstands. Wir wählen für jedes $n \in \mathbb{N}$ ein $x_n' \in \mathbb{Q}$ mit $d_p(x_n, x_n') \leq p^{-n}$. Die Folge rationaler Zahlen (x_n') ist bezüglich des p-adischen Abstands beschränkt. Wir werden zeigen, dass (x_n') eine Cauchy-Folge als Teilfolge besitzt. Diese konvergiert tautologischerweise gegen die Zahl $x' \in \mathbb{Q}_p$, die durch sie definiert ist. Die entsprechende Teilfolge der Folge (x_n) konvergiert dann in $\mathbb{Q}_p$ gegen x'.

Die Existenz einer Cauchy-Teilfolge der Folge (x_n') wird wie im reellen Fall durch „Intervallschachtelung" bewiesen. Wir wählen uns $x \in \mathbb{Q}$ und $a \in \mathbb{Z}$ geeignet, so dass die beschränkte Folge (x_n') vollständig in der abgeschlossenen Kreisscheibe vom Radius p^a um x enthalten ist. Nach Satz 9.1.6 (iv) zerfällt diese Kreisscheibe in die disjunkte Vereinigung von p abgeschlossenen Kreisscheiben vom Radius p^{a-1}. In einer dieser Kreisscheiben müssen unendlich viele Folgenglieder liegen. Wir entfernen, beginnend bei x_2', alle Folgenglieder, die nicht in dieser Kreisscheibe liegen. Diese zerfällt weiter in die disjunkte Vereinigung von p abgeschlossenen Kreisscheiben vom Radius p^{a-2}, und in einer dieser Kreisscheiben müssen unendlich viele Folgenglieder liegen. Wir entfernen, beginnend bei x_3', alle Folgenglieder, die nicht in dieser Kreisscheibe liegen. Dieser Prozess wird nun immer weiter fortgeführt und liefert eine Teilfolge (x_i'') von (x_i'), so dass alle x_i'' mit $i \geq N$ gemeinsam in einer abgeschlossenen Kreisscheibe vom Radius p^{a-N+1} liegen. Die verschärfte Dreiecksungleichung liefert

$$|x_i'' - x_j''|_p \leq p^{a-N+1} \quad \text{für alle } i,j \geq N.$$

Daher ist die Teilfolge (x_n'') von (x_n') eine Cauchy-Folge bezüglich des p-adischen Abstands. $\qquad\square$

Von nun an werden wir p-adische Zahlen wie „richtige" Zahlen ansehen und sie auch nur noch mit einem einfachen Buchstaben bezeichnen.

Neben der topologischen Charakterisierung der reellen Zahlen gibt es noch eine algebraische, nämlich die Darstellung als unendlicher Dezimalbruch. Auch hierzu gibt es eine p-adische Entsprechung, auf die wir in Abschnitt 9.4 eingehen werden.

Aufgabe: Man zeige, dass die Operationen Addition und Multiplikation

$$\mathbb{Q}_p \times \mathbb{Q}_p \longrightarrow \mathbb{Q}_p$$

sowie die Division

$$\mathbb{Q}_p \times (\mathbb{Q}_p \smallsetminus \{0\}) \longrightarrow \mathbb{Q}_p$$

stetig bezüglich der p-adischen Topologie sind.

9.3 Ganze p-adische Zahlen

Die Gültigkeit der verschärften Dreiecksungleichung hat eine merkwürdige Folgerung. Ist nämlich $|x|_p \leq 1$ und $|y|_p \leq 1$, so gilt auch $|x+y|_p \leq 1$. Gleiches gilt auch für das Produkt. Also ist die Menge solcher p-adischer Zahlen unter Addition und Multiplikation abgeschlossen, d.h. ein Ring.

Definition 9.3.1. *Die Elemente $x \in \mathbb{Q}_p$ mit $|x|_p \leq 1$ heißen* **ganze p-adische Zahlen.** *Sie bilden einen Ring, der mit $\mathbb{Z}_p$ bezeichnet wird.*

Äquivalent hierzu ist: $\mathbb{Z}_p = \big\{ x \in \mathbb{Q}_p \,|\, v_p(x) \geq 0 \big\}$.

Lemma 9.3.2. *Der Ring $\mathbb{Z}_p$ ist als Teilmenge in $\mathbb{Q}_p$ beschränkt, offen und abgeschlossen. Insbesondere ist $\mathbb{Z}_p$ kompakt.*

Beweis. Es ist $\mathbb{Z}_p$ gerade die abgeschlossene Kreisscheibe $\bar{K}(0,1)$ vom Radius 1 um den Punkt 0, also insbesondere beschränkt. Nach Satz 9.1.6 (zusammen mit Satz 9.2.4) ist $\mathbb{Z}_p$ sowohl offene als auch abgeschlossene Teilmenge von $\mathbb{Q}_p$. Nach Satz 9.2.5 ist $\mathbb{Z}_p$ kompakt. $\qquad\square$

Lemma 9.3.3. *Die Menge $\mathbb{Z}$ der ganzen Zahlen liegt dicht in $\mathbb{Z}_p$, d.h. jede ganze p-adische Zahl kann als Grenzwert einer Folge ganzer Zahlen geschrieben werden.*

Beweis. Sei $a \in \mathbb{Z}_p$ beliebig. Es genügt zu zeigen, dass zu jedem $n \in \mathbb{N}$ ein $A_n \in \mathbb{Z}$ mit $v_p(a - A_n) \geq n$ existiert. Die Folge $(A_n)_{n\in\mathbb{N}}$ konvergiert dann nämlich p-adisch gegen a. Sei nun $n \in \mathbb{N}$ fixiert, und sei $(a_i)_{i\in\mathbb{N}}$ eine Folge rationaler Zahlen, die p-adisch gegen a konvergiert. Wegen $v_p(a) \geq 0$ können wir durch Weglassen endlich vieler Anfangsglieder der Folge die Gültigkeit der Ungleichungen

$$v_p(a_i) \geq 0, \ v_p(a_i - a_j) \geq n \ \text{ für alle } i, j \in \mathbb{N}$$

annehmen. Sei nun $a_i = c_i/d_i$, $c_i \in \mathbb{Z}$, $d_i \in \mathbb{N}$, $p \nmid d_i$, und sei $A_n \in \mathbb{Z}$ eine ganze Zahl mit $d_1 A_n \equiv c_1 \bmod p^n$. A_n existiert wegen $\bar{d}_1 \in (\mathbb{Z}/p^n\mathbb{Z})^\times$. Sei $i \in \mathbb{N}$ beliebig. Dann gilt

$$a_i - a_1 = \frac{c_i}{d_i} - \frac{c_1}{d_1} = p^n \frac{c}{d}, \quad c \in \mathbb{Z}, \ d \in \mathbb{N}, \ p \nmid d.$$

Also gilt $d(c_i d_1 - c_1 d_i) = p^n c d_1 d_i$, und wegen $p \nmid d$ folgt $p^n | c_i d_1 - c_1 d_i$. Aufgrund der Wahl von A_n gilt $p^n | (c_i d_1 - d_1 A_n d_i)$. Wegen $p \nmid d_1$ finden wir also ein $b \in \mathbb{Z}$ mit $p^n b = c_i - A_n d_i$. Wir erhalten $a_i - A_n = p^n \frac{b}{d_i}$, also $v_p(a_i - A_n) \geq n$. Da i beliebig war, folgt $v_p(a - A_n) \geq n$. $\qquad\square$

Der nächste Satz ist der erste Schritt zu einer algebraischen Charakterisierung der ganzen p-adischen Zahlen.

Satz 9.3.4. *Die natürliche Inklusion $\mathbb{Z} \hookrightarrow \mathbb{Z}_p$ induziert für jede natürliche Zahl n einen Isomorphismus*

$$\mathbb{Z}/p^n\mathbb{Z} \xrightarrow{\sim} \mathbb{Z}_p/p^n\mathbb{Z}_p.$$

Beweis. Es gilt $p^n\mathbb{Z}_p = \{a \in \mathbb{Z}_p \mid v_p(a) \geq n\}$. Daher bildet sich eine ganze Zahl a genau auf das Nullelement in $\mathbb{Z}_p/p^n\mathbb{Z}_p$ ab, wenn sie selbst in $p^n\mathbb{Z}$ liegt. Dies zeigt die Injektivität der Abbildung. Nun sei $\bar{a} \in \mathbb{Z}_p/p^n\mathbb{Z}_p$ beliebig, und sei $a \in \mathbb{Z}_p$ irgendein Vertreter von $\bar{a}$. Nach Lemma 9.3.3 finden wir ein $A_n \in \mathbb{Z}$ mit $v_p(a - A_n) \geq n$. Dann ist auch A_n ein Vertreter von $\bar{a}$ und die Restklasse von A_n in $\mathbb{Z}/p^n\mathbb{Z}$ ist ein Urbild von $\bar{a}$. Dies zeigt die Surjektivität. $\qquad\square$

Also definiert jedes $a \in \mathbb{Z}_p$ eine Folge $(a_n \in \mathbb{Z}/p^n\mathbb{Z})_{n\in\mathbb{N}}$, die Folge seiner Restklassen modulo p^n. Diese Folge genügt der Kompatibilitätsbedingung

$$a_{n+1} \equiv a_n \quad \bmod p^n$$

für alle n. Solch eine Folge von Restklassen nennt man **kompatibles System von Restklassen**. Die Menge aller kompatiblen Systeme $(a_n \in \mathbb{Z}/p^n\mathbb{Z})_{n \in \mathbb{N}}$ bezeichnet man mit

$$\varprojlim_n \mathbb{Z}/p^n\mathbb{Z}$$

und nennt sie den **projektiven Limes** des Systems

$$\cdots \to \mathbb{Z}/p^3\mathbb{Z} \to \mathbb{Z}/p^2\mathbb{Z} \to \mathbb{Z}/p\mathbb{Z}.$$

Durch die Verknüpfungen $(a_n) + (b_n) := (a_n + b_n)$ und $(a_n)(b_n) := (a_n b_n)$ wird $\varprojlim_n \mathbb{Z}/p^n\mathbb{Z}$ zu einem kommutativen Ring.

Satz 9.3.5. *Indem man einer ganzen p-adischen Zahl die Folge ihrer Restklassen modulo p^n, $n \in \mathbb{N}$, zuordnet, erhält man einen natürlichen Isomorphismus*

$$\Phi \colon \ \mathbb{Z}_p \xrightarrow{\ \sim\ } \varprojlim_n \mathbb{Z}/p^n\mathbb{Z}.$$

Beweis. Die Abbildung Φ ist offenbar mit den definierten algebraischen Operationen auf $\varprojlim_n \mathbb{Z}/p^n\mathbb{Z}$ verträglich. Haben zwei ganze p-adische Zahlen a, b die gleiche Restklasse modulo p^n, so gilt $v_p(a - b) \geq n$. Ist nun $\Phi(a) = \Phi(b)$, so gilt $v_p(a - b) \geq n$ für jedes $n \in \mathbb{N}$ und deshalb $a - b = 0$. Also ist Φ injektiv. Nun sei $(a_n \in \mathbb{Z}/p^n\mathbb{Z})_{n \in \mathbb{N}}$ ein kompatibles System von Restklassen. Wir wählen für jedes n einen Vertreter $A_n \in \mathbb{Z}$ von a_n. Dann gilt für $n, m \in \mathbb{N}$ die Ungleichung $v_p(A_n - A_m) \geq \min(m, n)$. Also ist die Folge $(A_n)_{n \in \mathbb{N}}$ eine p-adische Cauchy-Folge und konvergiert gegen ein $a \in \mathbb{Z}_p$. Wegen $v_p(a - A_n) \geq n$ stimmt die Restklasse von a modulo p^n mit a_n überein, d.h. $\Phi(a) = (a_n)_{n \in \mathbb{N}}$. Daher ist Φ auch surjektiv. □

Schließlich untersuchen wir ringtheoretische Eigenschaften von $\mathbb{Z}_p$.

Lemma 9.3.6. *Ein Element $u \in \mathbb{Q}_p$ ist genau dann eine Einheit in $\mathbb{Z}_p$, wenn $v_p(u) = 0$ bzw. $|u|_p = 1$ gilt.*

Beweis. Ist $v_p(u) = 0$, so ist $v_p(u^{-1}) = -v_p(u) = 0$, also $u, u^{-1} \in \mathbb{Z}_p$. Ist umgekehrt $u \in \mathbb{Z}_p^\times$, so gilt $uv = 1$ für ein $v \in \mathbb{Z}_p$ und daher $v_p(u) + v_p(v) = 0$. Wegen $v_p(u) \geq 0$, $v_p(v) \geq 0$ folgt $v_p(u) = 0$. □

Also ist die Einheitengruppe $\mathbb{Z}_p^\times$ des Rings $\mathbb{Z}_p$ gerade der Rand der abgeschlossenen Kreisscheibe vom Radius 1 um den Punkt 0 in $\mathbb{Q}_p$. Für die algebraische Beschreibung von $\mathbb{Z}_p$ als projektiver Limes bedeutet dies, dass man eine Einheit bereits am ersten Glied erkennen kann.

Korollar 9.3.7. *Ein Element $u \in \mathbb{Z}_p$ ist genau dann eine Einheit, wenn seine Restklasse $u_1 \in \mathbb{Z}/p\mathbb{Z}$ von Null verschieden ist.*

Beweis. Für $u \in \mathbb{Z}_p$ gilt: $u \in \mathbb{Z}_p^\times \Leftrightarrow v_p(u) = 0 \Leftrightarrow u \in \mathbb{Z}_p \setminus p\mathbb{Z}_p \Leftrightarrow u_1 \neq 0$. □

Lemma 9.3.8. *Jedes* $a \in \mathbb{Q}_p^\times$ *hat eine eindeutige Darstellung der Form*

$$a = p^n u, \quad n \in \mathbb{Z}, \ u \in \mathbb{Z}_p^\times.$$

Beweis. Mit $n = v_p(a)$ erhalten wir $v_p(ap^{-n}) = 0$, also $u = ap^{-n} \in \mathbb{Z}_p^\times$. Ist umgekehrt $a = p^n u$, $u \in \mathbb{Z}_p^\times$, so folgt $n = v_p(a)$, $u = ap^{-n}$, was die Eindeutigkeit der Darstellung zeigt. □

Die Menge $\mathbb{Q}_p^\times$ ist also die disjunkte Vereinigung der abzählbar vielen (multiplikativen) Translate $p^n \mathbb{Z}_p^\times$, $n \in \mathbb{Z}$, von $\mathbb{Z}_p^\times$. Schließlich bestimmen wir noch alle Ideale in $\mathbb{Z}_p$.

Satz 9.3.9. *Die Ideale in $\mathbb{Z}_p$ sind genau die Hauptideale* (0) *und* $p^n \mathbb{Z}_p$ *mit* $n \in \mathbb{N}$. *Diese bilden eine absteigende Kette*

$$\mathbb{Z}_p \supsetneq p\mathbb{Z}_p \supsetneq p^2\mathbb{Z}_p \supsetneq p^3\mathbb{Z}_p \supsetneq \quad \cdots \qquad \supsetneq (0).$$

Insbesondere ist $\mathbb{Z}_p$ ein Hauptidealring.

Beweis. Sei $\mathfrak{a} \subset \mathbb{Z}_p$ ein von Null verschiedenes Ideal und sei

$$n = \min_{a \in \mathfrak{a}} v_p(a).$$

Sei $0 \neq a \in \mathfrak{a}$ beliebig. Dann gilt für $u = ap^{-v_p(a)}$ die Gleichung $v_p(u) = 0$, also $u \in \mathbb{Z}_p^\times$. Folglich gilt $a = p^n p^{v_p(a)-n} u$ und $p^{v_p(a)-n} u \in \mathbb{Z}_p$. Also $\mathfrak{a} \subset p^n \mathbb{Z}_p$. Umgekehrt existiert aufgrund der Wahl von n ein $a \in \mathfrak{a}$ mit $n = v_p(a)$, also $a = p^n u$ mit einem $u \in \mathbb{Z}_p^\times$. Daher gilt $p^n = au^{-1} \in \mathfrak{a}$, d.h. $p^n \mathbb{Z}_p \subset \mathfrak{a}$. □

Aufgabe 1. Man zeige, dass es außer der Identität keine weiteren Körperautomorphismen von $\mathbb{R}$ gibt.

Hinweis: Man zeige, dass für jeden Körperautomorphismus $\tau \colon \mathbb{R} \to \mathbb{R}$ die Implikation $x < y \implies \tau(x) < \tau(y)$ gilt. Hieraus schließe man, dass τ stetig ist.

Aufgabe 2. Man zeige, dass es außer der Identität keine weiteren Körperautomorphismen von $\mathbb{Q}_p$ gibt.

Hinweis: Man zeige, dass jeder Körperautomorphismus $\tau \colon \mathbb{Q}_p \to \mathbb{Q}_p$ stetig bezüglich des *p*-adischen Abstands ist.

9.4 Die *p*-adische Entwicklung

Jede reelle Zahl kann als Dezimalzahl geschrieben werden, wobei unendlich viele Nachkommastellen (aber keine 9er-Periode) erlaubt sind. Eine analoge Beschreibung existiert auch für die *p*-adischen Zahlen.

Zunächst besitzt jede nichtnegative ganze Zahl N eine eindeutig bestimmte **p-adische Entwicklung**, d.h. eine Darstellung der Form

$$N = a_0 + a_1 p + \cdots + a_n p^n,$$

mit $a_i \in \{0, 1, \ldots, p-1\}$. Man erhält diese, indem man N sukzessive mit Rest durch p teilt:

$$N = a_0 + p N_1$$
$$N_1 = a_1 + p N_2$$
$$\vdots$$
$$N_{n-1} = a_{n-1} + p N_n$$
$$N_n = a_n.$$

Im Zahlensystem zur Basis p würde man jetzt $N = a_n \ldots a_1 a_0$ schreiben. Da im p-adischen Sinne die Potenzen p^n bei wachsendem n kleiner werden, bevorzugen wir die Schreibweise $N = 0, a_0 a_1 \ldots a_n$. Mit dieser Konvention gilt beispielsweise

$$10 = 0,0101 \quad \text{(2-adisch)}$$
$$10 = 0,101 \quad \text{(3-adisch)}$$
$$10 = 0,02 \quad \text{(5-adisch)}.$$

Nun kann man auch Vorkommastellen zulassen. Wir setzen

$$a_{-m} a_{-m+1} \ldots a_{-1}, a_0 a_1 \ldots a_n \;=\; \sum_{i=-m}^{n} a_i p^i \in \mathbb{Q}.$$

Da p^n für $n \to \infty$ p-adisch gegen 0 konvergiert, können wir auch unendlich viele Nachkommastellen zulassen. Wir setzen

$$a_{-m} a_{-m+1} \ldots a_{-1}, a_0 a_1 \ldots \;=\; \sum_{i=-m}^{\infty} a_i p^i.$$

Wegen der verschärften Dreiecksungleichung ist die Folge der Partialsummen $\sum_{i=-m}^{n} a_i p^i$ eine p-adische Cauchy-Folge. Daher definiert die Reihe eine wohlbestimmte p-adische Zahl.

Satz 9.4.1. *Jede p-adische Zahl $x \in \mathbb{Q}_p$ hat eine eindeutig bestimmte Darstellung*

$$x = \sum_{i \gg -\infty}^{\infty} a_i p^i = a_{-m} a_{-m+1} \ldots a_{-1}, a_0 a_1 \ldots$$

mit $a_i \in \{0, 1, \ldots, p-1\}$. Ihre p-adische Bewertung $v_p(x)$ ist die kleinste Zahl $i \in \mathbb{Z}$ mit $a_i \neq 0$. Insbesondere liegt x genau dann in $\mathbb{Z}_p$, wenn alle Vorkommastellen Null sind, d.h. wenn $a_i = 0$ für $i < 0$ gilt.

Beweis. Sei $x = \sum_{i=r}^{\infty} a_i p^i$, $a_r \neq 0$. Nach Korollar 9.1.4 gilt für jede Partialsumme

$$v_p\Big(\sum_{i=r}^{n} a_i p^i\Big) = v_p\Big(a_r p^r + \sum_{i=r+1}^{n} a_i p^i\Big) = r,$$

also auch $v_p(x) = r$. Insbesondere liegt x genau dann in $\mathbb{Z}_p$, wenn alle Vorkommastellen Null sind. Wenn wir x mit einer festen p-Potenz multiplizieren, verschiebt sich lediglich das Komma. Daher können wir uns sowohl beim Beweis der Existenz, als auch beim Beweis der Eindeutigkeit der Darstellung auf den Fall $x \in \mathbb{Z}_p$ beschränken. Sei nun

$$x = a_0 + a_1 p + a_2 p^2 + \cdots .$$

Dann gilt $x - (a_0 + a_1 p + a_2 p^2 + \cdots + a_{n-1} p^{n-1}) \in p^n \mathbb{Z}_p$ und

$$N_n = a_0 + a_1 p + a_2 p^2 + \cdots + a_{n-1} p^{n-1}$$

ist die *p*-adische Entwicklung der, nach Satz 9.3.4 eindeutig bestimmten, ganzen Zahl N_n mit $0 \le N_n < p^n$ und $x \equiv N_n \bmod p^n$. Dies zeigt die Eindeutigkeit der Reihendarstellung. Sei umgekehrt, für $n \in \mathbb{N}$, N_n die eindeutig bestimmte ganze Zahl mit $0 \le N_n < p^n$ und $x \equiv N_n \bmod p^n$. Wegen $N_{n+1} \equiv N_n \bmod p^n$ stimmen die ersten n Stellen der *p*-adischen Entwicklungen von N_{n+1} mit denen von N_n überein, d.h. es gibt eine Folge $a_0, a_1, \ldots$ ganzer Zahlen, $a_i \in \{0, \ldots, p-1\}$, mit $N_n = a_0 + a_1 p + \cdots + a_{n-1} p^{n-1}$ für alle n. Wir erhalten

$$x = \lim_{n \to \infty} N_n = \sum_{i=0}^{\infty} a_i p^i.$$

Dies zeigt die Existenz der *p*-adischen Entwicklung. $\qquad \square$

Aufgabe 1. Man zeige, dass eine *p*-adische Zahl genau dann in $\mathbb{Q}$ liegt, wenn ihre *p*-adische Entwicklung periodisch ist, wobei eine Vorperiode zugelassen ist.

Aufgabe 2. Man entwickle Rechenregeln für die Addition und Multiplikation *p*-adischer Zahlen in ihrer *p*-adischen Entwicklung.

9.5 *p*-adische Gleichungen

Wir betrachten ein System diophantischer Gleichungen

$$f_1(X_1, \ldots, X_r) = 0$$
$$\vdots \qquad \vdots \qquad \vdots \qquad\qquad (S)$$
$$f_n(X_1, \ldots, X_r) = 0$$

mit *p*-adisch ganzen Polynomen $f_i \in \mathbb{Z}_p[X_1, \ldots, X_r]$, und wir suchen nach simultanen Lösungen in $\mathbb{Z}_p^r$. Wir zeigen

Satz 9.5.1. *Das System* (S) *hat genau dann eine Lösung in* $\mathbb{Z}_p^r$, *wenn eine Lösung modulo* p^m *für jedes* $m \in \mathbb{N}$ *existiert.*

Beweis. Wir zeigen die nichttriviale Richtung. Für jedes $m \in \mathbb{N}$ und jede der endlich vielen Lösungen von (S) in $(\mathbb{Z}/p^m\mathbb{Z})^r$ wählen wir einen Vertreter in $\mathbb{Z}_p^r$. Die Menge dieser Elemente in $\mathbb{Z}_p^r$ hat wegen der Kompaktheit von $\mathbb{Z}_p^r$ mindestens einen Häufungspunkt. Ist $(x_1, \ldots, x_r) \in \mathbb{Z}_p^r$ ein solcher Häufungspunkt, so gilt

$$f_i(x_1,\ldots,x_r) \equiv 0 \mod p^m, \quad i = 1,\ldots,n,$$

für jedes $m \in \mathbb{N}$, da sich in beliebiger p-adischer Nähe, und insbesondere im Abstand $\leq p^{-m}$ von $(x_1,\ldots,x_r)$, eine Lösung von (S) modulo p^m befindet. Also gilt $f_i(x_1,\ldots,x_r) = 0$, $i = 1,\ldots,n$. $\square$

Die folgende Aussage ist fast identisch zu der von Satz 3.4.1, nur dass als Koeffizienten des Polynoms f ganze p-adische anstelle ganzer Zahlen zugelassen sind. Am Beweis ändert sich nichts, er bleibt wortwörtlich der gleiche und sei daher dem Leser überlassen.

Lemma 9.5.2. *Sei $f \in \mathbb{Z}_p[X]$ ein Polynom und f' seine Ableitung. Sei $n \geq 1$, und es existiere ein $x \in \mathbb{Z}_p$ mit*

$$f(x) \equiv 0 \mod p^n.$$

Gilt $v_p(f'(x)) = k$ mit $2k < n$, so gibt es ein $y \in \mathbb{Z}_p$ mit

$$f(y) \equiv 0 \mod p^{n+1},$$

so dass außerdem $v_p(f'(y)) = k$ und $y \equiv x \mod p^{n-k}$ gilt.

Satz 9.5.3. *Sei $f \in \mathbb{Z}_p[X]$ ein Polynom und f' seine Ableitung. Sei $n \geq 1$, und es existiere ein $x \in \mathbb{Z}_p$ mit*

$$f(x) \equiv 0 \mod p^n.$$

Gilt $v_p(f'(x)) = k$ mit $2k < n$, so existiert eine Nullstelle y von f in $\mathbb{Z}_p$, die kongruent zu x modulo p^{n-k} ist.

Beweis. Wir wenden Lemma 9.5.2 auf $x^{(1)} = x$ an und erhalten ein $x^{(2)} \in \mathbb{Z}_p$ mit $x^{(2)} \equiv x^{(1)} \mod p^{n-k}$ sowie

$$f(x^{(2)}) \equiv 0 \mod p^{n+1} \quad \text{und} \quad v_p(f'(x^{(2)})) = k.$$

Nun wenden wir Lemma 9.5.2 auf $x^{(2)}$ und $n+1$ an. So erhalten wir induktiv eine Folge $x^{(1)}, x^{(2)}, \ldots$ ganzer p-adischer Zahlen mit

$$x^{(q+1)} \equiv x^{(q)} \mod p^{n+q-k-1} \quad \text{und} \quad f(x^{(q)}) \equiv 0 \mod p^{n+q-1}.$$

Dies ist eine Cauchy-Folge. Für ihren Limes $y \in \mathbb{Z}_p$ gilt $f(y) = 0$, und außerdem ist $y \equiv x \mod p^{n-k}$. $\square$

Wir wenden dies auf verschiedene Gleichungen an.

Satz 9.5.4. *Sei $p > 2$. Dann existieren genau $p - 1$ verschiedene $(p-1)$-te Einheitswurzeln in $\mathbb{Q}_p$. Diese liegen alle in $\mathbb{Z}_p$.*

Beweis. Das Polynom $f = X^{p-1} - 1$ hat $p - 1$ Nullstellen modulo p, nämlich, nach dem Kleinen Fermatschen Satz, alle nichttrivialen Restklassen modulo p. Für jedes $a \in \mathbb{Z}_p \setminus p\mathbb{Z}_p$ gilt $v_p(f'(a)) = v_p((p-1)a) = 0$. Satz 9.5.3 liefert uns $p - 1$ verschiedene (in jeder Restklasse modulo p eine) Nullstellen in $\mathbb{Z}_p$. Dies sind dann auch schon alle $(p-1)$-ten Einheitswurzeln, weil f im Körper $\mathbb{Q}_p$ höchstens $grad(f) = p - 1$ viele Nullstellen haben kann. $\square$

Für $p \neq 2$ und $u \in \mathbb{Z}_p$ bezeichne $\left(\frac{u}{p}\right)$ das Legendre-Symbol der Restklasse von u modulo p.

Satz 9.5.5. *Es sei $a = p^n u$, $u \in \mathbb{Z}_p^\times$. Es existiert genau dann eine Quadratwurzel aus a in $\mathbb{Q}_p$, wenn*

$$2 \mid n \quad \text{und} \quad \begin{cases} \left(\dfrac{u}{p}\right) = 1, & \text{falls } p \neq 2, \\[2mm] u \equiv 1 \bmod 8, & \text{falls } p = 2. \end{cases}$$

Beweis. Wegen $n = v_p(a)$ ist die Bedingung $2 \mid n$ offenbar notwendig. Ist n gerade, so ist a genau dann ein Quadrat, wenn u ein Quadrat ist. Außerdem muss eine Quadratwurzel von u notwendig wieder in $\mathbb{Z}_p^\times$ liegen. .

Sei $p \neq 2$. Hat u eine Quadratwurzel, so ist u quadratischer Rest modulo p. Umgekehrt sei u quadratischer Rest modulo p. Dann hat die Gleichung $f(X) = X^2 - u = 0$ eine Lösung $y \in (\mathbb{Z}/p\mathbb{Z})^\times$ und $f'(y) = 2y$ ist ungleich 0 in $\mathbb{Z}/p\mathbb{Z}$. Satz 9.5.3 liefert eine Lösung in $\mathbb{Z}_p$.

Im Fall $p = 2$ bemerken wir zunächst, dass ungerade Quadrate stets kongruent 1 modulo 8 sind. Gilt nun $u \equiv 1 \bmod 8$, so ist 3 eine Lösung der Gleichung $f(X) = X^2 - u = 0$ modulo 2^3, und es gilt $v_2(f'(3)) = v_2(6) = 1$. Satz 9.5.3 liefert dann eine Lösung in $\mathbb{Z}_2$. $\qquad\square$

Korollar 9.5.6. *Die Untergruppe $\mathbb{Q}_p^{\times 2}$ der Quadrate ist offen in $\mathbb{Q}_p^\times$. Zu jedem $x \in \mathbb{Q}_p^\times$ gibt es ein $\varepsilon > 0$, so dass gilt*

$$|y - x| < \varepsilon \implies y/x \in \mathbb{Q}_p^{\times 2}.$$

Beweis. Nach Satz 9.5.5 ist eine Einheit $u \in \mathbb{Z}_p^\times$ ein Quadrat, wenn $u \equiv 1 \bmod p^3$ gilt. Sei nun $x = p^n u \in \mathbb{Q}_p^\times$, $n = v_p(x)$, $u \in \mathbb{Z}_p^\times$. Gilt für ein $y \in \mathbb{Q}_p$ die Ungleichung $v_p(y - x) \geq n + 3$, also $y - x = p^{n+3} z$, $z \in \mathbb{Z}_p$, so folgt

$$\frac{y}{x} = \frac{x + p^{n+3} z}{x} = 1 + p^3 \frac{z}{u} \equiv 1 \mod p^3,$$

und deshalb $y/x \in \mathbb{Q}_p^{\times 2}$. $\qquad\square$

Die genaue Bedingung dafür, dass eine rationale Zahl in $\mathbb{Q}_p$ zum Quadrat wird, ist die folgende.

Satz 9.5.7. *Ein Nichtquadrat $d \in \mathbb{Q}$ wird genau dann zum Quadrat in $\mathbb{Q}_p$, wenn die Primzahl p im quadratischen Zahlkörper $\mathbb{Q}(\sqrt{d})$ zerlegt ist.*

Bemerkung: Man sollte diesen Satz so verstehen: p zerfällt genau dann in $\mathbb{Q}(\sqrt{d})$, wenn es keine echte Körpererweiterung $\mathbb{Q}_p(\sqrt{d})$ gibt, d.h. wenn in $\mathbb{Q}_p$ bereits eine Quadratwurzel aus d existiert.

Beweis von Satz 9.5.7. Wir können die Zahl d nach Belieben mit Quadraten multiplizieren und daher annehmen, dass d ganzzahlig, $\neq 0, 1$ und quadratfrei ist. Im Fall $v_p(d) = 1$ ist d kein Quadrat in $\mathbb{Q}_p$, und nach Theorem 6.5.18 ist p verzweigt in $K = \mathbb{Q}(\sqrt{d})$. Es bleibt der Fall $v_p(d) = 0$.

Sei zunächst $p \neq 2$. Dann ist d genau dann Quadrat in $\mathbb{Q}_p$, wenn $\left(\frac{d}{p}\right) = 1$ gilt. Wegen $\Delta_K \in \{d, 4d\}$ ist dies ist aber auch genau die Bedingung dafür, dass p in K zerlegt ist.

Im Fall $p = 2$ ist d genau dann Quadrat in $\mathbb{Q}_2$, wenn $d \equiv 1 \bmod 8$ ist. Dies ist äquivalent zu $\Delta_K \equiv 1 \bmod 8$ und nach Satz 6.5.18 äquivalent dazu, dass 2 in $\mathbb{Q}(\sqrt{d})$ zerfällt. $\qquad\square$

Korollar 9.5.8. *Eine rationale Zahl ist dann und nur dann ein Quadrat, wenn sie ein Quadrat in $\mathbb{R}$ und in jedem der Körper $\mathbb{Q}_p$, p Primzahl, ist. Es ist sogar hinreichend, dass sie ein Quadrat in $\mathbb{Q}_p$ für fast alle Primzahlen p ist.*

Beweis. Ist $d \in \mathbb{Q}^\times$ kein Quadrat, so betrachten wir den quadratischen Zahlkörper $K = \mathbb{Q}(\sqrt{d})$. Da Δ_K kein Quadrat ist, existieren nach Satz 2.3.6 unendlich viele p mit $\left(\frac{\Delta_K}{p}\right) = -1$. Solche p sind träge in $\mathcal{O}_K$, und nach Satz 9.5.7 ist d kein Quadrat in $\mathbb{Q}_p$ für solche p. $\qquad\square$

Schließlich bestimmen wir ein Vertretersystem von $\mathbb{Q}_p^\times$ modulo Quadraten und bestimmen die Struktur der Faktorgruppe $\mathbb{Q}_p^\times / \mathbb{Q}_p^{\times 2}$.

Satz 9.5.9. (i) *Für $p \neq 2$ hat $\mathbb{Q}_p^\times / \mathbb{Q}_p^{\times 2}$ die Ordnung 4. Ein vollständiges Vertretersystem ist durch*

$$\{1, u, p, pu\}$$

gegeben, wobei $u \in \mathbb{Z}_p^\times$ ein beliebig gewählter quadratischer Nichtrest ist.

(ii) *Die Ordnung von $\mathbb{Q}_2^\times / \mathbb{Q}_2^{\times 2}$ ist 8. Ein vollständiges Vertretersystem ist durch*

$$\{\pm 1, \pm 5, \pm 2, \pm 10\}$$

gegeben.

Beweis. Sei $p \neq 2$ und $u \in \mathbb{Z}_p^\times$ ein beliebig gewählter quadratischer Nichtrest. Dann ist nach Satz 9.5.5 für ein beliebiges $a = p^n v$, $v \in \mathbb{Z}_p^\times$, genau einer der Werte $a, au^{-1}, ap^{-1}, a(pu)^{-1}$ ein Quadrat in $\mathbb{Q}_p$. Im Fall $p = 2$ argumentiert man analog. $\qquad\square$

Aufgabe 1. Sei $p \neq 2$ eine Primzahl und $\zeta \in \mathbb{Q}_p$ eine primitive n-te Einheitswurzel. Man zeige $n \,|\, (p - 1)$, d.h. $\mathbb{Q}_p$ enthält genau die $(p - 1)$-ten Einheitswurzeln.

Aufgabe 2. Man zeige, dass $\mathbb{Q}_2$ nur die zweiten Einheitswurzeln enthält.

Aufgabe 3. Man zeige, dass die Körper $\mathbb{R}, \mathbb{Q}_2, \mathbb{Q}_3, \mathbb{Q}_5, \ldots$ paarweise nicht isomorph sind.

Aufgabe 4. Man zeige, dass der Körper $\mathbb{Q}_p$ keine Anordnung besitzt.

Hinweis: Man zeige, dass $-1 \in \mathbb{Q}_p$ Summe von Quadraten ist.

9.6 Das Hilbert-Symbol

Sei k gleich $\mathbb{R}$ oder einer der Körper $\mathbb{Q}_p$ für eine Primzahl p.

Definition 9.6.1. *Für $a, b \in k^\times$ setzen wir das Symbol (a, b) gleich 1, wenn die Gleichung*

$$aX^2 + bY^2 = Z^2 \qquad\qquad (*)$$

*eine von $(0, 0, 0)$ verschiedene Lösung in k^3 besitzt. Ansonsten setzen wir $(a, b) = -1$. Das so definierte Symbol $(a, b) \in \{\pm 1\}$ heißt das **Hilbert-Symbol** von a und b.*

Das Hilbert-Symbol ändert sich offenbar nicht, wenn man a oder b mit einem Quadrat multipliziert, d.h. für $a, b, c \in k^\times$ gilt $(a, bc^2) = (a, b) = (ac^2, b)$. Daher induziert das Hilbert-Symbol eine Abbildung

$$k^\times/k^{\times 2} \times k^\times/k^{\times 2} \longrightarrow \{\pm 1\}.$$

Unser Ziel ist es, den folgenden Satz zu zeigen:

Satz 9.6.2. *Für das Hilbert-Symbol gelten die folgenden Eigenschaften:*

(i) $(a, b) = (b, a)$,

(ii) $(a, -a) = 1$ *und* $(a, 1 - a) = 1$,

(iii) $(aa', b) = (a, b)(a', b)$ *und* $(a, bb') = (a, b)(a, b')$,

(iv) *aus* $(a, b) = 1$ *für alle b folgt* $a \in k^{\times 2}$.

Hierbei seien $a, a', b, b' \in k^\times$ und $a \neq 1$ in der zweiten Aussage von (ii).

Bemerkung: Eigenschaften (i), (iii), (iv) besagen, dass das Hilbert-Symbol eine nichtausgeartete symmetrische Bilinearform auf dem $\mathbb{F}_2$-Vektorraum $k^\times/k^{\times 2}$ induziert. Eigenschaft (ii) besagt, dass das Hilbert-Symbol ein „Symbol" im Sinne der algebraischen K-Theorie ist.

Wegen seiner Multiplikativität und Symmetrie wird das Hilbert-Symbol durch den folgenden Satz vollständig beschrieben. Dort benutzen wir für $a \in \mathbb{Z}_2$ die Notation: $(-1)^a = (-1)^{a \bmod 2}$.

Satz 9.6.3. *Das Hilbert-Symbol berechnet sich wie folgt.*

(i) *Ist* $k = \mathbb{R}$, *so gilt* $(a, b) = 1$, *falls* a *oder* b *positiv ist. Für* $a < 0$ *und* $b < 0$ *gilt* $(a, b) = -1$.

(ii) *Ist* $k = \mathbb{Q}_p$ *und sind* $u, v \in \mathbb{Z}_p^{\times}$, *so gilt*

$$(p, p) = (-1)^{\frac{p-1}{2}}, \quad (p, u) = \left(\frac{u}{p}\right), \quad (u, v) = 1, \text{ wenn } p \neq 2,$$

$$(2, 2) = 1, \quad (2, u) = (-1)^{\frac{u^2-1}{8}}, \quad (u, v) = (-1)^{\frac{u-1}{2} \frac{v-1}{2}}, \text{ wenn } p = 2.$$

Wir werden die Sätze 9.6.2 und 9.6.3 dadurch beweisen, dass wir das Hilbert-Symbol auf allen möglichen Werten aus $(k^{\times}/k^{\times 2}) \times (k^{\times}/k^{\times 2})$ berechnen. Für $k = \mathbb{R}$ bedeutet dies, vier Hilbert-Symbole zu berechnen. Für $\mathbb{Q}_p$, $p \neq 2$, müssen wir 16, im Fall $k = \mathbb{Q}_2$ müssen wir 64 Symbole berechnen. Das ist nicht elegant, aber machbar.

Bevor wir mit den Berechnungen anfangen, stellen wir zunächst eine Verbindung zwischen dem Hilbert-Symbol und Normgruppen her. Für ein beliebiges $d \in k^{\times}$ betrachten wir die Teilmenge

$$N_d := \{x \in k^{\times} \mid \text{ es ex. } a, b \in k \text{ mit } x = a^2 - db^2\},$$

die wegen $(a^2 - db^2)(a'^2 - db'^2) = (aa' + bb'd)^2 - d(ab' + a'b)^2$ und

$$\frac{1}{a^2 - db^2} = \left(\frac{a}{a^2 - db^2}\right)^2 - d\left(\frac{b}{a^2 - db^2}\right)^2$$

sogar eine Untergruppe von $k^{\times}$ ist. Ist $d = c^2$, $c \in k^{\times}$, so gilt für jedes $x \in k^{\times}$

$$x = \left(\frac{x+1}{2}\right)^2 - d\left(\frac{x-1}{2c}\right)^2,$$

d.h. es gilt $N_d = k^{\times}$, wenn d ein Quadrat ist.

Satz 9.6.4. *Seien* $a, b \in k^{\times}$. *Dann gilt*

$$(a, b) = 1 \quad \Longleftrightarrow \quad a \in N_b.$$

Insbesondere gilt: $a \in N_b \Longleftrightarrow b \in N_a$.

Beweis. Ist $b = c^2$, $c \in k$, so ist $(0, 1, c)$ eine nichttriviale Lösung von $(*)$, also $(a, b) = 1$ für alle $a \in k^{\times}$. In diesem Fall ist auch $N_b = k^{\times}$.

Sei nun b kein Quadrat. Ist $a = z^2 - by^2$, so ist $(1, y, z)$ eine nichttriviale Lösung von $(*)$, also $(a, b) = 1$. Ist umgekehrt $(a, b) = 1$ und $(x, y, z) \neq (0, 0, 0)$ eine Lösung von $(*)$, so gilt $x \neq 0$, weil sonst b ein Quadrat in k wäre. Wir erhalten

$$a = \frac{z^2}{x^2} - b\frac{y^2}{x^2},$$

und folglich gilt $a \in N_b$. Die zweite Behauptung folgt nun aus der ersten und aus der Symmetrie des Hilbert-Symbols. $\square$

Bemerkung: Es ist N_b gerade die Normgruppe der Erweiterung $k(\sqrt{b})/k$, d.h. die Untergruppe der Elemente in $x \in k^\times$ mit $x = N_{k(\sqrt{b})/k}(y)$ für ein $y \in k(\sqrt{b})^\times$. Daher nennt man das Hilbert-Symbol auch **Normrestsymbol**.

Im Beweis von Satz 9.6.4 haben wir bis auf die, direkt aus der Definition abzulesende, Symmetrie des Hilbert-Symbols die Sätze 9.6.2 und 9.6.3 nicht benutzt. Daher können wir die Aussage von Satz 9.6.4 beim Beweis dieser Sätze benutzen. Beide folgen aus den nachstehenden Tabellen, die das Hilbert-Symbol vollständig beschreiben. Im Fall $k = \mathbb{R}$ ist $\{\pm 1\}$ ein vollständiges Vertretersystem von $k^\times$ modulo $k^{\times 2}$, und für $k = \mathbb{Q}_p$ haben wir in Satz 9.5.9 Vertretersysteme angegeben. Das Hilbert-Symbol ist vollständig durch die nachstehenden Tabellen gegeben.

$k = \mathbb{R}$:

	+1	−1
+1	+	+
−1	+	−

,

$k = \mathbb{Q}_p$, $p \equiv 1 \bmod 4$, $u \in \mathbb{Z}_p^\times$ kein quadratischer Rest:

	1	u	p	pu
1	+	+	+	+
u	+	+	−	−
p	+	−	+	−
pu	+	−	−	+

,

$k = \mathbb{Q}_p$, $p \equiv 3 \bmod 4$, $u \in \mathbb{Z}_p^\times$ kein quadratischer Rest:

	1	u	p	pu
1	+	+	+	+
u	+	+	−	−
p	+	−	−	+
pu	+	−	+	−

,

$k = \mathbb{Q}_2$:

	+1	−1	+5	−5	+2	−2	+10	−10
+1	+	+	+	+	+	+	+	+
−1	+	−	+	−	+	−	+	−
+5	+	+	+	+	−	−	−	−
−5	+	−	+	−	−	+	−	+
+2	+	+	−	−	+	+	−	−
−2	+	−	−	+	+	−	−	+
+10	+	+	−	−	−	−	+	+
−10	+	−	−	+	−	+	+	−

.

Die Gleichung $aX^2 + bY^2 = Z^2$ hat genau dann keine nichttriviale Lösung in $\mathbb{R}^3$, wenn a und b negativ sind. Dies zeigt die Tabelle für $k = \mathbb{R}$. Um den Rechenaufwand für die anderen Tabellen zu verringern, beginnen wir mit einem Lemma, das die Aussagen (i), (ii), sowie einen Teil von (iii) des Satzes 9.6.2 enthält.

Lemma 9.6.5. *Für $a, a', b \in k^\times$ gelten die folgenden Aussagen:*

(i) $(a, b) = (b, a)$,

(ii) $(a, -a) = 1$ *und* $(a, 1 - a) = 1$, *wenn* $a \neq 1$,

(iii) $(a, b) = 1 \implies (aa', b) = (a', b)$,

(iv) $(a, 1) = 1$,

(v) $(a, a) = (-1, a)$.

Beweis. Aussage (i) folgt direkt aus der Definition des Hilbert-Symbols. Das Tripel $(1, 1, 0)$ ist eine nichttriviale Lösung von $aX^2 - aY^2 = Z^2$, und $(1, 1, 1)$ ist eine nichttriviale Lösung der Gleichung $aX^2 + (1 - a)Y^2 = Z^2$, was (ii) zeigt. Gilt nun $(a, b) = 1$, so ist nach Satz 9.6.4 $a \in N_b$, und weil $N_b \subset k^\times$ eine Untergruppe ist, gilt $a' \in N_b \iff aa' \in N_b$. Eine erneute Anwendung von Satz 9.6.4 zeigt damit Aussage (iii). Wegen $N_1 = k^\times$ gilt $(a, 1) = 1$ für jedes a. Dies zeigt (iv). Nach (ii) gilt $(-a, a) = 1$, woraus nach (iii) und (iv) die Gleichungen $(a, a) = (-a^2, a) = (-1, a)$ folgen. Das zeigt (v) und beendet den Beweis. $\qquad\square$

Wir beginnen nun mit der Verifikation der Tabellen. Wegen $(1, a) = 1$ steht in der ersten Zeile und Spalte nur $+$.

Der Fall $p \neq 2$. Sei $u \in \mathbb{Z}_p^\times$ ein quadratischer Nichtrest modulo p, und sei $(x, y, z) \in \mathbb{Q}_p^3$ eine nichttriviale Lösung der Gleichung

$$pX^2 + uY^2 = Z^2.$$

Durch Multiplizieren mit einer geeigneten p-Potenz erreichen wir, dass $x, y, z \in \mathbb{Z}_p$ und nicht alle durch p teilbar sind. Wäre y durch p teilbar, so auch z. Dann ist px^2 durch p^2 teilbar, aber x kann nicht auch noch durch p teilbar sein. Also gilt $v_p(y) = 0$. Die gleiche Argumentation schließt auch aus, dass z durch p teilbar ist. Also $y, z \in \mathbb{Z}_p^\times$, $x \in \mathbb{Z}_p$. Betrachten wir die Gleichung modulo p, erhalten wir, dass u quadratischer Rest ist, im Widerspruch zur Wahl von u. Also existiert keine nichttriviale Lösung, und es gilt $(p, u) = -1$. Ein beliebiges $v \in \mathbb{Z}_p^\times$ ist entweder Quadrat oder von der Form uc^2, $c \in \mathbb{Z}_p^\times$. Daher erhalten wir die Formel $(p, v) = \left(\frac{v}{p}\right)$ für $v \in \mathbb{Z}_p^\times$.

Die Funktionen $X \mapsto X^2$ und $Y \mapsto u^{-1} - Y^2$ nehmen modulo p jeweils genau $(p+1)/2$ Werte an. Daher gibt es $x, y \in \mathbb{Z}_p$, so dass (x, y) eine Lösung modulo p der Gleichung $X^2 + Y^2 = u^{-1}$ ist. Sei ohne Einschränkung x nicht durch p teilbar. Für das Polynom $f(X) = X^2 + y^2 - u^{-1}$ gilt dann $v_p(f(x)) \geq 1$ und $v_p(f'(x)) = 0$. Nach Satz 9.5.3 existiert ein $x_1 \in \mathbb{Z}_p$ mit $f(x_1) = 0$. Dann ist $(x_1, y, 1)$ eine nichttriviale Lösung von $uX^2 + uY^2 = Z^2$, also $(u, u) = 1$. Wegen $(p, u) = -1$ folgt $(pu, u) = -1$ und $(pu, v) = \left(\frac{v}{p}\right)$ für ein allgemeines $v \in \mathbb{Z}_p^\times$.

Nach Lemma 9.6.5 (v) gilt $(p, p) = (p, -1) = \left(\frac{-1}{p}\right)$. Wegen $(p, -p) = 1$ erhalten nach Lemma 9.6.5 (iii) $(p, pu) = (p, -p^2 u) = (p, -u) = \left(\frac{-u}{p}\right)$. Analog folgt aus $(pu, -pu) = 1$ die Gleichung $(pu, pu) = (pu, -p^2 u^2) = (pu, -1) = \left(\frac{-1}{p}\right)$. Das zeigt die Tabellen für $p \neq 2$.

Der Fall $p = 2$.
Wegen $(a, -a) = 1$ gilt $(5, -5) = (2, -2) = (10, -10) = 1$.

Wegen $(1 - a, a) = 1$ folgt $(-1, 5) = (-4, 5) = (1 - 5, 5) = 1$, sowie $(-1, 2) = (1 - 2, 2) = 1$. Da $-\frac{5}{3}$ ein Quadrat in $\mathbb{Q}_2$ ist, schließt man $(-2, -5) = (-2, 3) = (1 - 3, 3) = 1$. Wegen $(5, -5) = 1$ folgt hieraus mit Lemma 9.6.5 (iii) die Gleichung $(-10, -5) = (-2, -5) = 1$

Wenn für $a, b \in \mathbb{Z}_2$ die Gleichung

$$aX^2 + bY^2 = Z^2$$

eine nichttriviale Lösung $(x, y, z) \in \mathbb{Q}_2^3$ hat, so können wir durch Multiplikation mit einer geeigneten 2-Potenz erreichen, dass $x, y, z \in \mathbb{Z}_2$ und nicht alle gerade sind. Nun hat diese Gleichung für $(a, b) = (-1, -1), (-1, -2)$ keine Lösungen modulo 8, die nicht alle gerade sind. Daher gilt $(-1, -1) = (-1, -2) = -1$.

Wegen Lemma 9.6.5 (iii) impliziert $(-1, 5) = 1$ die Gleichungen $(-1, 10) = (-1, 2) = 1$, $(-1, -5) = (-1, -1) = -1$ und $(-1, -10) = (-1, -2) = -1$.

Nach Lemma 9.6.5 (v) erhalten wir $(5, 5) = (2, 2) = (10, 10) = 1$ und $(-5, -5) = (-2, -2) = (-10, -10) = -1$.

Aus $(-2, -5) = 1$ folgt $(-2, 10) = (-2, -2) = -1$, sowie $(-2, -10) = (-2, 2) = 1$, und hieraus wiederum $(-2, 5) = (-2, 10) = -1$. Aus $(5, -5) = 1$ folgt $(5, 10) = (5, -2) = -1$, und aus $(5, -1) = 1$ erhalten wir $(5, 2) = (5, -2) = -1$. Wieder mit $(5, -5) = 1$ erhalten wir $(5, -10) = (5, 2) = -1$. Aus $(2, -1) = 1$ folgt $(2, -5) = (2, 5) = -1$. Aus $(2, 2) = 1$ folgt $(2, 10) = (2, 5) = -1$, woraus wegen $(2, -1) = 1$ sofort $(2, -10) = (2, 10) = -1$ folgt. Schließlich folgt aus $(-5, -2) = 1$ die Gleichheit $(-5, 10) = (-5, -5) = -1$.

Damit ist die Tabelle vollständig ausgerechnet, und die Sätze 9.6.2, 9.6.3 sind bewiesen.   □

Bemerkung: Es ist offensichtlich nicht die eleganteste Methode, Eigenschaften einer Abbildung dadurch zu beweisen, dass man alle Fälle einzeln durchrechnet. Das lag hier an der expliziten Definition des Hilbert-Symbols. Um das Hilbert-Symbol abstrakt (und automatisch mit den Eigenschaften von Satz 9.6.2 versehen) definieren zu können, braucht man die Normrestabbildung der **lokalen Klassenkörpertheorie**, siehe [Neu], Kap. V, §2.

Korollar 9.6.6. *Für* $a \in k^\times / k^{\times 2}$ *und* $\varepsilon = \pm 1$ *sei*
$$H_a^\varepsilon = \{ b \in k^\times / k^{\times 2} \mid (a, b) = \varepsilon \}.$$
(i) *Es gilt* $H_1^1 = k^\times / k^{\times 2}$ *und* $H_1^{-1} = \varnothing$.
(ii) *Für* $a \neq 1$ *gilt*

$$\#H_a^\varepsilon = \begin{cases} 1, & \text{wenn } k = \mathbb{R}, \\ 2, & \text{wenn } k = \mathbb{Q}_p, \ p \neq 2, \\ 4, & \text{wenn } k = \mathbb{Q}_2. \end{cases}$$

(iii) *Sind* H_a^ε *und* $H_{a'}^{\varepsilon'}$ *nichtleer, so gilt*
$$H_a^\varepsilon \cap H_{a'}^{\varepsilon'} = \varnothing \iff a = a' \text{ und } \varepsilon = -\varepsilon'.$$

Beweis. Das sieht man leicht durch Inspektion der obigen Tabellen für das Hilbert-Symbol. □

Bemerkung: Für $a \neq 1$ ist H_a^ε eine affine Hyperebene im $\mathbb{F}_2$-Vektorraum $k^\times / k^{\times 2}$. Die Aussage in (iii) besagt, dass zwei Hyperebenen sich genau dann nicht schneiden, wenn sie parallel sind.

9.7 Die Produktformel

Der Körper $\mathbb{Q}$ der rationalen Zahlen liegt als Teilkörper in $\mathbb{R}$ und jedem $\mathbb{Q}_p$. Zwecks Vereinheitlichung der Notation führen wir die Bezeichnung $\mathbb{R} = \mathbb{Q}_\infty$ ein und bezeichnen den Standardbetrag auf $\mathbb{R}$ mit $\mid \ \mid_\infty$. Es sei P gleich der Menge der Primzahlen zusammen mit dem Symbol ∞. Man nennt P die Menge der **Stellen von $\mathbb{Q}$**.

Bemerkung: Sei K ein Körper. Eine Funktion $\mid \ \mid : K \to \mathbb{R}$ mit den Eigenschaften
  (i) $|x| \geq 0$, und $|x| = 0 \iff x = 0$,
  (ii) $|xy| = |x|\,|y|$,
  (iii) $|x + y| \leq |x| + |y|$

heißt *Bewertung* auf K und definiert durch $d(x, y) = |x - y|$ einen Abstandsbegriff. Auf jedem Körper existiert die *triviale* Bewertung, die durch $|0| = 0$ und $|x| = 1$ für alle $x \neq 0$ gegeben ist. Zwei Bewertungen heißen *äquivalent*, wenn die durch sie definierten Mengen von Cauchy-Folgen in K die gleichen sind. Jede Stelle $v \in P$ definiert eine Bewertung $\mid \ \mid_v$ auf $\mathbb{Q}$. Erstaunlicherweise gilt die folgende Umkehrung: Auf $\mathbb{Q}$ ist jede nichttriviale Bewertung äquivalent zu einer der Bewertungen $\mid \ \mid_v$, $v \in P$. Siehe [Neu], Kap. II, Satz 3.7.

Für $a, b \in \mathbb{Q}^\times$ und eine Stelle $v \in P$ bezeichne $(a, b)_v$ das Hilbert-Symbol von a und b in $\mathbb{Q}_v$. Es gilt die folgende grundlegende Produktformel für die Hilbert-Symbole $(a, b)_v$, $a, b \in \mathbb{Q}^\times$, $v \in P$.

Satz 9.7.1 (Produktformel für das Hilbert-Symbol). *Für $a, b \in \mathbb{Q}^\times$ gilt $(a,b)_v = 1$ für fast alle $v \in P$ und*

$$\prod_{v \in P} (a, b)_v = 1.$$

Beweis. Wir können, ohne die Hilbert-Symbole zu verändern, a und b mit Quadraten multiplizieren und deshalb annehmen, dass a und b ganz und quadratfrei sind. Da eine ganze Zahl nur endlich viele Primteiler hat, gilt $a, b \in \mathbb{Z}_p^\times$ für fast alle p, und nach Satz 9.6.3 (ii) folgt $(a,b)_v = 1$ für fast alle $v \in P$.

Um nun die Produktformel zu beweisen, können wir uns wegen der Multiplikativität und der Symmetrie des Hilbert-Symbols auf die Fälle $(a,b) = (-1,-1)$, $(a,b) = (-1,p)$, p Primzahl, und $(a,b) = (p,q)$, p, q Primzahlen, beschränken.

1. Fall. $(a,b) = (-1,-1)$: Es gilt $(-1,-1)_p = 1$ für $p \neq 2$, $(-1,-1)_\infty = -1$ und $(-1,-1)_2 = -1$.

2. Fall. $(a,b) = (-1,p)$, $p \neq 2$ Primzahl: Es gilt $(-1,p)_\infty = 1$, $(-1,p)_q = 1$ für $q \nmid 2p$, $(-1,p)_p = \left(\frac{-1}{p}\right) = (-1)^{\frac{p-1}{2}}$ und $(-1,p)_2 = (-1)^{\frac{p-1}{2}}$.

3. Fall. $(a,b) = (-1,2)$: Wegen $(-1) \cdot 1^2 + 2 \cdot 1^2 = 1^2$ gilt $(-1,2)_v = 1$ für alle $v \in P$, und die Produktformel ist trivial.

4. Fall. $(a,b) = (p,q)$, p, q ungerade Primzahlen: Es gilt $(p,q)_\infty = 1$, $(p,q)_r = 1$ für $r \nmid 2pq$, $(p,q)_p = \left(\frac{q}{p}\right)$, $(p,q)_q = \left(\frac{p}{q}\right)$ und $(p,q)_2 = (-1)^{\frac{p-1}{2}\frac{q-1}{2}}$. Die Produktformel folgt aus dem Quadratischen Reziprozitätsgesetz.

4. Fall. $(a,b) = (2,p)$, p eine ungerade Primzahl. Es gilt $(2,p)_\infty = 1$, $(2,p)_r = 1$ für $r \nmid 2p$, $(2,p)_p = \left(\frac{2}{p}\right)$, $(2,p)_2 = (-1)^{\frac{p^2-1}{8}}$. Die Produktformel folgt aus dem zweiten Ergänzungssatz zum QRG.

5. Fall. $(a,b) = (2,2)$. Es gilt $(2,2)_p = 1$ für jedes $p \in P$. $\square$

Bemerkung: Im Beweis der Produktformel ging an entscheidender Stelle das Quadratische Reziprozitätsgesetz ein. Umgekehrt kann man das QRG leicht aus der Produktformel erhalten. Der Vorteil der Produktformel ist, dass sie sich in natürlicher Weise auf beliebige Zahlkörper verallgemeinert.

Es entsteht nun die Frage, ob die Produktformel die einzige Relation zwischen den lokalen Hilbert-Symbolen zweier rationaler Zahlen ist. Das ist in der Tat so. Wir beginnen damit, lokale Daten durch globale zu approximieren.

Nach Konstruktion ist jedes Element aus $\mathbb{Q}_v$ Grenzwert (bzgl. $|\ |_v$) einer Folge rationaler Zahlen. Konvergiert eine Folge rationaler Zahlen bezüglich zweier Stellen $v_1, v_2 \in P$, so definiert sie (bzw. ihr Grenzwert ist) sowohl eine Zahl in $\mathbb{Q}_{v_1}$ als auch in $\mathbb{Q}_{v_2}$.

Der folgende Satz ist auf den ersten Blick sehr erstaunlich. Auf den zweiten erkennt man ihn als den Chinesischen Restklassensatz im neuen Gewand wieder. Der Vorteil der untenstehenden Formulierung ist, dass die unendliche Stelle mit einbezogen wird.

Satz 9.7.2 (Simultane Approximation). *Es seien $v_1, \ldots, v_n \in P$ endlich viele (paarweise verschiedene) Stellen, und es sei für $i = 1, \ldots, n$ ein Element $x_i \in \mathbb{Q}_{v_i}$ beliebig vorgegeben. Dann existiert eine Folge $a_1, a_2, \ldots$ rationaler Zahlen, die für $i = 1, \ldots, n$ in $\mathbb{Q}_{v_i}$ gegen x_i konvergiert.*

Beweis. Seien $p_1, \ldots, p_n$ paarweise verschiedene Primzahlen, $x_i \in \mathbb{Q}_{p_i}$ beliebig vorgegebene Elemente und $x_\infty \in \mathbb{R}$ eine beliebige reelle Zahl. Gesucht wird eine Folge rationaler Zahlen, die simultan gegen die vorgegebenen Werte konvergiert. Nach Multiplikation mit einer geeigneten natürlichen Zahl können wir annehmen, dass $x_i \in \mathbb{Z}_{p_i}$ für alle i gilt. Es ist zu zeigen, dass für beliebiges $N \in \mathbb{N}$ und beliebiges $\varepsilon > 0$ ein $x \in \mathbb{Q}$ mit

$$|x - x_\infty|_\infty < \varepsilon \quad \text{und} \quad v_{p_i}(x - x_i) \geq N$$

existiert. Wir wenden den Chinesischen Restklassensatz auf das System von Kongruenzen $x \equiv x_i \bmod p_i^N$ an und erhalten ein $x_0 \in \mathbb{Z}$ mit $v_{p_i}(x_0 - x_i) \geq N$ für $i = 1, \ldots, n$. Nun sei $m = p_1^N \cdots p_n^N$ und $r \in \mathbb{N}$ teilerfremd zu m und so groß gewählt, dass $|m/r|_\infty < \varepsilon$ gilt. Dann existiert eine ganze Zahl a mit

$$\left| x_0 - x_\infty - \frac{am}{r} \right|_\infty < \varepsilon.$$

Wegen $v_{p_i}(am/r) \geq N_i$ und der verschärften Dreiecksungleichung erfüllt die rationale Zahl $x = x_0 - am/r$ alle geforderten Bedingungen. □

Korollar 9.7.3. *Es seien $v_1, \ldots, v_n \in P$ endlich viele (paarweise verschiedene) Stellen. Dann ist die natürliche Abbildung*

$$\mathbb{Q}^\times \longrightarrow \prod_{i=1}^{n} \mathbb{Q}_{v_i}^\times / \mathbb{Q}_{v_i}^{\times 2}$$

surjektiv. Mit anderen Worten: eine beliebige Vorgabe von Klassen in $\mathbb{Q}_{v_i}^\times / \mathbb{Q}_{v_i}^{\times 2}$, $i = 1, \ldots, n$, wird durch ein Element in $\mathbb{Q}^\times$ simultan realisiert.

Beweis. Nach Satz 9.7.2 finden wir zu beliebig gegebenen $x_i \in \mathbb{Q}_{v_i}^\times$ und beliebigem $\varepsilon > 0$ ein $x \in \mathbb{Q}^\times$ mit $|x - x_i|_{v_i} < \varepsilon$ für alle i. Bei hinreichend klein gewähltem ε impliziert Korollar 9.5.6, dass $x/x_i \in \mathbb{Q}_{v_i}^{\times 2}$ für $i = 1, \ldots, n$. □

Das Korollar impliziert, dass jede vorgegebene endliche Familie lokaler Hilbert-Symbole durch rationale Zahlen realisiert wird. Der nächste Satz ist viel allgemeiner und betrachtet simultane Vorgaben bei allen Stellen.

Satz 9.7.4. *Es seien rationale Zahlen $a_1, \ldots, a_n \in \mathbb{Q}^\times$ und Zahlen $\varepsilon_{i,v} = \pm 1$ für $i = 1, \ldots, n$ und jedes $v \in P$ gegeben. Es gibt genau dann ein $x \in \mathbb{Q}^\times$ mit*

$$(a_i, x)_v = \varepsilon_{i,v} \quad \text{für alle } v \in P, \ i = 1, \ldots, n,$$

wenn die folgenden Bedingungen (1)–(3) erfüllt sind.

(1) *Fast alle $\varepsilon_{i,v}$ sind gleich 1.*

(2) *Es gilt $\prod_{v \in P} \varepsilon_{i,v} = 1$ für $i = 1, \ldots, n$.*

(3) *Für jedes $v \in P$ existiert ein $x_v \in \mathbb{Q}_v^\times$ mit $(a_i, x_v) = \varepsilon_{i,v}$ für $i = 1, \ldots, n$.*

Beweis. Nach Multiplikation mit einer geeigneten Quadratzahl können wir annehmen, dass die a_i ganze Zahlen sind. Sei S die Menge aller Primteiler der a_i vereinigt mit $\{2, \infty\}$. Sei T die endliche Menge der $v \in P$ mit $\varepsilon_{i,v} = -1$ für ein i.

Wir behandeln zunächst den Spezialfall $S \cap T = \varnothing$ und setzen

$$a = \prod_{\substack{\ell \in T \\ \ell \neq \infty}} \ell \quad \text{und} \quad m = 8 \prod_{\substack{\ell \in S \\ \ell \neq 2, \infty}} \ell.$$

Wegen $S \cap T = \varnothing$ gilt $(a, m) = 1$, und nach dem Dirichletschen Primzahlsatz (Theorem 8.6.1) existiert eine Primzahl $p \notin S \cup T$ mit $p \equiv a \bmod m$. Wir zeigen, dass $x = pa$ die gewünschte Eigenschaft hat, d.h. $(a_i, x)_v = \varepsilon_{i,v}$ für alle $v \in P$, $i = 1, \ldots, n$.

Für $v \in S$ gilt $\varepsilon_{i,v} = 1$ wegen $S \cap T = \varnothing$, und wir müssen $(a_i, x)_v = 1$ für $i = 1, \ldots, n$ zeigen. Für $v = \infty$ folgt dies aus $x > 0$. Ist $v = \ell$ eine Primzahl, so gilt nach Konstruktion $x \equiv a^2 \bmod m$. Also ist x ein Quadrat modulo ℓ, falls $\ell \neq 2$, und ein Quadrat modulo 8, falls $\ell = 2$ ist. Außerdem gilt $v_\ell(x) = 0$, und nach Satz 9.5.5 folgt, dass x ein Quadrat in $\mathbb{Q}_\ell$ ist. Also gilt $(a_i, x)_\ell = 1$ für alle i.

Für $v = \ell \notin S$ sind nach Konstruktion von S die Zahlen a_i ℓ-adische Einheiten. Außerdem ist $\ell \neq 2$, und nach Satz 9.6.3(ii) gilt für jedes $b \in \mathbb{Q}_\ell^\times$ die Gleichung

$$(a_i, b)_\ell = \left(\frac{a_i}{\ell}\right)^{v_\ell(b)}.$$

Ist $\ell \notin T$ und von p verschieden, so gilt $v_\ell(x) = 0$. In diesem Fall gilt also $(a_i, x)_\ell = 1$ und nach Konstruktion von T auch $\varepsilon_{i,\ell} = 1$ für alle i.

Für $\ell \in T$ gilt $v_\ell(x) = 1$. Nach Voraussetzung (3) existiert ein $x_\ell \in \mathbb{Q}_\ell^\times$ mit $(a_i, x_\ell)_\ell = \varepsilon_{i,\ell}$ für alle i. Nach Konstruktion von T ist mindestens einer dieser Werte gleich -1. Daher muss $v_\ell(x_\ell)$ ungerade sein. Wir erhalten

$$(a_i, x)_\ell = \left(\frac{a_i}{\ell}\right) = (a_i, x_\ell)_\ell = \varepsilon_{i,\ell} \quad \text{für } i = 1, \ldots, n.$$

Es verbleibt der Fall $v = p$, den wir unter Verwendung von Bedingung (2) aus der Produktformel ableiten. Es gilt

$$(a_i, p)_p = \prod_{v \neq p} (a_i, p)_v = \prod_{v \neq p} \varepsilon_{i,v} = \varepsilon_{i,p}.$$

Dies zeigt die Aussage des Satzes im Fall $S \cap T = \varnothing$. Wir führen nun den allgemeinen Fall auf den Spezialfall zurück. Nach Korollar 9.7.3 finden wir ein $y \in \mathbb{Q}^\times$ mit $y/x_v \in \mathbb{Q}_v^{\times 2}$ für alle $v \in S$. Insbesondere gilt $(a_i, x_v)_v = (a_i, y)_v$ für $v \in S$, $i = 1, \ldots, n$. Wir ändern nun die Vorgaben ab und setzen $\varepsilon'_{i,v} = \varepsilon_{i,v} \cdot (a_i, y)_v$ für alle $v \in P$, $i = 1, \ldots, n$. Wegen $\varepsilon'_{i,v} = 1$ für $v \in S$ und alle i sind wir mit dem modifizierten Problem im Spezialfall und finden ein $x' \in \mathbb{Q}^\times$ mit $(a_i, x')_v = \varepsilon'_{i,v}$ für alle $v \in P$ und alle i. Nun prüft man leicht nach, dass $x = x'y$ eine Lösung des Ausgangsproblems ist. Dies beendet den Beweis. $\square$

Korollar 9.7.5. *Zu jeder Vorgabe* $(\varepsilon_v)_{v \in P}$, $\varepsilon_v = \pm 1$, *lokaler Hilbert-Symbole, für die* $\varepsilon_v = 1$ *für fast alle* v *und die Produktformel* $\prod_{v \in P} \varepsilon_v = 1$ *gilt, gibt es rationale Zahlen* $a, b \in \mathbb{Q}^{\times}$ *mit* $(a, b)_v = \varepsilon_v$ *für alle* $v \in P$.

Beweis. Wir wählen $a \in \mathbb{Q}^{\times}$ mit $a \notin \mathbb{Q}_v^2$ für jedes der endlich vielen v mit $\varepsilon_v = -1$. Das ist nach Korollar 9.7.3 möglich. Nach Satz 9.6.2 (iv) existiert dann für jedes $v \in P$ ein $b_v \in \mathbb{Q}_v^{\times}$ mit $(a, b_v)_v = \varepsilon_v$ (setze $b_v = 1$, wenn $\varepsilon_v = 1$). Damit sind die Voraussetzungen von Satz 9.7.4 $(n = 1)$ erfüllt und wir finden das gesuchte $b \in \mathbb{Q}^{\times}$. $\qquad\square$

Der Fall allgemeiner Zahlkörper: Sei K ein Zahlkörper und $\mathfrak{p} \subset \mathcal{O}_K$ ein von Null verschiedenes Primideal. Für $x \in K$ heißt die größte ganze Zahl a mit $x \in \mathfrak{p}^a$ die $\mathfrak{p}$-Bewertung von x und wird mit $v_{\mathfrak{p}}(x)$ bezeichnet. Die Funktion

$$| \ |_{\mathfrak{p}} : K \longrightarrow \mathbb{R}, \ x \longmapsto \mathfrak{N}(\mathfrak{p})^{-v_{\mathfrak{p}}(x)},$$

ist eine Bewertung auf K. Die reelle Zahl $|x|_{\mathfrak{p}}$ heißt der $\mathfrak{p}$-Betrag von $x \in K$. Die Vervollständigung von K bezüglich des $\mathfrak{p}$-adischen Abstands wird mit $K_{\mathfrak{p}}$ bezeichnet. Die natürliche Inklusion $\mathbb{Q} \hookrightarrow K$ setzt sich zu einer Einbettung $\mathbb{Q}_p \hookrightarrow K_{\mathfrak{p}}$ fort, wobei p die Primzahl mit $\mathfrak{p} \cap \mathbb{Z} = p\mathbb{Z}$ ist. Man sagt, $v_{\mathfrak{p}}$ setze v_p fort.

Weitere Bewertungen auf K erhält man als Fortsetzungen des Standardbetrags von $\mathbb{Q}$. Jede der r_1 Einbettungen $K \hookrightarrow \mathbb{R}$ (vgl. die Schlussbemerkung nach Abschnitt 6.7) definiert durch die Einschränkung des Standardbetrags von $\mathbb{R}$ eine Bewertung auf K, bezüglich derer die Vervollständigung von K isomorph zu $\mathbb{R}$ ist. Analog definiert jede der r_2 Einbettungen $K \hookrightarrow \mathbb{C}$ durch Einschränkung des Standardbetrags von $\mathbb{C}$ eine Bewertung auf K. Die Vervollständigung von K bezüglich dieser Bewertungen ist isomorph zu $\mathbb{C}$.

Bewertungen, die zu einem Primideal assoziiert sind, nennt man nicht-archimedische oder auch endliche Stellen; Bewertungen, die von einer reellen oder komplexen Einbettung induziert sind, heißen archimedische oder auch unendliche Stellen. Die Menge aller Stellen von K (archimedische und nicht-archimedische) bezeichnet man mit P_K. Jede nichttriviale Bewertung auf K ist zu einer der Bewertungen $| \ |_v$, $v \in P_K$, äquivalent.

Alle in diesem Kapitel vorgestellten Resultate haben ihre natürliche Verallgemeinerung auf Zahlkörper und ihre Vervollständigungen. Siehe [Neu], Kap. II und V.

Aufgabe 1. Man leite das Quadratische Reziprozitätsgesetz und seine Ergänzungssätze aus der Produktformel für das Hilbert-Symbol her.

Aufgabe 2. Man zeige, dass für jede natürliche Zahl n und jede Stelle $v \in P$ die Untergruppe der n-ten Potenzen $\mathbb{Q}_v^{\times n}$ in $\mathbb{Q}_v^{\times}$ offen ist.

Kapitel 10

Quadratische Formen

In diesem Kapitel nehmen wir die Untersuchung diophantischer Gleichungen wieder auf. Gleichungen über $\mathbb{R}$ und über $\mathbb{Q}_p$, p Primzahl, sind vergleichsweise einfach zu lösen. Man ist daher daran interessiert, ob die Existenz von Lösungen in $\mathbb{R}$ und allen $\mathbb{Q}_p$ bereits die Existenz rationaler Lösungen impliziert. Man nennt die Körper $\mathbb{Q}_v$, $v \in P$, *lokale Körper*, da sie Eigenschaften rationaler Zahlen „in der Nähe" der Stellen $v \in P$ reflektieren. Den Körper $\mathbb{Q}$ bezeichnet man als *global*. In dieser Sprache stellt sich also die Frage, ob die Existenz lokaler Lösungen überall bereits die Existenz globaler Lösungen impliziert. Ist dies richtig, sagt man, dass ein *Lokal-Global-Prinzip* gelte.

Die einfachste Form von Gleichungen sind lineare. Wir betrachten ein lineares Gleichungssystem der Form
$$Ax = b, \qquad\qquad (S)$$
wobei A eine $n \times n$-Matrix mit rationalen Einträgen und $b = (b_1, \ldots, b_n)$ ein als Spalte geschriebenes n-Tupel von rationalen Zahlen ist. In diesem einfachen Fall ist es leicht zu sehen, dass (S) genau dann eine Lösung in $\mathbb{Q}$ hat, wenn es eine Lösung in $\mathbb{Q}_v$ für *ein* $v \in P$ gibt. Für $v = \infty$ ist dies die Aussage von Satz 3.2.3. Für $v = p$, p Primzahl, bleibt das Argument das gleiche, siehe die Bemerkung nach Satz 3.2.3. Insbesondere gilt für lineare Gleichungssysteme das Lokal-Global-Prinzip. Im linearen Fall können wir sogar Ganzheitsaussagen machen. Unter Berücksichtigung des Chinesischen Restklassensatzes und von Satz 9.5.1 liest sich Satz 3.2.1 in folgender Weise:

Sind alle Einträge von A und b ganzzahlig, so hat (S) genau dann eine ganzzahlige Lösung, wenn eine Lösung in $\mathbb{Z}_p$ für alle Primzahlen p existiert.

Die Gleichung $X^4 - 17 = 2Y^2$ hat keine rationalen Lösungen, aber Lösungen in $\mathbb{R}$ und in $\mathbb{Q}_p$ für alle p (vgl. Abschnitt 3.5). Das Lokal-Global-Prinzip gilt also nicht immer. Ziel dieses Kapitels ist es zu zeigen, dass das Lokal-Global-Prinzip für quadratische Gleichungen richtig ist.

Wir betrachten eine rein-quadratische Gleichung der Form

$$\sum_{i=1}^{n} a_i X_i^2 + \sum_{1 \le i < j \le n} a_{ij} X_i X_j = a, \qquad (Q)$$

mit rationalen Zahlen a, a_i, a_{ij}. Im Fall $a = 0$ gibt es immer die *triviale Lösung* $x_1 = \cdots = x_n = 0$, die uns im Weiteren nicht interessieren soll. Tiefliegend ist nun die folgende Aussage, die wir im Laufe dieses Kapitels beweisen werden.

Satz 10.0.1 (Hasse-Minkowski). *Die Gleichung (Q) hat genau dann eine nichttriviale rationale Lösung, wenn sie eine nichttriviale Lösung in $\mathbb{R}$ und in allen Körpern $\mathbb{Q}_p$ hat.*

10.1 Quadratische Formen über Körpern

In diesem Abschnitt bezeichne k stets einen Körper der Charakteristik $\neq 2$, d.h. es gilt $2 \neq 0$ in k, also existiert $1/2 \in k$. Im Folgenden setzen wir die Kenntnis elementarer Begriffe der linearen Algebra, wie die des Ranges und der Determinante einer Matrix über einem Körper, voraus.

Definition 10.1.1. *Eine **quadratische Form** in n Variablen über k ist eine Funktion $f \colon k^n \to k$ der Gestalt*

$$f(X) = \sum_{i=1}^{n} a_i X_i^2 + \sum_{1 \le i < j \le n} 2a_{ij} X_i X_j, \qquad a_i, a_{ij} \in k.$$

*Man sagt, **f stelle ein $a \in k$ dar**, wenn es ein $x = (x_1, \ldots, x_n) \in k^n$, $x \neq 0$, mit $f(x) = a$ gibt.*

Setzt man $a_{ij} = a_{ji}$ für $i > j$ und $a_{ii} = a_i$, erhält man eine symmetrische $n \times n$-Matrix A mit Einträgen in k, so dass für $x \in k^n$ (als Spaltenvektor, also als $n \times 1$-Matrix geschrieben) gilt

$$f(x) = x^t A x.$$

Für eine Matrix $M = (m_{ij})$ ist die transponierte Matrix $M^t = (m_{ij}^t)$ durch $m_{ij}^t = m_{ji}$ gegeben. Insbesondere ist x^t eine $1 \times n$-Matrix, d.h. ein Zeilenvektor. Umgekehrt definiert für jede symmetrische Matrix A die Funktion $f(x) = x^t A x$ eine quadratische Form.

Definition 10.1.2. *Der **Rang** $\mathrm{Rg}(f)$ einer quadratischen Form f in n Variablen ist der Rang der assoziierten $n \times n$-Matrix A. Die quadratische Form f heißt **nichtausgeartet**, wenn sie vollen Rang hat, d.h. wenn $\mathrm{Rg}(f) = n$ gilt. Ansonsten heißt die Form **ausgeartet**.*

Wir werden solche quadratischen Formen als gleich ansehen, die durch lineare Substitutionen auseinander hervorgehen. Genauer:

Definition 10.1.3. *Zwei quadratische Formen f und f' auf k^n heißen* **äquivalent** *(symbolisch: $f \sim f'$), wenn es eine invertierbare $n \times n$-Matrix S mit Einträgen aus k gibt, so dass $f'(x) = f(Sx)$ für alle $x \in k^n$ gilt.*

Beispiele: 1. Aus $(X_1 + X_2)(X_1 - X_2) = X_1^2 - X_2^2$ folgt $X_1 X_2 \sim X_1^2 - X_2^2$.
2. Es ist $aX_1^2 \sim bX_1^2$ genau dann, wenn $a = bc^2$ für ein $c \in k^\times$.
3. Entsteht f' aus f durch Permutation der Variablen, so gilt $f \sim f'$.

Sind zwei quadratische Formen f und f' äquivalent, so stellt f' genau dann ein $a \in k$ dar, wenn f dies tut. Für die zu f und f' assoziierten Matrizen A und A' drückt sich $f \sim f'$ durch die Gleichung

$$A' = S^t A S$$

aus. Da S invertierbar ist, bleibt bei dieser Transformation der Rang der Matrix erhalten. Für die Determinanten gilt: $\det(A') = \det(A) \det(S)^2$. Betrachten wir quadratische Formen bis auf Äquivalenz, so ist der Rang der assoziierten Matrix eine Invariante der Äquivalenzklasse, während die Determinante nur bis auf Multiplikation mit einem von Null verschiedenen Quadrat aus k wohlbestimmt ist. Dies motiviert die folgende

Definition 10.1.4. *Die* **Determinante** *$d(f)$ einer quadratischen Form f ist die Determinante der assoziierten Matrix A bis auf Multiplikation mit einem von Null verschiedenen Quadrat aus k:*

$$d(f) \in \{0\} \cup k^\times / k^{\times 2}.$$

Die Determinante ist offenbar genau dann gleich Null, wenn die Form ausgeartet ist. Nun suchen wir zu jeder quadratischen Form eine möglichst einfach gebaute äquivalente Form. Zu jeder symmetrischen Matrix A existiert eine invertierbare Matrix S, so dass $S^t A S$ Diagonalgestalt hat. Diese Aussage ist in jedem Buch über lineare Algebra zu finden. Hier brauchen wir ein klein wenig mehr Information und beweisen zunächst, dass man dargestellte Zahlen im folgenden Sinne abspalten kann.

Satz 10.1.5. *Stellt die quadratische Form f in n Variablen die Zahl $a \in k^\times$ dar, so ist f äquivalent zu einer Form der Gestalt*

$$aX_1^2 + g(X_2, \ldots, X_n),$$

wobei g eine quadratische Form in $n-1$ Variablen ist.

Beweis. Sei $f(\alpha_1, \ldots, \alpha_n) = a \in k^\times$. Da der Vektor $\alpha = (\alpha_1, \ldots, \alpha_n) \in k^n$ von 0 verschieden ist, finden wir eine invertierbare Matrix S, deren erste Spalte gleich α ist. Dann hat die äquivalente Form $f'(X) = f(SX)$ gerade den Koeffizienten $a_1 = a$ vor X_1^2 und wir ersetzen f durch f'. Danach lässt die Substitution $X_1 \mapsto X_1 - \frac{a_{12}}{a}X_2 - \ldots - \frac{a_{1n}}{a}X_n$ alle Mischterme mit X_1 verschwinden, belässt aber a als Koeffizient vor X_1^2. $\qquad \square$

Ist g nicht die Nullform, kann man diesen Prozess fortsetzen. Induktiv schließend erhält man nun leicht das

Korollar 10.1.6. *Jede quadratische Form in n Variablen ist zu einer Diagonalform*
$$f(X) = a_1 X_1^2 + \cdots + a_n X_n^2$$
äquivalent.

Notation: Wir bezeichnen die Form $f(X) = a_1 X_1^2 + \cdots + a_n X_n^2$ mit $\langle a_1, \ldots, a_n \rangle$ und wir setzen $n\langle a \rangle := \langle a, \ldots, a \rangle$.

Die Determinante $d(\langle a_1, \ldots, a_n \rangle)$ ist das Produkt $a_1 \cdots a_n$. Für $b_1, \ldots, b_n \in k^\times$ sieht man leicht die Äquivalenz der Formen
$$\langle a_1, \ldots, a_n \rangle \sim \langle a_1 b_1^2, \ldots, a_n b_n^2 \rangle.$$

Ist $\langle a_1, \ldots, a_n \rangle$ ausgeartet, so ist mindestens eines der a_i gleich 0. Aus Korollar 10.1.6 erhalten wir daher:

Lemma 10.1.7. *Eine ausgeartete quadratische Form stellt stets die Null dar.*

Nützlich ist die folgende Beobachtung.

Satz 10.1.8. *Sei f eine nichtausgeartete quadratische Form. Stellt f die Null dar, so stellt f jedes Element in k dar.*

Beweis. Wir können annehmen, dass $f = \langle a_1, \ldots, a_n \rangle$ mit $a_1, \ldots, a_n \in k^\times$ ist. Sei nun
$$f(x_1, \ldots, x_n) = a_1 x_1^2 + \cdots + a_n x_n^2 = 0$$
mit (nach eventueller Umnumerierung) $x_1 \neq 0$, und sei $a \in k$ beliebig. Für $t \in k$ und $y_1 = x_1(1+t)$, $y_i = x_i(1-t)$, $i \geq 2$, gilt
$$\begin{aligned}
f(y_1, \ldots, y_n) &= a_1 y_1^2 + \cdots + a_n y_n^2 \\
&= (1+t^2)(a_1 x_1^2 + \cdots + a_n x_n^2) + 2t(a_1 x_1^2 - a_2 x_2^2 - \cdots - a_n x_n^2) \\
&= 2t(2a_1 x_1^2) = 4t a_1 x_1^2.
\end{aligned}$$
Setzt man nun $t = a/(4a_1 x_1^2)$, erhält man $f(y_1, \ldots, y_n) = a$. $\qquad\square$

Satz 10.1.9. *Eine nichtausgeartete quadratische Form f in n Variablen stellt dann und nur dann ein Element $a \in k^\times$ dar, wenn die Form*
$$f(X_1, \ldots, X_n) - a X_{n+1}^2$$
die Null darstellt.

Beweis. Gilt $f(x_1, \ldots, x_n) = a$, so folgt $f(x_1, \ldots, x_n) - a \cdot 1^2 = 0$. Dies zeigt eine Richtung. Umgekehrt existiere ein $(x_1, \ldots, x_{n+1}) \neq 0$ aus k^{n+1} mit $f(x_1, \ldots, x_n) - a x_{n+1}^2 = 0$. Gilt $x_{n+1} \neq 0$, so erhalten wir die gewünschte Darstellung von a mittels Division durch x_{n+1}^2. Ansonsten stellt f die Null dar, und nach Satz 10.1.8 also auch a. $\qquad\square$

Jede zu $X_1X_2 \sim X_1^2 - X_2^2$ äquivalente Form heißt **hyperbolisch**. Stellt eine nichtausgeartete quadratische Form die Null dar (was erst ab $n = 2$ möglich ist), so können wir eine hyperbolische Form abspalten:

Satz 10.1.10. *Sei f eine nichtausgeartete quadratische Form in n Variablen. Stellt f die 0 dar, so ist f äquivalent zu einer Form der Gestalt*

$$X_1X_2 + g(X_3, \ldots, X_n),$$

wobei g eine quadratische Form in $n - 2$ Variablen ist.

Beweis. Nach Satz 10.1.8 stellt f die Eins dar und ist daher nach Satz 10.1.5 zu einer Form der Gestalt $X_1^2 + f_1(X_2, \ldots, X_n)$ äquivalent. Da mit f auch diese Form die Null darstellt, erhalten wir mit Satz 10.1.9, dass f_1 das Element -1 darstellt. Eine erneute Anwendung von Satz 10.1.5 liefert die Äquivalenz von f_1 zu einer Form der Gestalt $-X_2^2 + g(X_3, \ldots, X_n)$. Wir erhalten $f \sim X_1^2 - X_2^2 + g(X_3, \ldots, X_n) \sim X_1X_2 + g(X_3, \ldots, X_n)$. □

10.2 Zwei Sätze von Witt

Wir bleiben bei der Betrachtung quadratischer Formen über einem beliebigen Körper k der Charakteristik ungleich 2. Ist f eine quadratische Form in n Variablen über k und g eine Form in m Variablen, so erhalten wir eine Form $f \perp g$ in $n + m$ Variablen durch die Regel

$$(f \perp g)(X_1, \ldots, X_{n+m}) = f(X_1, \ldots, X_n) + g(X_{n+1}, \ldots, X_{n+m}).$$

Man beachte, dass $f \perp g \neq g \perp f$, aber $f \perp g \sim g \perp f$ gilt. Die Gleichung

$$\langle a_1, \ldots, a_n \rangle = \langle a_1 \rangle \perp \cdots \perp \langle a_n \rangle$$

folgt direkt aus der Definition. Sind f, g, g' Formen mit $g \sim g'$, so gilt auch $f \perp g \sim f \perp g'$ (die Äquivalenz kann durch eine Blockmatrix hergestellt werden). Die Umkehrung dieser Aussage ist der erste der beiden Sätze dieses Abschnitts.

Satz 10.2.1 (Wittscher Kürzungssatz). *Es seien f, g, g' quadratische Formen über k. Dann gilt*

$$f \perp g \sim f \perp g' \implies g \sim g'.$$

Bemerkung: Da wir Äquivalenz nur zwischen Formen in gleich vielen Variablen erklärt haben, ist hier implizit vorausgesetzt, dass g und g' quadratische Formen in gleich vielen Variablen sind. Der Satz besagt, dass wir die Form f aus dem Ausdruck $f \perp g \sim f \perp g'$ „herauskürzen" können.

Beweis von Satz 10.2.1. Es gelte $f \perp g \sim f \perp g'$.

1. Schritt: Die Aussage ist richtig, falls $f = n\langle 0 \rangle$ und g' nichtausgeartet ist.
Es seien M und M' die symmetrischen Matrizen zu g und g'. Nach Voraussetzung existiert eine invertierbare Matrix $E = \begin{pmatrix} A & B \\ C & D \end{pmatrix}$ mit

$$\begin{pmatrix} 0 & 0 \\ 0 & M' \end{pmatrix} = E^t \begin{pmatrix} 0 & 0 \\ 0 & M \end{pmatrix} E.$$

Hieraus folgt $M' = D^t M D$. Wegen $0 \neq \det(M') = \det(D)^2 \det(M)$ ist die Matrix D invertierbar, und es folgt $g \sim g'$.

2. Schritt: Die Aussage ist richtig, falls $f = n\langle 0 \rangle$.
Die Rollen von g und g' sind symmetrisch, also können wir annehmen, dass g' keinen kleineren Rang als g hat. Dann schreiben wir $g \sim m\langle 0 \rangle \perp g_1$ und $g' \sim m\langle 0 \rangle \perp g_1'$ mit maximal möglichem m, d.h. g_1' ist nichtausgeartet. Die Äquivalenz $n\langle 0 \rangle \perp m\langle 0 \rangle \perp g_1 \sim n\langle 0 \rangle \perp m\langle 0 \rangle \perp g_1'$ und Schritt 1 zeigen $g \sim g'$.

3. Schritt: Die Aussage ist richtig, falls $f = \langle a \rangle$, $a \in k^\times$.
Es seien M und M' die symmetrischen Matrizen zu g und g'. Nach Voraussetzung existiert eine invertierbare Matrix $\begin{pmatrix} \alpha & B \\ C & D \end{pmatrix}$ mit

$$\begin{pmatrix} a & 0 \\ 0 & M' \end{pmatrix} = \begin{pmatrix} \alpha & C^t \\ B^t & D^t \end{pmatrix} \begin{pmatrix} a & 0 \\ 0 & M \end{pmatrix} \begin{pmatrix} \alpha & B \\ C & D \end{pmatrix}.$$

Hieraus erhält man die folgenden Gleichungen

(1)　　　　　　　　　　$\alpha^2 a + C^t M C = a,$

(2)　　　　　　　　　　$\alpha a B + C^t M D = 0,$

(3)　　　　　　　　　　$a B^t B + D^t M D = M'.$

Wir suchen eine symmetrische Matrix E mit $E^t M E = M'$ und machen den Ansatz $E = D + sCB$, wobei wir $s \in k$ später festlegen werden. Unter Verwendung von (1), (2) und $M^t = M$ erhalten wir

$$E^t M E = (D^t + sB^t C^t) M (D + sCB)$$
$$= D^t M D + sB^t C^t M D + sD^t M C B + s^2 B^t C^t M C B$$
$$= D^t M D + sB^t(-\alpha a B) + s(-\alpha a B)^t B + s^2 B^t (a - \alpha^2 a) B$$
$$= D^t M D + a((1 - \alpha^2)s^2 - 2\alpha s) B^t B.$$

Aus Gleichung (3) ersehen wir, dass $E^t M E = M'$ gilt, falls $(1-\alpha^2)s^2 - 2\alpha s = 1$ ist. Dies ist äquivalent zu $s^2 = (\alpha s + 1)^2$. Für $\alpha \neq 1$ setzen wir $s = 1/(1 - \alpha)$, und für $\alpha = 1$ setzen wir $s = -1/2$. So erhalten wir $g \sim g'$.

4. Schritt: Die Aussage ist immer richtig.
Wir können f durch eine beliebige äquivalente Form ersetzen und daher annehmen, dass f Diagonalgestalt hat. Dann folgt die Aussage durch sukzessives Anwenden der Schritte 2 und 3.　　　　　　　　　　　　　　　　□

Der zweite Satz dieses Abschnitts ist eher technischer Natur.

Definition 10.2.2. *Es seien* $f = \langle a_1, \ldots, a_n \rangle$, $g = \langle b_1, \ldots, b_n \rangle$ *quadratische Formen in Diagonalgestalt. Man nennt* f *und* g **benachbart**, *wenn eine der folgenden Bedingungen* (1) *und* (2) *erfüllt ist.*

(1) *Es gibt einen Index* i, *so dass* $\langle a_i \rangle \sim \langle b_i \rangle$ *und* $a_k = b_k$ *für alle* $k \neq i$.

(2) *Es gibt zwei Indizes* $i \neq j$, *so dass* $\langle a_i, a_j \rangle \sim \langle b_i, b_j \rangle$ *und* $a_k = b_k$ *für alle* $k \notin \{i, j\}$.

Benachbarte Diagonalformen sind offenbar äquivalent, und dasselbe gilt für Diagonalformen, die durch eine endliche Kette von Nachbarschaften verbunden werden können. Der nächste Satz zeigt die Umkehrung dieser Aussage.

Satz 10.2.3 (Wittscher Kettenäquivalenzsatz). *Sind zwei Diagonalformen* f *und* g *äquivalent, so gibt es eine Kette* $f_0, \ldots, f_m$ *von Diagonalformen, so dass*

(i) $f_0 = f$, $f_m = g$,

(ii) f_i *und* f_{i+1} *sind benachbart für* $i = 0, \ldots, m-1$.

Zum Beweis stellen wir zunächst das folgende Lemma bereit.

Lemma 10.2.4. *Zwei nichtausgeartete quadratische Formen vom Rang 2 sind genau dann äquivalent, wenn sie die gleiche Determinante haben und ein gemeinsames Element in* $k^\times$ *darstellen.*

Beweis. Die Notwendigkeit der Bedingung ist klar. Sei $a \in k^\times$ durch f und g dargestellt. Nach Satz 10.1.5 können wir a abspalten, d.h. $f \sim \langle a, b \rangle$ und $g \sim \langle a, b' \rangle$ für gewisse $b, b' \in k^\times$. Nach Voraussetzung gilt $ab = d(f) = d(g) = ab' \in k^\times / k^{\times 2}$, also $b = b'c^2$ für ein $c \in k^\times$. Wir erhalten $\langle b \rangle \sim \langle b' \rangle$ und somit $f \sim \langle a \rangle \perp \langle b \rangle \sim \langle a \rangle \perp \langle b' \rangle \sim g$. $\square$

Beweis von Satz 10.2.3. Wir nennen zwei Formen, die durch eine endliche Kette von Nachbarschaften verbunden werden können, *kettenäquivalent* und schreiben dies als $f \approx g$. Zunächst bemerken wir, dass Formen, die durch eine Permutation der Indizes auseinander hervorgehen, kettenäquivalent sind. Das folgt daraus, dass man jede Permutation der Zahlen $1, \ldots, n$ als Produkt von Transpositionen schreiben kann (eine Transposition vertauscht genau zwei Zahlen und lässt alle anderen fest). Wegen $f \sim g$ haben die beiden Formen f und g die gleiche Anzahl von Nullen in ihrer Darstellung. Diese können wir nach hinten sortieren: $f \approx f_1 \perp s\langle 0 \rangle$, $g \approx g_1 \perp s\langle 0 \rangle$. Nach dem Wittschen Kürzungssatz gilt $f_1 \sim g_1$, und es genügt daher zu zeigen, dass zwei äquivalente nichtausgeartete Diagonalformen kettenäquivalent sind.

Nun sei $f = \langle a_1, \ldots, a_n \rangle$, $g = \langle b_1, \ldots, b_n \rangle$, $a_i, b_j \in k^\times$. Wir argumentieren per Induktion nach n. Für $n = 1, 2$ ist nichts zu zeigen, also sei $n \geq 3$. Da b_1 durch g dargestellt wird, gilt dies auch für f. Wir wählen unter allen zu f kettenäquivalenten Diagonalformen eine Form $f' = \langle c_1, \ldots, c_n \rangle$ so aus, dass b_1 durch $\langle c_1, \ldots, c_r \rangle$ dargestellt wird, und r kleinstmöglich ist.

Behauptung: $r = 1$.

Angenommen, es ist $r \geq 2$. Wir schreiben $b_1 = c_1\alpha_1^2 + \cdots + c_r\alpha_r^2$. Wegen der Minimalität von r verschwindet keine Teilsumme dieser Summe, insbesondere gilt $d := c_1\alpha_1^2 + c_2\alpha_2^2 \neq 0$. Die Formen $\langle c_1, c_2 \rangle$ und $\langle d, c_1c_2d \rangle$ haben die gleiche Determinante und stellen das Element $d \neq 0$ dar. Nach Lemma 10.2.4 gilt $\langle c_1, c_2 \rangle \sim \langle d, c_1c_2d \rangle$. Wir erhalten

$$f \approx f' = \langle c_1, c_2, c_3, \ldots, c_n \rangle \approx \langle d, c_1c_2d, c_3 \ldots, c_n \rangle$$
$$\approx \langle d, c_3, \ldots, c_n, c_1c_2d \rangle.$$

Nun wird $b_1 = d + c_3\alpha_3^2 + \cdots c_r\alpha_r^2$ aber bereits durch die Form $\langle d, c_3, \ldots, c_r \rangle$ dargestellt, was der Minimalität von r widerspricht. Also gilt $r = 1$.

Aus der bewiesenen Behauptung folgt $\langle b_1 \rangle \sim \langle c_1 \rangle$, woraus $f' \approx \langle b_1, c_2, \ldots, c_n \rangle$ folgt. Die Äquivalenz der Formen f' und $g = \langle b_1, b_2, \ldots, b_n \rangle$ sowie der Wittsche Kürzungssatz liefern $\langle c_2, \ldots, c_n \rangle \sim \langle b_2, \ldots, b_n \rangle$. Nach Induktionsvoraussetzung gilt $\langle c_2, \ldots, c_n \rangle \approx \langle b_2, \ldots, b_n \rangle$. Hieraus folgt: $f \approx \langle b_1, c_2, \ldots, c_n \rangle \approx \langle b_1, b_2, \ldots, b_n \rangle = g$. $\qquad\square$

In den folgenden Aufgaben seien quadratische Formen stets über einem Körper k der Charakteristik $\neq 2$ definiert.

Aufgabe 1. Es seien f und g zwei nichtausgeartete quadratische Formen vom Rang n und m, und seien A und B die assoziierten symmetrischen Matrizen zu f und g. Wir definieren das Tensorprodukt $f \otimes g$ von f und g als die quadratische Form in nm Variablen, die zur symmetrischen Matrix

$$A \otimes B := \begin{pmatrix} a_{11}B & a_{12}B & \cdots & a_{1n}B \\ a_{21}B & a_{22}B & \cdots & a_{2n}B \\ \vdots & \vdots & \ddots & \vdots \\ a_{n1}B & a_{n2}B & \cdots & a_{nn}B \end{pmatrix}$$

assoziiert ist. Man zeige:

(i) $f \sim f'$ und $g \sim g' \implies f \otimes g \sim f' \otimes g'$,
(ii) $f \otimes (g \perp g') \sim (f \otimes g) \perp (f \otimes g')$,
(iii) $f \otimes (g \otimes h) \sim (f \otimes g) \otimes h$,
(iv) $f \otimes g \sim g \otimes f$,
(v) $d(f \otimes g) = d(f)^{\operatorname{Rg}(g)} d(g)^{\operatorname{Rg}(f)}$ (insbesondere ist $f \otimes g$ nichtausgeartet).

Hinweis: Nachdem man (i) gezeigt hat, kann man f und g als Diagonalformen annehmen.

Aufgabe 2. Sei $\mathcal{A}$ die Menge der Äquivalenzklassen nichtausgearteter quadratischer Formen (von irgendeinem Rang) über k. Die Äquivalenzklasse einer Form f bezeichnen wir mit $[f]$. Wir betrachten die Gruppe aller formalen Linearkombinationen

$$A := \{\lambda_1\alpha_1 + \ldots \lambda_n\alpha_n \mid \alpha_1, \ldots, \alpha_n \in \mathcal{A}, \ \lambda_1, \ldots, \lambda_n \in \mathbb{Z}, \ n \geq 0\}$$

mit der offensichtlichen Addition. Wir betrachten die Untergruppe $B \subset A$, die von allen Ausdrücken der Form $[f \perp g] - [f] - [g]$ erzeugt wird und definieren

$$GW(k) := A/B.$$

Man zeige:

(i) Jedes Element $x \in GW(k)$ kann in der Form $x = [f_1] - [f_2]$ mit nichtausgearteten quadratischen Formen f_1 und f_2 dargestellt werden.

(ii) $[f_1] - [f_2] = [g_1] - [g_2] \in GW(k) \iff f_1 \perp g_2 \sim g_1 \perp f_2$.

(iii) $GW(k)$ wird durch die (wohldefinierte!) Multiplikation

$$([f_1] - [f_2])([g_1] - [g_2]) := [(f_1 \otimes g_1) \perp (f_2 \otimes g_2)] - [(f_1 \otimes g_2) \perp (f_2 \otimes g_1)]$$

zu einem kommutativen Ring mit 1.

Der Ring $GW(k)$ heißt der **Grothendieck-Witt-Ring** von k.

Aufgabe 3. Man zeige $f \otimes \langle 1, -1 \rangle \sim \mathrm{Rg}(f)\langle 1, -1 \rangle$ für jede nichtausgeartete quadratische Form f.

Hinweis: Man reduziere auf den Fall $f = \langle a \rangle$ und wende Lemma 10.2.4 an.

Aufgabe 4. Es sei $J = \mathbb{Z} \cdot [\langle 1, -1 \rangle]$ die in $GW(k)$ vom Element $[\langle 1, -1 \rangle]$ erzeugte Untergruppe. Man zeige, dass J ein Ideal ist. Der Faktorring

$$W(k) := GW(k)/J$$

heißt der **Witt-Ring** von k.

Aufgabe 5. Sei f eine nichtausgeartete quadratische Form. Man zeige, dass eine nichtausgeartete quadratische Form g und ein $n \in \mathbb{N}$ existieren, so dass gilt:

$$f \perp g \sim n\langle 1, -1 \rangle.$$

Hinweis: Man benutze die Sätze 10.1.9 und 10.1.10.

Aufgabe 6. Man zeige:

(i) Jedes $x \in W(k)$ ist von der Form $x = [f]$ für eine nichtausgeartete quadratische Form f.

(ii) Es sei $[f] = [g] \in W(k)$ im Witt-Ring und $n = \mathrm{Rg}(f) \geq m = \mathrm{Rg}(g)$. Dann gilt $f \sim \big(g \perp (n-m)\langle 1, -1 \rangle\big)$. Insbesondere gilt $f \sim g$, wenn $n = m$.

10.3 Reelle quadratische Formen

Wir untersuchen nun reelle quadratische Formen. Weil man jede quadratische Form diagonalisieren kann und weil jede positive reelle Zahl ein Quadrat ist, ist jede reelle Form in n Variablen äquivalent zu einer der Gestalt $\langle 1, \ldots, 1, -1, \ldots, -1, 0, \ldots, 0 \rangle$, d.h. $f \sim f_{(r,s)}$ mit

$$f_{(r,s)}(X) = X_1^2 + \cdots + X_r^2 - X_{r+1}^2 - \cdots - X_{r+s}^2, \quad r, s \geq 0, \ r + s \leq n.$$

Der nächste Satz besagt, dass das Paar (r, s) durch f eindeutig bestimmt, also eine Invariante der Äquivalenzklasse von f ist.

Satz 10.3.1 (Sylvesterscher Trägheitssatz). *Es gilt $f_{(r,s)} \sim f_{(r',s')}$ dann und nur dann, wenn $(r, s) = (r', s')$.*

Beweis. Es sei $f_{(r,s)} \sim f_{(r',s')}$. Dann gilt $r + s = \mathrm{Rg}(f_{(r,s)}) = \mathrm{Rg}(f_{(r',s')}) = r' + s'$, und es genügt daher zu zeigen, dass $r = r'$ gilt. Aus Symmetriegründen genügt es sogar, $r \leq r'$ zu zeigen. Sei S eine invertierbare reelle $n \times n$-Matrix mit

$$f_{(r',s')}(x) = f_{(r,s)}(Sx) \quad \text{für alle } x \in \mathbb{R}^n,$$

und seien $x_1, \ldots, x_r \in \mathbb{R}^n$ die ersten r Spalten der Matrix S^{-1}. Dann gilt für $i = 1, \ldots, r$ die Gleichung $f_{(r',s')}(x_i) = f_{(r,s)}(Sx_i) = f_{(r,s)}(e_i) = 1$, wobei e_i den i-ten Einheitsvektor im $\mathbb{R}^n$ bezeichnet. Für beliebige reelle Zahlen $\alpha_1, \ldots, \alpha_r$ folgt analog

$$f_{(r',s')}\left(\sum_{i=1}^{r} \alpha_i x_i \right) = f_{(r,s)}(\alpha_1, \ldots, \alpha_r, 0, \ldots, 0) = \alpha_1^2 + \ldots + \alpha_r^2. \qquad (*)$$

Wir nehmen nun an, dass $r > r'$ gilt. Dann ist aus Anzahlgründen das System $x_1, \ldots, x_r, e_{r'+1}, \ldots, e_n$ von Vektoren im $\mathbb{R}^n$ linear abhängig. Es gibt also reelle Zahlen $\alpha_1, \ldots, \alpha_r, \beta_1, \ldots, \beta_{n-r'}$, nicht alle Null, mit

$$\alpha_1 x_1 + \cdots + \alpha_r x_r + \beta_1 e_{r'+1} + \cdots + \beta_{n-r'} e_n = 0.$$

Die Einheitsvektoren $e_{r'+1}, \ldots, e_n$ sind linear unabhängig, weshalb mindestens eines der α_i ungleich 0 ist. Mit Hilfe von $(*)$ folgt

$$f_{(r',s')}\left(\sum_{i=1}^{r} \alpha_i x_i \right) = \alpha_1^2 + \ldots + \alpha_r^2 > 0.$$

Andererseits gilt

$$f_{(r',s')}\left(\sum_{i=1}^{r} \alpha_i x_i \right) = f_{(r',s')}\left(- \sum_{i=1}^{n-r'} \beta_i e_{r'+i} \right) = -\beta_1^2 - \cdots - \beta_{s'}^2 \leq 0.$$

Dieser Widerspruch zeigt $r \leq r'$. $\qquad\qquad\qquad\qquad\qquad\qquad\qquad\qquad\qquad\qquad\qquad$ □

Definition 10.3.2. *Sei f eine nichtausgeartete reelle quadratische Form in n Variablen. Das (eindeutig bestimmte) Paar (r, s) mit $f \sim f_{(r,s)}$ heißt die* **Signatur** *von f. Man nennt f* **positiv definit***, wenn $r = n$,* **negativ definit***, wenn $s = n$, und* **indefinit***, wenn $rs \neq 0$ gilt.*

Der nächste Satz folgt direkt aus dem Sylvesterschen Trägheitssatz.

Satz 10.3.3. *Eine nichtausgeartete reelle quadratische Form stellt genau dann die Null (und damit jede reelle Zahl) dar, wenn sie indefinit ist. Eine positiv definite Form stellt jede positive reelle Zahl dar, aber keine negative. Eine negativ definite Form stellt jede negative, aber keine positive reelle Zahl dar.*

Aufgabe 1. Man zeige $GW(\mathbb{R}) \cong \mathbb{Z}[X]/(X^2-1)$, wobei $GW(\mathbb{R})$ der Grothendieck-Witt-Ring ist (siehe Aufgabe 2, Abschnitt 10.2).

Hinweis: Man betrachte die Abbildung $[f_{(r,s)}] - [f_{(r',s')}] \mapsto (r-r') + (s-s')X$.

Aufgabe 2. Man zeige $W(\mathbb{R}) \cong \mathbb{Z}$, wobei $W(\mathbb{R})$ der Witt-Ring ist (siehe Aufgabe 4, Abschnitt 10.2).

Aufgabe 3. Man zeige: $GW(\mathbb{C}) \cong \mathbb{Z}$, $W(\mathbb{C}) \cong \mathbb{Z}/2\mathbb{Z}$.

Hinweis: Man betrachte die Abbildung $[f_1] - [f_2] \mapsto \mathrm{Rg}(f_1) - \mathrm{Rg}(f_2)$.

10.4 Quadratische Formen über lokalen Körpern

Wir betrachten nun quadratische Formen über $k = \mathbb{Q}_v$, $v \in P$. Neben die Invarianten Rang und Determinante tritt nun eine weitere, die *Hasse-Invariante*. Zunächst bemerken wir, dass (mehr oder weniger per definitionem) das Hilbert-Symbol ins Spiel kommt.

Lemma 10.4.1. *Es sei $ab \neq 0$. Dann gilt*

$$\langle a, b \rangle \text{ stellt } 1 \in k \text{ dar} \iff (a, b) = 1.$$

Beweis. Nach Satz 10.1.9 stellt $\langle a, b \rangle$ genau dann die 1 dar, wenn $\langle a, b, -1 \rangle$ die 0 darstellt. Die letzte Bedingung ist äquivalent zu $(a, b) = 1$. $\square$

Für eine nichtausgeartete Diagonalform setzen wir

$$\varepsilon(\langle a_1, \ldots, a_n \rangle) := \prod_{1 \leq i < j \leq n} (a_i, a_j).$$

Per Konvention gilt $\varepsilon(\langle a \rangle) = 1$.

Satz 10.4.2. *Gilt $\langle a_1, \ldots, a_n \rangle \sim \langle b_1, \ldots, b_n \rangle$, so folgt*

$$\varepsilon(\langle a_1, \ldots, a_n \rangle) = \varepsilon(\langle b_1, \ldots, b_n \rangle).$$

Beweis. Nach dem Wittschen Kettenäquivalenzsatz können wir annehmen, dass die Formen benachbart sind. Gilt $a_i = b_i$ für alle $i \neq i_0$, so folgt aus dem Wittschen Kürzungssatz $\langle a_{i_0} \rangle \sim \langle b_{i_0} \rangle$, also $a_{i_0} = b_{i_0} c^2$ für ein $c \in k^\times$, und die Aussage des Satzes ist offensichtlich. Sei nun $a_i = b_i$ für $i \geq 3$ und $\langle a_1, a_2 \rangle \sim \langle b_1, b_2 \rangle$ (das können wir durch eine Permutation der Indizes erreichen). Dann gilt $a_1 a_2 = b_1 b_2 \in k^\times / k^{\times 2}$ und Lemma 10.4.1 liefert $(a_1, a_2) = (b_1, b_2)$. Folglich gilt

$$\prod_{i<j}(a_i,a_j) = (a_1,a_2)(a_1,a_3\cdots a_n)(a_2,a_3\cdots a_n)\prod_{3\le i<j}(a_i,a_j)$$

$$= (a_1,a_2)(a_1 a_2, a_3\cdots a_n)\prod_{3\le i<j}(a_i,a_j)$$

$$= (b_1,b_2)(b_1 b_2, b_3\cdots b_n)\prod_{3\le i<j}(b_i,b_j)$$

$$= \prod_{i<j}(b_i,b_j).$$

Das zeigt die Behauptung. □

Nach Satz 10.4.2 ist nun die folgende Definition sinnvoll.

Definition 10.4.3. *Die* **Hasse-Invariante** $\varepsilon(f)$ *einer nichtausgearteten quadratischen Form* f *vom Rang* n *über einem lokalen Körper* k *ist durch*

$$\varepsilon(f) = \varepsilon(\langle a_1,\ldots,a_n\rangle)$$

definiert, wobei $\langle a_1,\ldots,a_n\rangle$ *eine beliebige zu* f *äquivalente Diagonalform ist.*

Beispiel: Für eine reelle Form f der Signatur (r,s) errechnet man leicht:

$$\varepsilon(f) = (-1)^{\frac{s(s-1)}{2}}.$$

Nun ist der Fall reeller Formen schon vollständig geklärt. Für die p-adischen Zahlen erhalten wir den folgenden Satz.

Satz 10.4.4. *Es sei* p *eine Primzahl und* f *eine nichtausgeartete quadratische Form vom Rang* n *über* $\mathbb{Q}_p$ *mit Invarianten* $d = d(f) \in \mathbb{Q}_p^\times/\mathbb{Q}_p^{\times 2}$, $\varepsilon = \varepsilon(f) \in \{\pm 1\}$. *Dann stellt* f *die Null genau in den folgenden Fällen dar:*
  (i) $n = 2$ und $d = -1$,
  (ii) $n = 3$ und $(-1,-d) = \varepsilon$,
  (iii) $n = 4$ und $d \ne 1$ oder $(d = 1$ und $\varepsilon = (-1,-1))$,
  (iv) $n \ge 5$.

Bevor wir den Satz beweisen, folgern wir genaue Kriterien, wann ein $a \in \mathbb{Q}_p^\times$ darstellbar ist. Diese Frage hängt offenbar nur vom Bild von a in $\mathbb{Q}_p^\times/\mathbb{Q}_p^{\times 2}$ ab. Nach Satz 10.1.9 stellt f genau dann a dar, wenn die Form $f \perp \langle -a\rangle$ die Null darstellt. Nun gilt

$$d(f \perp \langle -a\rangle) = -ad \quad \text{und} \quad \varepsilon(f \perp \langle -a\rangle) = (-a,d)\varepsilon.$$

Daher erhalten wir das

Korollar 10.4.5. *Ein* $a \in \mathbb{Q}_p^\times/\mathbb{Q}_p^{\times 2}$ *wird genau in den folgenden Fällen von* f *dargestellt:*
  (i) $n = 1$ und $a = d$,
  (ii) $n = 2$ und $(a,-d) = \varepsilon$,
  (iii) $n = 3$ und $a \ne -d$ oder $(a = -d$ und $\varepsilon = (-1,-d))$,
  (iv) $n \ge 4$.

Beweis von Satz 10.4.4. Zunächst kann eine nichtausgeartete Form vom Rang 1 nicht die Null darstellen. Indem wir f durch eine äquivalente Diagonalform ersetzen, können wir annehmen: $f = \langle a_1, \ldots, a_n \rangle$, $a_1, \ldots, a_n \in \mathbb{Q}_p^\times$, $n \geq 2$.

Der Fall $n = 2$: Offenbar stellt f genau dann die Null dar, wenn $-a_1/a_2$ ein Quadrat ist. Nun gilt $-d = -a_1 a_2 = -a_1/a_2 \in \mathbb{Q}_p^\times / \mathbb{Q}_p^{\times 2}$.

Der Fall $n = 3$: Die Form f stellt genau dann die Null dar, wenn die äquivalente Form

$$-a_3 f \sim \langle -a_3 a_1, -a_3 a_2, -1 \rangle$$

dies tut, was nach Definition des Hilbert-Symbols äquivalent zu der Gleichung $(-a_3 a_1, -a_3 a_2) = 1$ ist. Entwickelt man diesen Ausdruck, erhält man

$$(-1,-1)(-1,a_3)(-1,a_2)(a_3,-1)(a_3,a_3)(a_3,a_2)(a_1,-1)(a_1,a_3)(a_1,a_2) =$$
$$(-1,a_3)(a_3,a_3)(-1,-d)\varepsilon = (-a_3,a_3)(-1,-d)\varepsilon = (-1,-d)\varepsilon,$$

wobei wir $(-a_3, a_3) = 1$ ausgenutzt haben (siehe Lemma 9.6.5). Also stellt f genau dann die Null dar, wenn $(-1,-d)\varepsilon = 1$ bzw. $(-1,-d) = \varepsilon$ gilt.

Der Fall $n = 4$: Offenbar stellt f genau dann 0 dar, wenn die beiden Formen $\langle a_1, a_2 \rangle$ und $\langle -a_3, -a_4 \rangle$ ein gemeinsames Element darstellen. Ist dies die 0, so stellen nach Satz 10.1.8 beide Formen *jedes* Element in $\mathbb{Q}_p$ dar. Also stellt f genau dann die Null dar, wenn die beiden Formen $\langle a_1, a_2 \rangle$ und $\langle -a_3, -a_4 \rangle$ ein gemeinsames Element in $x \in \mathbb{Q}_p^\times / \mathbb{Q}_p^{\times 2}$ darstellen. Da wir den Fall $n = 3$ bereits abgeschlossen haben, steht uns der Fall $n = 2$ von Korollar 10.4.5 zur Verfügung. Das heißt, x ist durch die Bedingungen

$$(x, -a_1 a_2) = (a_1, a_2) \quad \text{und} \quad (x, -a_3 a_4) = (-a_3, -a_4)$$

charakterisiert. Mit den Bezeichnungen von Korollar 9.6.6 ist die Nichtexistenz von x gleichbedeutend mit $H_{-a_1 a_2}^{(a_1, a_2)} \cap H_{-a_3 a_4}^{(-a_3, -a_4)} = \varnothing$. Man berechnet leicht $(a_1, -a_1 a_2) = (a_1, -a_1)(a_1, a_2) = (a_1, a_2)$ und $(-a_3, -a_3 a_4) = (-a_3, a_3)(-a_3, -a_4) = (-a_3, -a_4)$. Also sind die beiden Mengen nichtleer und nach Korollar 9.6.6 ist die Trivialität ihres Durchschnittes äquivalent zu

$$a_1 a_2 = a_3 a_4 \in \mathbb{Q}_p^\times / \mathbb{Q}_p^{\times 2} \quad \text{und} \quad (a_1, a_2) = -(-a_3, -a_4).$$

Die erste Bedingung ist gerade $d = 1$. Ist sie erfüllt, so gilt unter Verwendung von $(a, -a) = 1$ und $(a, a) = (-1, a)$ (siehe Lemma 9.6.5)

$$\begin{aligned}
\varepsilon &= (a_1, a_2)(a_3, a_4)(a_1 a_2, a_3 a_4) \\
&= (a_1, a_2)(a_3, a_4)(-1, a_3 a_4) \\
&= (a_1, a_2)(a_3, -a_3 a_4)(-1, -a_3 a_4)(-1, -1) \\
&= (a_1, a_2)(-a_3, -a_3 a_4)(-1, -1) \\
&= (a_1, a_2)(-a_3, -a_4)(-1, -1) \\
&= -(-1, -1).
\end{aligned}$$

Daher ist die zweite Bedingung dann zu $\varepsilon = -(-1, -1)$ äquivalent.

Der Fall $n \geq 5$: Es genügt offenbar, den Fall $n = 5$ zu behandeln. Nach Korollar 10.4.5 im Fall $n = 2$ und nach Korollar 9.6.6 stellt eine Form vom

Rang 2 stets mindestens 2 verschiedene Elemente in $\mathbb{Q}_p^\times/\mathbb{Q}_p^{\times 2}$ dar. Das gleiche gilt daher auch für Formen vom Rang ≥ 2. Also stellt f ein Element $a \neq d \in \mathbb{Q}_p^\times/\mathbb{Q}_p^{\times 2}$ dar. Nach Satz 10.1.5 gilt $f \sim g \perp \langle a \rangle$, wobei g eine Form vom Rang 4 der Determinante $d/a \neq 1$ ist. Nach dem im Fall $n = 4$ Bewiesenen stellt g die Null dar, also tut dies auch f.   □

Schließlich erhalten wir den folgenden Klassifikationssatz.

Satz 10.4.6. *Zwei nichtausgeartete quadratische Formen gleichen Ranges über* $\mathbb{Q}_p$ *sind genau dann äquivalent, wenn sie die gleiche Determinante und die gleiche Hasse-Invariante haben.*

Beweis. Die gegebenen Bedingungen sind offenbar notwendig. Eine Form vom Rang 1 ist bis auf Äquivalenz durch ihre Determinante gegeben (die Hasse-Invariante ist ein leeres Produkt, also gleich 1). Wir zeigen den allgemeinen Fall per Induktion über den Rang. Seien f und g Formen vom Rang $n > 1$, und sei die Aussage für Formen vom Rang $n - 1$ bereits bewiesen. Haben f und g gleiche Determinante und gleiche Hasse-Invariante, so stellen sie nach Korollar 10.4.5 die gleichen Elemente in $\mathbb{Q}_p^\times$ dar. Sei $a \in \mathbb{Q}_p^\times$ ein Element, das durch f und g dargestellt wird. Nach Satz 10.1.5 gilt $f \sim f' \perp \langle a \rangle$ und $g \sim g' \perp \langle a \rangle$ für gewisse Formen f', g' vom Rang $n - 1$. Nun gilt $d(f') = d(f)a = d(g)a = d(g')$ und $\varepsilon(f') = \varepsilon(f)(d(f'), a) = \varepsilon(g)(d(g'), a) = \varepsilon(g')$. Nach Induktionsvoraussetzung gilt $f' \sim g'$, also $f \sim g$.   □

Aufgabe 1. Für welche Primzahlen p hat die Gleichung $X^2 + Y^2 + Z^2 = 7$ eine Lösung in $\mathbb{Q}_p$?

Aufgabe 2. Man zeige: Es gibt bis auf Äquivalenz genau eine quadratische Form vom Rang 4 über $\mathbb{Q}_p$, die die Null nicht darstellt.

10.5 Der Satz von Hasse-Minkowski

Sei f eine quadratische Form über $\mathbb{Q}$. Über die Einbettungen $\mathbb{Q} \subset \mathbb{Q}_v$, $v \in P$, kann man f auch als quadratische Form über allen Körpern $\mathbb{Q}_v$ auffassen. Die durch f über $\mathbb{Q}_v$ gegebene Form bezeichnen wir zur besseren Unterscheidung mit f_v. Stellt f die Null dar, so gilt dies auch für alle f_v. Die Umkehrung dieser Aussage ist der berühmte

Satz 10.5.1 (Hasse-Minkowski). *Eine rationale quadratische Form f stellt genau dann die Null dar, wenn für alle $v \in P$ die Form f_v die Null darstellt.*

Wir folgern zunächst Satz 10.0.1.

Korollar 10.5.2 (= Satz 10.0.1). *Eine rationale quadratische Form stellt genau dann ein $a \in \mathbb{Q}$ dar, wenn sie a über $\mathbb{R}$ und über jedem $\mathbb{Q}_p$, p Primzahl, darstellt.*

Beweis. Der Fall $a = 0$ folgt direkt aus Satz 10.5.1. Die Frage, ob eine ausgeartete Form eine Zahl $a \neq 0$ darstellt, lässt sich nach Diagonalisierung durch Weglassen der Variablen mit Koeffizienten Null leicht auf dieselbe Frage für eine nichtausgeartete Form in weniger Variablen zurückführen. Sei nun f eine nichtausgeartete rationale quadratische Form und $a \in \mathbb{Q}^{\times}$. Nach Satz 10.1.9 stellt f genau dann a dar, wenn die Form $f \perp \langle -a \rangle$ die Null darstellt. Nach Satz 10.5.1 ist dies genau dann der Fall, wenn $f_v \perp \langle -a \rangle$ für alle $v \in P$ die Null in $\mathbb{Q}_v$ darstellt. Eine erneute Anwendung von Satz 10.1.9 liefert das Ergebnis. □

Korollar 10.5.3 (Meyer). *Eine nichtausgeartete rationale quadratische Form vom Rang ≥ 5 stellt genau dann die Null dar, wenn sie indefinit ist.*

Beweis. Dies folgt aus den Sätzen 10.5.1, 10.3.3 und 10.4.4. □

Beweis von Satz 10.5.1. Da eine ausgeartete quadratische Form stets die Null darstellt, können wir f als nichtausgeartet annehmen. Eine nichtausgeartete Form vom Rang 1 stellt 0 weder über $\mathbb{Q}$ noch über $\mathbb{Q}_v$, $v \in P$, dar. Außerdem können wir f durch eine äquivalente Form ersetzen. Wir können also annehmen: $f = a_1 X_1^2 + \cdots + a_n X_n^2$, $a_1, \ldots, a_n \in \mathbb{Q}^{\times}$, $n \geq 2$.

Der Fall $n = 2$: $a_1 X_1^2 + a_2 X_2^2$ stellt die Null genau dann über einem Körper k dar, wenn $-a_1/a_2 \in k^{\times 2}$ gilt. Die Aussage folgt daher aus Korollar 9.5.8.

Der Fall $n = 3$: Durch Übergang zu einer äquivalenten Form können wir annehmen, dass a_1, a_2, a_3 ganzzahlig und quadratfrei sind. Wir können außerdem annehmen, dass die a_i paarweise teilerfremd sind. Gilt z.B. $p | a_1$ und $p | a_2$, so stellt $\langle a_1, a_2, a_3 \rangle$ genau dann 0 dar, wenn $\langle pa_1, pa_2, pa_3 \rangle \sim \langle a_1/p, a_2/p, pa_3 \rangle$ die 0 darstellt. Da a_1 und a_2 quadratfrei sind, sind a_1/p und a_2/p nicht durch p teilbar. Im Fall $p | a_3$ ersetzen wir noch pa_3 durch a_3/p. Schließlich ist f nach Voraussetzung indefinit. Nach eventuellem Übergang zu $-f$ und einer eventuellen Variablenvertauschung können wir daher annehmen, dass $f = \langle a, b, -c \rangle$ gilt, wobei $a, b, c \in \mathbb{N}$ quadratfrei und paarweise teilerfremd sind. Für $a = b = c = 1$ gilt $f(1, 0, 1) = 0$ in $\mathbb{Q}$ sowie in allen $\mathbb{Q}_v$, $v \in P$. Daher ist in diesem Fall nichts zu zeigen, und wir setzen im Folgenden $abc > 1$ voraus.

Sei nun p ein beliebiger Primteiler von c und $\alpha, \beta, \gamma \in \mathbb{Q}_p$ mit $\alpha\beta\gamma \neq 0$, $a\alpha^2 + b\beta^2 = c\gamma^2$. Durch Multiplikation mit einer geeigneten p-Potenz erreichen wir $\alpha, \beta, \gamma \in \mathbb{Z}_p$, nicht alle durch p teilbar. Wären α und β beide durch p teilbar, so folgte $p^2 | c\gamma^2$ und wegen $v_p(c) = 1$ auch $p | \gamma$, was ausgeschlossen ist. Nach einer eventuellen Vertauschung von a und b können wir daher annehmen, dass $\beta \in \mathbb{Z}_p^{\times}$ gilt. Dann gilt $b \equiv -a\frac{\alpha^2}{\beta^2} \bmod p$, woraus die Polynomkongruenz

$$aX^2 + bY^2 - cZ^2 \equiv a\beta^{-2}(\beta X + \alpha Y)(\beta X - \alpha Y) \quad \text{mod } p$$

folgt. Daher zerlegt sich f modulo p in das Produkt zweier linearer Polynome. Genauso schließt man für Primteiler von a und b. Der Chinesische Restklassensatz (auf die Koeffizienten der Polynome angewendet) zeigt daher, dass ganze Zahlen A, B, C, A', B', C' mit

$$aX^2 + bY^2 - cZ^2 \equiv (AX + BY + CZ)(A'X + B'Y + C'Z) \quad \text{mod } abc$$

existieren. Für eine reelle Zahl $r \geq 0$, $r \notin \mathbb{N}$, gibt es genau $[r] + 1 > r$ ganze Zahlen im halboffenen Intervall $[0, r)$. Für $r \in \mathbb{N}$ gibt es genau r solche. Da von den drei reellen Zahlen $\sqrt{ab}$, $\sqrt{ac}$, $\sqrt{bc}$ mindestens eine nicht ganz ist, gibt es also mehr als abc viele Tripel ganzer Zahlen (x, y, z) im Produkt $[0, \sqrt{bc}) \times [0, \sqrt{ac}) \times [0, \sqrt{ab})$. Daher existieren zwei Tripel $(x_1, y_1, z_1) \neq (x_2, y_2, z_2)$ in diesem Bereich mit

$$Ax_1 + By_1 + Cz_1 \equiv Ax_2 + By_2 + Cz_2 \quad \text{mod } abc.$$

Setzt man $(x_0, y_0, z_0) := (x_1, y_1, z_1) - (x_2, y_2, z_2) \neq (0, 0, 0)$, so erhält man $Ax_0 + By_0 + Cz_0 \equiv 0 \bmod abc$. Daher gilt

$$ax_0^2 + by_0^2 - cz_0^2 = N \cdot abc \quad \text{für ein } N \in \mathbb{Z}.$$

Die Betragsungleichungen $|x_0| < \sqrt{bc}$, $|y_0| < \sqrt{ac}$, $|z_0| < \sqrt{ab}$ liefern

$$-abc < ax_0^2 + by_0^2 - cz_0^2 < 2abc,$$

woraus $N = 0, 1$ folgt. Ist $N = 0$, so stellt f die 0 dar, und wir sind fertig. Im Fall $N = 1$, d.h. $ax_0^2 + by_0^2 = cz_0^2 + abc$, rechnet man leicht die Identität

$$a(x_0 z_0 + by_0)^2 + b(y_0 z_0 - ax_0)^2 - c(z_0^2 + ab)^2 = 0$$

nach. Wegen $z_0^2 + ab > 0$ stellt f die 0 dar.

Der Fall $n = 4$: Es genügt zu zeigen, dass die binären Formen $\langle a_1, a_2 \rangle$ und $\langle -a_3, -a_4 \rangle$ ein gemeinsames Element in $\mathbb{Q}$ darstellen. Nach Voraussetzung ist dies in allen $\mathbb{Q}_v$ richtig. Ist dies für ein $v \in P$ gerade die Null, so stellen nach Satz 10.1.8 beide Formen *jedes* Element in $\mathbb{Q}_v$ dar. Also stellen für jedes $v \in P$ die beiden Formen $\langle a_1, a_2 \rangle$ und $\langle -a_3, -a_4 \rangle$ ein gemeinsames Element $x_v \in \mathbb{Q}_v^\times$ dar. Nach Korollar 10.4.5 (ii) (das man auch im Fall $v = \infty$ schnell nachrechnet) bedeutet dies

$$(x_v, -a_1 a_2)_v = (a_1, a_2)_v \quad \text{und} \quad (x_v, -a_3 a_4)_v = (-a_3, -a_4)_v \quad \text{für alle } v \in P.$$

Wegen $\prod_{v \in P}(a_1, a_2)_v = 1 = \prod_{v \in P}(-a_3, -a_4)_v$ liefert uns Satz 9.7.4 ein Element $x \in \mathbb{Q}^\times$, so dass

$$(x, -a_1 a_2)_v = (a_1, a_2)_v \quad \text{und} \quad (x, -a_3 a_4)_v = (-a_3, -a_4)_v \quad \text{für alle } v \in P.$$

Nach Korollar 10.5.2, angewandt auf binäre Formen (das dürfen wir, weil wir hier schon den Fall $n \leq 3$ erledigt haben), stellen die Formen $\langle a_1, a_2 \rangle$ und $\langle -a_3, -a_4 \rangle$ beide x dar, also stellt f die Null dar.

Der Fall $n \geq 5$: Wir schließen per Induktion über n. Sei $v \in P$ beliebig. Da f_v die Null darstellt, schließt man wie im Fall $n = 4$, dass es ein $x_v \in \mathbb{Q}_v^\times$

gibt, welches durch die beiden Formen $\langle a_1, a_2 \rangle$ und $\langle -a_3, \ldots, -a_n \rangle$ dargestellt wird, d.h. es existieren $\alpha_{1,v}, \ldots, \alpha_{n,v} \in \mathbb{Q}_v$ mit

$$a_1 \alpha_{1,v}^2 + a_2 \alpha_{2,v}^2 = x_v = -a_3 \alpha_{3,v}^2 - \cdots - a_n \alpha_{n,v}^2.$$

Sei S die endliche Menge von Stellen, die aus $2, \infty$ und allen ungeraden Primzahlen p mit $v_p(a_i) \neq 0$ für ein $i = 1, \ldots, n$ besteht. Für jedes $v \in S$ ist die Abbildung

$$\mathbb{Q}_v \times \mathbb{Q}_v \longrightarrow \mathbb{Q}_v, \quad (x_1, x_2) \longmapsto a_1 x_1^2 + a_2 x_2^2,$$

stetig. Nach Satz 9.7.2 können wir $\alpha_{1,v}$ und $\alpha_{2,v}$ für die endlich vielen $v \in S$ simultan durch rationale Zahlen approximieren. Daher existieren $x_1, x_2 \in \mathbb{Q}$, so dass $x := a_1 x_1^2 + a_2 x_2^2$ für alle $v \in S$ nahe bei $x_v \in \mathbb{Q}_v$ liegt. Nach Korollar 9.5.6 gilt $x/x_v \in \mathbb{Q}_v^{\times 2}$ für alle $v \in S$. Die rationale Zahl x wird daher für jedes $v \in S$ in $\mathbb{Q}_v$ durch die Form $g = \langle -a_3, \ldots, -a_n \rangle$ dargestellt.

Wir zeigen als nächstes, dass x auch über $\mathbb{Q}_v$, $v \notin S$, durch g dargestellt wird. Für $n \geq 6$ ist dies trivial: g hat Rang $n - 2 \geq 4$ und stellt nach Korollar 10.4.5 (iv) *jedes* Element in $\mathbb{Q}_v^\times$ dar. Sei nun $n = 5$. Für $v \notin S$ haben wir $-a_3, -a_4, -a_5 \in \mathbb{Z}_v^\times$. Daher gilt (beachte $v \neq 2, \infty$) $d(g) \in \mathbb{Z}_v^\times$ und $\varepsilon(g) = 1$ und deshalb $(-1, -d(g))_v = 1 = \varepsilon(g)$. Nach Korollar 10.4.5 (iii) stellt g das Element x in $\mathbb{Q}_v$ für alle $v \notin S$ dar.

Nach Konstruktion wird die rationale Zahl x durch die Form $\langle a_1, a_2 \rangle$ über $\mathbb{Q}$ dargestellt. Außerdem wird x lokal überall durch die Form $g = \langle -a_3, \ldots, -a_n \rangle$ dargestellt. Nach Induktionsvoraussetzung ist der Satz für Formen vom Rang $\leq n - 1$ schon bewiesen. Daher haben wir Korollar 10.5.2 für Formen vom Rang $\leq n - 2$ zur Verfügung und können sie insbesondere auf g anwenden. Folglich stellt g die Zahl x auch über $\mathbb{Q}$ dar. Hieraus folgt, dass $f = \langle a_1, \ldots, a_n \rangle$ die Null über $\mathbb{Q}$ darstellt.   □

Der nächste Satz besagt, dass man auch die Frage nach der Äquivalenz quadratischer Formen lokal entscheiden kann.

Satz 10.5.4. *Zwei rationale quadratische Formen f und f' sind genau dann äquivalent, wenn für jedes $v \in P$ die Formen f_v und f_v' äquivalent sind.*

Beweis. Aus $f \sim f'$ folgt $f_v \sim f_v'$ für alle $v \in P$. Sei umgekehrt $f_v \sim f_v'$ für alle $v \in P$. Wir zeigen den Satz per Induktion über die Anzahl n der Variablen. Für $n = 0$ ist nichts zu zeigen. Sei $n \geq 1$ und der Satz für Formen in $n - 1$ Variablen schon gezeigt. Zunächst haben f und f' denselben Rang. Sind f und f' ausgeartet, so existieren rationale quadratische Formen g, g' in $n - 1$ Variablen mit $f = g \perp \langle 0 \rangle$ und $f' = g' \perp \langle 0 \rangle$. Sind f und f' nichtausgeartet, so existiert ein $a \in \mathbb{Q}^\times$, das durch f dargestellt wird. Wegen $f_v \sim f_v'$ für alle $v \in P$ und Korollar 10.5.2 wird a auch durch f' dargestellt. Nach Satz 10.1.5 existieren rationale quadratische Formen g, g' in $n - 1$ Variablen mit $f = g \perp \langle a \rangle$ und $f' = g' \perp \langle a \rangle$. In jedem der beiden Fälle impliziert der Wittsche Kürzungssatz 10.2.1, dass $g_v \sim g_v'$ für alle $v \in P$ gilt. Nach Induktionsvoraussetzung folgt $g \sim g'$, und daher $f \sim f'$.   □

Zusammen mit dem Klassifikationssätzen 10.3.1 und 10.4.6 erhalten wir den folgenden Klassifikationssatz für rationale quadratische Formen.

Satz 10.5.5. *Zwei nichtausgeartete rationale quadratische Formen gleichen Ranges sind genau dann äquivalent, wenn sie die gleichen Determinanten, die gleichen Signaturen und für jede Primzahl p die gleichen Hasse-Invarianten haben.*

Der Fall allgemeiner Zahlkörper: Der Satz von Hasse-Minkowski gilt auch über allgemeinen Zahlkörpern: Eine quadratische Form f über einem Zahlkörper K stellt genau dann die Null dar, wenn für jedes $v \in P_K$ die quadratische Form f_v die Null über dem Körper K_v darstellt. Siehe [La], Ch. VI, 3.1.

10.6 Quadratsummen III

Die Ergebnisse der letzten Abschnitte erlauben es nachzuprüfen, ob eine gegebene rationale Zahl a durch eine quadratische Form f über $\mathbb{Q}$ dargestellt wird. Sind sowohl a als auch die Koeffizienten von f ganzzahlig, so entsteht ganz natürlich die Frage nach ganzzahligen Lösungen der Gleichung $f(x) = a$. So erhält man beispielsweise aus den Korollaren 10.5.2 und 10.4.5, dass jede natürliche Zahl Summe von vier Quadraten *rationaler* Zahlen ist. Hieraus abzuleiten, dass jede natürliche Zahl Summe von vier Quadratzahlen ist (Theorem 2.4.5), ist nicht einfach. Für Summen von drei Quadraten hilft uns das folgende Resultat.

Satz 10.6.1. *Es sei n eine natürliche Zahl. Ist n Summe dreier Quadrate in $\mathbb{Q}$, so ist n auch Summe dreier Quadrate in $\mathbb{Z}$.*

Beweis. Es sei die natürliche Zahl n Summe dreier Quadrate in $\mathbb{Q}$. Wir betrachten die Oberfläche

$$S := \{(x_1, x_2, x_3) \in \mathbb{R}^3 \mid x_1^2 + x_2^2 + x_3^2 = n\}$$

der Kugel vom Radius $\sqrt{n}$ um den Ursprung im $\mathbb{R}^3$. Nach Voraussetzung liegt auf S ein Punkt x mit rationalen Koordinaten. Es gilt $c \cdot x \in \mathbb{Z}^3$ für ein $c \in \mathbb{N}$, das minimal gewählt sei. Wir nennen c den Nenner von x. Im Fall $c = 1$ sind wir fertig. Ansonsten wählen wir einen Punkt $y \in \mathbb{Z}^3$ mit Abstand kleiner 1 von x. Wir zeigen, dass die durch x und y im $\mathbb{R}^3$ verlaufende Gerade die Fläche S in einem weiteren Punkt x' schneidet, der rationale Koordinaten und einen echt kleineren Nenner als x hat. Dann ersetzen wir x durch x' und iterieren diesen Prozess. Nach endlich vielen Schritten erhalten wir einen Punkt mit ganzzahligen Koordinaten auf S.

Für Vektoren $x = (x_1, x_2, x_3)$, $y = (y_1, y_2, y_3) \in \mathbb{R}^3$ schreiben wir

$$\langle x, y \rangle := x_1 y_1 + x_2 y_2 + x_3 y_3,$$

insbesondere gilt $\langle x, x \rangle = |x|^2$. Nun habe $x = (x_1, x_2, x_3) \in S$ rationale Koordinaten und den Nenner $c > 1$. Wir wählen ganze Zahlen y_1, y_2, y_3 mit $|x_i - y_i| \leq 1/2$, $i = 1, 2, 3$, so dass $0 < |x - y| < 1$ für $y = (y_1, y_2, y_3) \in \mathbb{Z}^3$ gilt. Hieraus folgt unter Beachtung von $|x|^2 = n$ die Ungleichung

$$0 < |x - y|^2 = n - 2\langle x, y \rangle + |y|^2 = -n + 2\langle x, x - y \rangle + |y|^2 < 1, \qquad (*)$$

weshalb $2\langle x, x - y \rangle$ nicht ganzzahlig und insbesondere von 0 verschieden ist. Daher schneidet die durch x und y verlaufende Gerade $x + \lambda \cdot (y - x)$, $\lambda \in \mathbb{R}$, die Kugeloberfläche S außer in x noch in einem weiteren Punkt x'. Eine einfache Rechnung zeigt

$$x' = x + \frac{2\langle x, x - y \rangle}{|x - y|^2} \cdot (y - x),$$

was man nach Erweiterung der Brüche mit c und Sortierung nach x und y auch in der Form

$$x' = \frac{-n + |y|^2}{c|x - y|^2} \cdot cx + \frac{2nc - 2\langle cx, y \rangle}{c|x - y|^2} \cdot y$$

schreiben kann. Für die *ganze* Zahl $c' := c|x - y|^2 = cn - 2\langle cx, y \rangle + c|y|^2$ erhalten wir durch Multiplikation von $(*)$ mit c die Ungleichung $0 < c' < c$. Außerdem gilt $c' \cdot x' \in \mathbb{Z}^3$, weshalb x' einen echt kleineren Nenner als x hat. $\square$

Man beachte, dass die Aussage des Satzes nicht für beliebige quadratische Formen mit ganzen Koeffizienten gilt. So hat die Gleichung $3x^2 + 5y^2 = 2$ keine ganzzahligen, aber rationale Lösungen (z.B. $x = y = \frac{1}{2}$). Mit Hilfe von Satz 10.6.1 erhalten wir das folgende klassische Resultat.

Theorem 10.6.2 (Gauß). *Eine natürliche Zahl n ist genau dann Summe dreier Quadratzahlen, wenn sie nicht von der Form $4^a(8b + 7)$ mit ganzen Zahlen $a, b \geq 0$ ist.*

Beweis. Nach Satz 10.6.1 genügt es zu zeigen, dass die gegebene Bedingung notwendig und hinreichend dafür ist, dass n durch die quadratische Form $f = \langle 1, 1, 1 \rangle$ über $\mathbb{Q}$ dargestellt wird. Dies wiederum können wir nach Korollar 10.5.2 lokal entscheiden. Offenbar wird die natürliche Zahl n durch f über $\mathbb{R}$ dargestellt. Es gilt $d(f) = 1$ und $\varepsilon(f) = 1$. Für $p \neq 2$ gilt daher

$$(-1, -d(f))_p = (-1, -1)_p = 1 = \varepsilon(f).$$

Nach Korollar 10.4.5 stellt f jede Zahl, also insbesondere n über jedem $\mathbb{Q}_p$, $p \neq 2$, dar. Für $p = 2$ gilt $(-1, -d(f))_p = (-1, -1)_p = -1 \neq \varepsilon(f)$, und n wird dann und nur dann durch f über $\mathbb{Q}_2$ dargestellt, wenn $n \neq -1 \in \mathbb{Q}_2^\times / \mathbb{Q}_2^{\times 2}$ gilt, d.h. wenn $-n$ kein Quadrat in $\mathbb{Q}_2$ ist. Nach Satz 9.5.5 ist dies äquivalent dazu, dass n nicht von der Form $n = 4^a(8b + 7)$ mit $a, b \geq 0$ ist. $\square$

Wir nennen eine (nichtnegative) ganze Zahl **Dreieckszahl**, wenn sie von der Form $a(a+1)/2$ für ein $a \in \mathbb{Z}$ ist. Die folgende Aussage hat Gauß am 10. Juli 1796 in seinem mathematischen Tagebuch festgehalten.[1]

Korollar 10.6.3 (Gauß). *Jede natürliche Zahl ist Summe dreier Dreieckszahlen.*

Beweis. Sei $n \in \mathbb{N}$ beliebig. Nach Theorem 10.6.2 gibt es ganze Zahlen x_1, x_2, x_3 mit

$$x_1^2 + x_2^2 + x_3^2 = 8n + 3.$$

Da 3 nicht Summe zweier Quadrate modulo 4 ist, sind die x_i ungerade, also von der Form $x_i = 2m_i + 1$, $m_i \in \mathbb{Z}$. Unter Ausnutzung von $4m_i(m_i+1) = x_i^2 - 1$ erhalten wir

$$\sum_{i=1}^{3} \frac{m_i(m_i+1)}{2} = \frac{x_1^2 + x_2^2 + x_3^2 - 3}{8} = n.$$

Also ist n Summe dreier Dreieckszahlen. $\square$

Aufgabe 1. Man imitiere den Beweis von Satz 10.6.1, um die gleiche Aussage für Summen zweier Quadrate zu erhalten. Dann gebe man einen neuen Beweis von Satz 4.4.1 über Summen zweier Quadratzahlen.

Aufgabe 2. Man variiere Satz 10.6.1 und bestimme alle natürlichen Zahlen, die sich in der Form $x^2 + 2y^2$ mit ganzen Zahlen x, y darstellen lassen. (Vergleiche mit der Aufgabe aus Abschnitt 2.4.)

Hinweis: Man verwende das Skalarprodukt $\langle (x_1, x_2), (y_1, y_2) \rangle = x_1 x_2 + 2y_1 y_2$.

Aufgabe 3. Man zeige Satz 10.6.1 auch für Summen von vier Quadraten, und gebe auf diese Weise einen weiteren Beweis des Theorems von Lagrange, dass jede natürliche Zahl Summe von vier Quadratzahlen ist.

Hinweis: Alles geht genauso, außer wenn die rationale Lösung von der Form $x = \frac{1}{2}(m_1, m_2, m_3, m_4)$ mit ungeraden ganzen Zahlen m_i ist. In diesem Fall gibt es kein $y \in \mathbb{Z}^4$ mit $|y - x| < 1$. Man hat aber viele Möglichkeiten, $y \in \mathbb{Z}^4$ mit $|y - x| = 1$ auszuwählen, und man wähle mit Bedacht.

Aufgabe 4. Man leite das Theorem von Lagrange aus Theorem 10.6.2 ab.

10.7 Geschlechtertheorie

In diesem Abschnitt nehmen wir die Untersuchung der Idealklassengruppe quadratischer Zahlkörper wieder auf. Wir werden jedem von Null verschiedenen gebrochenen Ideal eine binäre rationale quadratische Form zuordnen. Deren Äquivalenzklasse heißt das Geschlecht des gebrochenen Ideals und bestimmt seine Klasse in $Cl(K)$ bis auf Quadrate.

---

[1] Der Tagebucheintrag lautet: „EYPHKA! num $= \Delta + \Delta + \Delta$".

Sei $K = \mathbb{Q}(\sqrt{d})$ ein quadratischer Zahlkörper. Wir beginnen damit, einige für ganze Ideale schon bekannte Begriffe und Aussagen auf gebrochene Ideale auszudehnen. Sei $\mathfrak{a} \neq (0)$ ein gebrochenes Ideal in K. Wir wählen $\alpha \in \mathcal{O}_K$, $\alpha \neq 0$, derart, dass $\alpha\mathfrak{a}$ ein ganzes Ideal ist und definieren die Norm von $\mathfrak{a}$ durch

$$\mathfrak{N}(\mathfrak{a}) = \frac{\mathfrak{N}(\alpha\mathfrak{a})}{|N(\alpha)|}.$$

Diese Definition ist unabhängig von der Auswahl von $\alpha \in \mathcal{O}_K$: Ist auch für $\alpha' \in \mathcal{O}_K$, $\alpha' \neq 0$, das Ideal $\alpha'\mathfrak{a}$ ganz, so gilt nach den Sätzen 6.5.10 und 6.5.21

$$\frac{\mathfrak{N}(\alpha\mathfrak{a})}{|N(\alpha)|} = \frac{\mathfrak{N}(\alpha\alpha'\mathfrak{a})}{|N(\alpha\alpha')|} = \frac{\mathfrak{N}(\alpha'\mathfrak{a})}{|N(\alpha')|}.$$

Leicht verallgemeinert man dann auch die Sätze 6.5.10 und 6.5.21 auf gebrochene Ideale, d.h.

$$\mathfrak{N}(\mathfrak{a}\mathfrak{b}) = \mathfrak{N}(\mathfrak{a})\mathfrak{N}(\mathfrak{b}), \quad \mathfrak{N}(\alpha\mathcal{O}_K) = |N(\alpha)|, \ \alpha \in K.$$

Wir nennen ein Paar (α, β) von Elementen aus $\mathfrak{a}$ eine **Basis** des gebrochenen Ideals $\mathfrak{a}$, wenn jedes $x \in \mathfrak{a}$ eine eindeutige Darstellung der Form

$$x = a\alpha + b\beta$$

mit $a, b \in \mathbb{Z}$ hat. Insbesondere ist dann (α, β) eine $\mathbb{Q}$-Basis von K, d.h. jedes Element $x \in K$ hat eine eindeutige Darstellung der Form $x = a\alpha + b\beta$ mit $a, b \in \mathbb{Q}$.

Lemma 10.7.1. *Jedes von Null verschiedene gebrochene Ideal besitzt eine Basis.*

Beweis. Für ganzes $\mathfrak{a}$ haben wir die kanonische Basis (siehe Satz 6.6.4). Für allgemeines $\mathfrak{a}$ existiert nach Lemma 6.4.2 ein $n \in \mathbb{N}$ mit $n\mathfrak{a} \subset \mathcal{O}_K$. Ist dann (α, β) eine Basis von $n\mathfrak{a}$, so ist $(\alpha/n, \beta/n)$ eine Basis von $\mathfrak{a}$. $\square$

Es seien (α, β) und (α', β') zwei Basen von $\mathfrak{a}$. Dann existiert eine 2×2-Matrix $M = (m_{ij})$ mit Einträgen in $\mathbb{Z}$, so dass

$$M \cdot \begin{pmatrix} \alpha \\ \beta \end{pmatrix} = \begin{pmatrix} \alpha' \\ \beta' \end{pmatrix}, \ d.h. \ \alpha' = m_{11}\alpha + m_{12}\beta, \ \beta' = m_{21}\alpha + m_{22}\beta.$$

Weil wir die Rollen von (α, β) und (α', β') vertauschen können, ist M invertierbar und die inverse Matrix M^{-1} hat auch ganzzahlige Einträge. Insbesondere ist die (ganzzahlige) Determinante von M ein Teiler von 1. Daher gilt $\det(M) = \pm 1$.

Wir ordnen nun jedem von Null verschiedenen gebrochenen Ideal $\mathfrak{a}$ eine Äquivalenzklasse rationaler binärer quadratischer Formen wie folgt zu: Ist (α, β) eine Basis von $\mathfrak{a}$, so setzen wir für $x = (x_1, x_2) \in \mathbb{Q}^2$:

$$f_{(\alpha, \beta)}(x_1, x_2) = \frac{N(x_1\alpha + x_2\beta)}{\mathfrak{N}(\mathfrak{a})}.$$

Erinnern wir uns an die Konjugation $\sigma(a + b\sqrt{d}) = a - b\sqrt{d}$. Es gilt

$$f_{(\alpha,\beta)}(x) = \frac{1}{\mathfrak{N}(\mathfrak{a})}\left(N(\alpha)x_1^2 + (\alpha\sigma(\beta) + \sigma(\alpha)\beta)x_1 x_2 + N(\beta)x_2^2\right).$$

Es sind $N(\alpha) = \alpha\sigma(\alpha)$, $\alpha\sigma(\beta) + \sigma(\alpha)\beta$ und $N(\beta) = \beta\sigma(\beta)$ rationale Zahlen, die außerdem im gebrochenen Ideal $\mathfrak{a}\sigma(\mathfrak{a}) = (\mathfrak{N}(\mathfrak{a}))$ enthalten sind. Daher sind die Koeffizienten von $f_{(\alpha,\beta)}$ ganze rationale Zahlen, d.h. es gilt

$$f_{(\alpha,\beta)} = AX_1^2 + BX_1X_2 + CX_2^2 \quad \text{mit } A, B, C \in \mathbb{Z}.$$

Ist (α', β') eine andere Basis von $\mathfrak{a}$, und ist M wie oben die Übergangsmatrix, so gilt, wenn man x als Spaltenvektor schreibt:

$$f_{(\alpha',\beta')}(x) = f_{(\alpha,\beta)}(M^t x).$$

Daher sind die binären quadratischen Formen $f_{(\alpha,\beta)}$ und $f_{(\alpha',\beta')}$ äquivalent.

Definition 10.7.2. *Sei $K = \mathbb{Q}(\sqrt{d})$ ein quadratischer Zahlkörper und $\mathfrak{a} \subset K$ ein von Null verschiedenes gebrochenes Ideal. Ferner sei (α, β) eine Basis von $\mathfrak{a}$. Die (nicht von der Wahl von (α, β) abhängende) Äquivalenzklasse $G_\mathfrak{a}$ der binären rationalen quadratischen Form $f_{(\alpha,\beta)}$ heißt das **Geschlecht** von $\mathfrak{a}$.*

Lemma 10.7.3. *Gilt $\mathfrak{a} = (\gamma) \cdot \mathfrak{b}$ mit einem Element $\gamma \in K^\times$ von positiver Norm, so gilt $G_\mathfrak{a} = G_\mathfrak{b}$.*

Beweis. Ist (α, β) eine Basis von $\mathfrak{b}$, so ist $\gamma\alpha, \gamma\beta$ eine Basis von $\mathfrak{a}$. Nun gilt

$$f_{(\gamma\alpha,\gamma\beta)}(x) = \frac{N(x_1\gamma\alpha + x_2\gamma\beta)}{\mathfrak{N}((\gamma) \cdot \mathfrak{b})} = \frac{N(\gamma)N(x_1\alpha + x_2\beta)}{|N(\gamma)|\mathfrak{N}(\mathfrak{b})} = \frac{N(\gamma)}{|N(\gamma)|} \cdot f_{(\alpha,\beta)}(x),$$

und der Vorfaktor ist nach Voraussetzung gleich Eins. $\square$

Dies motiviert die Einführung der folgenden Äquivalenzrelation auf der Menge der gebrochenen Ideale:

$$\mathfrak{a} \overset{+}{\sim} \mathfrak{b} \Longleftrightarrow \mathfrak{a}^{-1}\mathfrak{b} = (\gamma) \quad \text{für ein } \gamma \in K^\times \text{ mit } N(\gamma) > 0.$$

Man überlegt sich leicht, dass man Äquivalenzklassen bezüglich $\overset{+}{\sim}$ multiplizieren kann und dass auch die Inversen zweier äquivalenter gebrochener Ideale wieder äquivalent sind.

Definition 10.7.4. *Die Menge der Äquivalenzklassen bezüglich $\overset{+}{\sim}$ zusammen mit der durch die Multiplikation gebrochener Ideale induzierten Verknüpfung heißt die **Idealklassengruppe im engeren Sinne** von K und wird mit $Cl^0(K)$ bezeichnet. Wir setzen $h_K^0 = \#Cl^0(K)$.*

Mit anderen Worten: $Cl^0(K)$ ist die Faktorgruppe der Gruppe der von (0) verschiedenen gebrochenen Ideale von K nach der Untergruppe der von Elementen $\alpha \in K$ mit $N(\alpha) > 0$ erzeugten gebrochenen Hauptideale von K.

Lemma 10.7.5. *Für $d < 0$ gilt $h_K^0 = h_K$. Im Fall $d > 0$ sei ε eine Grundeinheit. Dann gilt*
$$h_K^0 = \begin{cases} h_K, & \text{wenn } N(\varepsilon) = -1, \\ 2h_K, & \text{wenn } N(\varepsilon) = +1. \end{cases}$$

Beweis. Zunächst hat im imaginär-quadratischen Fall jedes Element positive Norm. Im reell-quadratischen Fall gibt es stets Elemente negativer Norm. In diesem Fall zerfällt jede Idealklasse in eine oder zwei Idealklassen im engeren Sinne. Ist nun $\gamma \in K^\times$ mit $N(\gamma) < 0$ und $\mathfrak{a}$ ein gebrochenes Ideal, so gilt $\mathfrak{a} \overset{\pm}{\sim} \mathfrak{a} \cdot (\gamma)$ dann und nur dann, wenn $(\gamma) = (\gamma')$ für ein $\gamma' \in K^\times$ mit $N(\gamma') > 0$ gilt. Gibt es eine Einheit e der Norm -1, so kann man $\gamma' = e\gamma$ setzen. Umgekehrt ist γ/γ' eine Einheit der Norm -1. Nach Theorem 6.7.6 ist jede Einheit $e \in E_K$ von der Form $\pm\varepsilon^a$ mit $a \in \mathbb{Z}$. Daher gibt es genau dann eine Einheit e der Norm -1, wenn die Grundeinheit ε die Norm -1 hat. □

Die einer Basis (α, β) eines gebrochenen Ideals $\mathfrak{a}$ zugeordnete quadratische Form $f_{(\alpha,\beta)}$ hat nicht nur ganzzahlige Koeffizienten, sondern es gilt auch die folgende Relation zwischen ihnen.

Lemma 10.7.6. *Für $f_{(\alpha,\beta)} = AX_1^2 + BX_1X_2 + CX_2^2$ gilt*
$$B^2 - 4AC = \Delta_K,$$
wobei Δ_K die Diskriminante des quadratischen Zahlkörpers K ist.

Beweis. Wir haben gesehen, dass sich $f_{(\alpha,\beta)}$ nicht ändert, wenn man $\mathfrak{a}$ durch $(\gamma) \cdot \mathfrak{a}$ und (α, β) durch $(\gamma\alpha, \gamma\beta)$ für ein $\gamma \in K^\times$ positiver Norm ersetzt. Indem wir für γ eine geeignete natürliche Zahl wählen, erreichen wir $\mathfrak{a} \subset \mathcal{O}_K$. Beim Wechsel zu einer anderen Basis von $\mathfrak{a}$ ändert sich die quadratische Form $f_{(\alpha,\beta)}$ durch eine Übergangsmatrix der Determinante ± 1, weshalb der Wert $B^2 - 4AC$ invariant bleibt. Daher können wir zur kanonischen Basis (siehe Satz 6.6.4) von $\mathfrak{a}$ wechseln. Dann gilt $\alpha = a$ und $\beta = a_1 + a_2\omega$ mit $a, a_1, a_2 \in \mathbb{Z}$, wobei $\omega = \sqrt{d}$ für $d \not\equiv 1 \bmod 4$ und $\omega = (1 + \sqrt{d})/2$ für $d \equiv 1 \bmod 4$ ist. Nach Satz 6.6.6 gilt $\mathfrak{N}(\mathfrak{a}) = aa_2$, und wir erhalten

$$B^2 - 4AC = \frac{(\alpha\sigma(\beta) + \sigma(\alpha)\beta)^2 - 4N(\alpha)N(\beta)}{a^2a_2^2} = (\sigma(\omega) - \omega)^2 = \Delta_K.$$

Das zeigt die Aussage. □

Wir wollen nun untersuchen, welche Äquivalenzklassen binärer quadratischer Formen von gebrochenen Idealen herkommen. Wir sammeln zunächst ein paar Eigenschaften.

Lemma 10.7.7. *Sei* $K = \mathbb{Q}(\sqrt{d})$ *ein quadratischer Zahlkörper und* $\mathfrak{a} \subset K$ *ein von Null verschiedenes gebrochenes Ideal. Dann gilt:*

- (i) $G_\mathfrak{a}$ *ist nichtausgeartet.*
- (ii) *Ist* $d < 0$, *so ist* $G_\mathfrak{a}$ *positiv definit.*
- (iii) *Ist* $d > 0$, *so ist* $G_\mathfrak{a}$ *indefinit.*
- (iv) $d(G_\mathfrak{a}) = -\Delta_K$ *(in* $\mathbb{Q}^\times / \mathbb{Q}^{\times 2}$*).*
- (v) $G_\mathfrak{a}$ *stellt* $\mathfrak{N}(\mathfrak{a})$ *dar.*

Beweis. Es gilt $N(x) = 0$ nur für $x = 0$. Im imaginär-quadratischen Fall sind Normen stets positiv, während es im reell-quadratischen Fall stets Elemente positiver wie auch negativer Norm gibt. Dies zeigt (i)–(iii). Aussage (iv) folgt wegen $d(G_\mathfrak{a}) = AC - B^2/4$ aus Lemma 10.7.6. Es existieren $x_1, x_2 \in \mathbb{Q}$ mit $\mathfrak{N}(\mathfrak{a}) = \alpha x_1 + \beta x_2$, und es gilt

$$f_{(\alpha,\beta)}(x_1, x_2) = \mathfrak{N}(\mathfrak{a})^2/\mathfrak{N}(\mathfrak{a}) = \mathfrak{N}(\mathfrak{a}).$$

Dies zeigt (v) und beendet den Beweis. $\qquad\qquad\qquad\qquad\qquad\qquad\square$

Es stellen sich nun die folgenden Fragen:

1. Welche Äquivalenzklassen binärer rationaler quadratischer Formen der Determinante $-\Delta_K$ kommen als Geschlechter vor?
2. Wann liegen zwei gebrochene Ideale im gleichen Geschlecht?

Satz 10.7.8. *Sei* $K = \mathbb{Q}(\sqrt{d})$ *ein quadratischer Zahlkörper. Für* $a \in \mathbb{Q}^\times$ *sind die folgenden Aussagen äquivalent.*

- (i) *Es existiert ein gebrochenes Ideal* $\mathfrak{a}$, *so dass* a *durch* $G_\mathfrak{a}$ *dargestellt wird.*
- (ii) *Es gibt ein gebrochenes Ideal* $\mathfrak{a}$ *mit* $\mathfrak{N}(\mathfrak{a}) = |a|$ *und* $a > 0$, *falls* $d < 0$ *ist.*
- (iii) $(a, \Delta_K)_v = 1$ *für* $v = \infty$ *und für alle* $v = p \nmid \Delta_K$.

Beweis. Wir zeigen nacheinander die folgenden Implikationen.

(ii)$\Longrightarrow$(i): Gilt $a = \mathfrak{N}(\mathfrak{a})$ für ein gebrochenes Ideal $\mathfrak{a}$, so wird a nach Lemma 10.7.7 (v) durch $G_\mathfrak{a}$ dargestellt. Ist $d > 0$, $a < 0$ und $-a = \mathfrak{N}(\mathfrak{a})$, so stellt $G_\mathfrak{a}$ das Element $-a$ dar. Sei nun $\xi \in K^\times$ ein beliebiges Element mit $N(\xi) < 0$. Dann stellt $G_{(\xi)\cdot\mathfrak{a}}$ das Element a dar.

(i)$\Longrightarrow$(iii): $G_\mathfrak{a}$ stellt stets $\mathfrak{N}(\mathfrak{a})$ dar. Nach Voraussetzung gilt dies auch für a. Nach Korollar 10.4.5 (ii) (das auch im Fall $v = \infty$ gilt), erhalten wir

$$(a, -d(G_\mathfrak{a}))_v = \varepsilon_v(G_\mathfrak{a}) = \big(\mathfrak{N}(\mathfrak{a}), -d(G_\mathfrak{a})\big)_v$$

für alle $v \in P$. Wegen $d(G_\mathfrak{a}) = -\Delta_K$ bleibt daher $(\mathfrak{N}(\mathfrak{a}), \Delta_K)_v = 1$ für $v = \infty$ und für $v = p \nmid \Delta_K$ zu zeigen. Die Aussage für $v = \infty$ ist wegen $\mathfrak{N}(\mathfrak{a}) > 0$ trivial. Wir multiplizieren nun $\mathfrak{a}$ mit einer geeigneten natürlichen Zahl und erhalten $\mathfrak{a} \subset \mathcal{O}_K$. Sei $\mathfrak{a} = \mathfrak{p}_1 \cdots \mathfrak{p}_n$ die Primidealzerlegung von $\mathfrak{a}$. Dann gilt $\mathfrak{N}(\mathfrak{a}) = \mathfrak{N}(\mathfrak{p}_1) \cdots \mathfrak{N}(\mathfrak{p}_n)$. Nun gelte $p \nmid \Delta_K$. Für ein Primideal $\mathfrak{p}$ haben wir die folgenden Möglichkeiten:

- $\mathfrak{N}(\mathfrak{p})$ ist eine Quadratzahl. Dann gilt $(\mathfrak{N}(\mathfrak{p}), \Delta_K)_p = 1$.
- $\mathfrak{N}(\mathfrak{p}) = q$ für eine Primzahl $q \neq p$. Ist p ungerade, so gilt nach Satz 9.6.3 $(\mathfrak{N}(\mathfrak{p}), \Delta_K)_p = 1$. Im Fall $p = 2$ ist Δ_K ungerade, und daher gilt $\Delta_K = d \equiv 1 \bmod 4$. Nach Satz 9.6.3 folgt $(q, \Delta_K)_2 = (-1)^{(q-1)(\Delta_K-1)/4} = 1$.
- $\mathfrak{N}(\mathfrak{p}) = p$. Dann zerlegt sich p in K, und $\mathfrak{p}$ ist einer der Primteiler. Nach Satz 9.6.3 folgt $(\mathfrak{N}(\mathfrak{p}), \Delta_K)_p = \left(\frac{\Delta_K}{p}\right) = 1$ für $p \neq 2$. Im Fall $p = 2$ gilt $\Delta_K \equiv 1 \bmod 8$, und wir erhalten $(2, \Delta_K)_2 = 1$.

(iii)$\Longrightarrow$(ii): Wir multiplizieren a mit einem geeigneten Quadrat und nehmen an, dass a ganzzahlig und quadratfrei ist. Ist $d < 0$, so impliziert $(a, \Delta_K)_\infty = 1$, dass $a > 0$ ist. Sei nun p eine Primzahl, die in K träge ist. Setzt man $a = p^k a'$ mit $k = 0, 1$ und $(a', p) = 1$, so erhält man für $p \neq 2$

$$1 = (a, \Delta_K)_p = (p, \Delta_K)^k = \left(\frac{\Delta_K}{p}\right)^k = (-1)^k,$$

also $k = 0$. Ist 2 in K träge, so gilt $\Delta_K \equiv 5 \bmod 8$. Mit den gleichen Bezeichnungen erhalten wir

$$1 = (a, \Delta_K)_2 = (2^k a', \Delta_K)_2 = (-1)^k,$$

und auch in diesem Fall ist $k = 0$. Mit anderen Worten: In der Primzerlegung von $|a|$ tauchen nur Primzahlen auf, die in K nicht träge sind, d.h. solche Primzahlen, die Normen von Primidealen in $\mathcal{O}_K$ sind. Daher ist $|a|$ Norm eines Ideals. $\qquad\square$

Mit Hilfe von Satz 10.7.8 erhalten wir die Antwort auf Frage 1.

Satz 10.7.9. *Es sei K ein quadratischer Zahlkörper und Δ_K seine Diskriminante. Eine Äquivalenzklasse G nichtausgearteter rationaler binärer quadratischer Formen der Determinante $-\Delta_K$ ist genau dann Geschlecht eines gebrochenen Ideals von K, wenn $\varepsilon_v(G) = 1$ für $v = \infty$ und für alle $v = p \nmid \Delta_K$ gilt. Es gibt genau 2^{t-1} solcher Äquivalenzklassen, wobei t die Anzahl der in $K/\mathbb{Q}$ verzweigten Primzahlen bezeichnet.*

Beweis. Es sei $\mathfrak{a} \subset K$ ein von Null verschiedenes gebrochenes Ideal. Nach Lemma 10.7.7 stellt $G_\mathfrak{a}$ das Element $\mathfrak{N}(\mathfrak{a})$ dar. Korollar 10.4.5 impliziert $\varepsilon_v(G_\mathfrak{a}) = (\mathfrak{N}(\mathfrak{a}), \Delta_K)_v$ für alle $v \in P$. Nach Satz 10.7.8 sind diese Hasse-Invarianten gleich 1 für $v = \infty$ und $v = p \nmid \Delta_K$.

Sei nun G eine Äquivalenzklasse quadratischer Formen der Determinante $-\Delta_K$ mit den geforderten Hasse-Invarianten. Sei $a \in \mathbb{Q}^\times$ ein durch G dargestelltes Element. Wir erhalten $\varepsilon_v(G) = (a, \Delta_K)_v$ für alle $v \in P$. Nach Satz 10.7.8 wird a dann auch von $G_\mathfrak{a}$ für ein gebrochenes Ideal $\mathfrak{a}$ dargestellt. Da zwei binäre Formen gleicher Determinante äquivalent sind, sobald sie ein gemeinsames Element ungleich 0 darstellen, folgt $G = G_\mathfrak{a}$.

Nach Satz 10.5.5 ist eine binäre rationale Form gegebener Determinante bis auf Äquivalenz durch ihre Hasse-Invarianten gegeben. Bei ∞ beachte man, dass die Signatur durch die Hasse-Invariante und das Vorzeichen der

Determinante berechnet werden kann. Nach dem gerade Gezeigten kommen genau die Formen vor, bei denen nur die Hasse-Invarianten ε_p für jeden der t vielen Diskrimantenprimteiler von 1 verschieden sind. Da das Produkt aller Hasse-Invarianten gleich 1 ist, verbleiben höchstens 2^{t-1} Möglichkeiten. Es bleibt zu zeigen, dass alle diese Hasse-Invarianten auch vorkommen. Zunächst bemerken wir, dass Δ_K in keinem der Körper $\mathbb{Q}_p$, $p \,|\, \Delta_K$, ein Quadrat ist. Für ungerades $p \,|\, \Delta_K$ gilt $v_p(\Delta_K) = 1$, und die Aussage ist offensichtlich. Ist Δ_K gerade, so ist $\Delta_K/4 \not\equiv 1 \bmod 4$, was die Aussage auch für $p = 2$ zeigt. Da das Hilbert-Symbol nichtausgeartet ist, finden wir zu gegebenen ε_p, $p \,|\, \Delta_K$, Elemente $a_p \in \mathbb{Q}_p^\times$ mit $(a_p, \Delta_K)_p = \varepsilon_p$. Ist das Produkt dieser ε_p gleich 1, so existiert nach Satz 9.7.4 ein $a \in \mathbb{Q}^\times$ mit $(a, \Delta_K)_p = \varepsilon_p$ für alle $p \,|\, \Delta_K$ und $(a, \Delta_K)_v = 1$ für alle anderen $v \in P$. Die Diagonalform $\langle a, -a\Delta_K \rangle$ hat dann wegen $\varepsilon_v(\langle a, -a\Delta_K \rangle) = (a, -a\Delta_K)_v = (a, \Delta_K)_v(a, -a)_v = (a, \Delta_K)_v$ die gewünschten Hasse-Invarianten. $\qquad\qquad\qquad\qquad\qquad\qquad\qquad\qquad\qquad\qquad\qquad$ $\square$

Die Antwort auf Frage 2 wird durch den folgenden Satz gegeben.

Satz 10.7.10. *Es sei K ein quadratischer Zahlkörper, und es seien $\mathfrak{a}, \mathfrak{a}' \subset K$ von Null verschiedene gebrochene Ideale. Dann gilt $G_\mathfrak{a} = G_{\mathfrak{a}'}$ genau dann, wenn sich $\mathfrak{a}$ und $\mathfrak{a}'$ in $Cl^0(K)$ um ein Quadrat unterscheiden.*

Beweis. Es seien (α, β) und (α', β') Basen von $\mathfrak{a}$ und $\mathfrak{a}'$. Da beide Formen die gleiche Determinante $-\Delta_K$ haben, ist nach Lemma 10.2.4 $f_{(\alpha,\beta)}$ genau dann äquivalent zu $f_{(\alpha',\beta')}$, wenn $f_{(\alpha,\beta)}$ und $f_{(\alpha',\beta')}$ ein gemeinsames Element in $\mathbb{Q}^\times$ darstellen. Dies ist äquivalent zur Existenz von $z, z' \in K^\times$ mit

$$\frac{N(z)}{\mathfrak{N}(\mathfrak{a})} = \frac{N(z')}{\mathfrak{N}(\mathfrak{a}')}.$$

Daher gilt $G_\mathfrak{a} = G_{\mathfrak{a}'}$ genau dann, wenn es ein $\gamma \in K^\times$ mit $\mathfrak{N}(\mathfrak{a}) = N(\gamma)\mathfrak{N}(\mathfrak{a}')$ gibt. Man beachte, dass γ automatisch positive Norm hat. Ist nun $\mathfrak{a}(\mathfrak{a}')^{-1} = \mathfrak{b}^2 \cdot (c)$ für ein $c \in K^\times$ positiver Norm, so gilt

$$\mathfrak{N}(\mathfrak{a})\mathfrak{N}(\mathfrak{a}')^{-1} = \mathfrak{N}(\mathfrak{b}^2)N(c) = N(\mathfrak{N}(\mathfrak{b})c),$$

und es gilt $G_\mathfrak{a} = G_{\mathfrak{a}'}$. Nun sei $G_\mathfrak{a} = G_{\mathfrak{a}'}$ und $\gamma \in K^\times$ mit $\mathfrak{N}(\mathfrak{a}) = N(\gamma)\mathfrak{N}(\mathfrak{a}')$. Wir schreiben

$$\mathfrak{a}(\mathfrak{a}')^{-1}(\gamma^{-1}) = \prod_i \mathfrak{p}_i^{a_i}\sigma(\mathfrak{p}_i)^{b_i} \prod_j \mathfrak{q}_j^{c_j} \prod_k \mathfrak{r}_k^{d_k},$$

wobei die Exponenten in $\mathbb{Z}$ liegen und wir Primideale, die eine in K zerlegte Primzahl p teilen, mit $\mathfrak{p}$, Primideale, die eine in K verzweigte Primzahl q teilen, mit $\mathfrak{q}$ und Primideale, die eine in K träge Primzahl r teilen, mit $\mathfrak{r}$ bezeichnet haben. Bilden wir die Norm, erhalten wir

$$1 = \prod_i p_i^{a_i+b_i} \prod_j q_j^{c_j} \prod_k r_k^{2d_k}.$$

Hieraus folgt, dass alle c_j und alle d_k gleich 0 sind, und $a_i = -b_i$ für alle i gilt. Wir erhalten

$$\mathfrak{a}(\mathfrak{a}')^{-1}(\gamma^{-1}) = \prod_i \mathfrak{p}_i^{a_i} \sigma(\mathfrak{p}_i)^{-a_i}.$$

Wegen $\mathfrak{p}_i \sigma(\mathfrak{p}_i) = (p_i)$ folgt

$$\mathfrak{a}(\mathfrak{a}')^{-1}(\gamma^{-1}) \overset{\pm}{\sim} \left(\prod_i \mathfrak{p}_i^{a_i} \right)^2,$$

was die Behauptung des Satzes zeigt. □

Zusammenfassend haben wir das folgende Theorem bewiesen.

Theorem 10.7.11. *Sei* $K = \mathbb{Q}(\sqrt{d})$ *ein quadratischer Zahlkörper und sei* t *die Anzahl der Primteiler der Diskriminante* Δ_K. *Dann hat die Gruppe* $Cl^0(K)/2$ *der Idealklassen von* K *im engeren Sinne modulo Quadraten die Ordnung* 2^{t-1}.

Als Korollar erhalten wir die in Abschnitt 6.7 formulierte Aussage über Grundeinheiten.

Korollar 10.7.12. *(=Satz 6.7.7) Sei* p *eine Primzahl kongruent 1 modulo 4. Dann hat jede Grundeinheit des reell-quadratischen Zahlkörpers* $K = \mathbb{Q}(\sqrt{p})$ *die Norm* -1.

Beweis. Es gilt $t = 1$, also ist in $Cl^0(K)$ jedes Element ein Quadrat. Nach dem Hauptsatz über endlich erzeugte abelsche Gruppen impliziert dies, dass h_K^0 ungerade ist. Nach Lemma 10.7.5 ist das nur möglich, wenn die Grundeinheit die Norm -1 hat. □

Aufgabe 1. Ein Term der Gestalt

$$f = AX_1^2 + BX_1X_2 + CX_2^2, \ A, B, C \in \mathbb{Z},$$

heißt ganzzahlige binäre quadratische Form. Die ganze Zahl $D(f) = B^2 - 4AC$ heißt Diskriminante von f. Sei K ein quadratischer Zahlkörper und f eine ganzzahlige binäre quadratische Form der Diskriminante Δ_K. Im Fall $\Delta_K < 0$ nehmen wir f als positiv definit an. Man zeige: $f = f_{(\alpha,\beta)}$ für eine Basis (α, β) eines gebrochenen Ideals in K.

Hinweis: Man zeige, dass die Menge $\mathbb{Z} \cdot 2A + \mathbb{Z} \cdot (B + \sqrt{\Delta_K})$ ein Ideal in $\mathcal{O}_K$ ist.

Aufgabe 2. Zwei ganzzahlige binäre quadratische Formen f und g heißen eigentlich äquivalent, wenn es eine ganzzahlige 2×2-Matrix M der Determinante 1 mit $g(x) = f(Mx)$ gibt. Sei K ein quadratischer Zahlkörper. Man zeige: Im Fall $\Delta_K > 0$ gibt es genau h_K^0 eigentliche Äquivalenzklassen ganzzahliger binärer quadratischer Formen der Diskriminante Δ_K. Im Fall $\Delta_K < 0$ gibt es genau h_K positiv und h_K negativ definite Äquivalenzklassen.

Hinweis: Man fixiere $\sqrt{d} \in \mathbb{C}$ und nenne eine Basis (α, β) eines gebrochenen Ideals $\mathfrak{a} \subset K$ orientiert, wenn $(\sigma(\alpha)\beta - \alpha\sigma(\beta))/\sqrt{d} > 0$ ist. Die eigentliche Äquivalenzklasse von $f_{(\alpha,\beta)}$ hängt nicht von der Auswahl der orientierten Basis (α,β) von $\mathfrak{a}$ ab. Man zeige, dass zwei Ideale genau dann die gleiche eigentliche Äquivalenzklasse ganzzahliger binärer quadratischer Formen definieren, wenn sie im engeren Sinne äquivalent sind.

Aufgabe 3. Es sei K ein quadratischer Zahlkörper. Sei $a \in \mathbb{Z}$, $a \neq 0$, durch eine ganzzahlige binäre quadratische Form f der Diskriminante Δ_K rational dargestellt. Man zeige, dass es eine zu f rational äquivalente ganzzahlige binäre quadratische Form g der Diskriminante Δ_K gibt, die a ganzzahlig darstellt.

Hinweis: Man betrachte zunächst den Fall $a > 0$ und zeige, dass es ein ganzes Ideal $\mathfrak{b}$ mit $\mathfrak{N}(\mathfrak{b}) = a$ gibt. Nach Aufgabe 1 liegt f im Geschlecht eines gebrochenen Ideals $\mathfrak{a}$. Wegen $G_{\mathfrak{a}} = G_{\mathfrak{b}}$ gibt es ein gebrochenes Ideal $\mathfrak{c}$ und ein $\xi \in K^\times$ positiver Norm mit $\mathfrak{a}\mathfrak{b} = \mathfrak{c}^2(\xi)$. Nun gilt $\xi \in \mathfrak{a}' := \mathfrak{a}\mathfrak{c}^{-2}$ und $N(\xi) = a\mathfrak{N}(\mathfrak{a}')$.

Bezeichnungen

$\mathbb{N}$ – die natürlichen Zahlen $1, 2, \ldots$

$\mathbb{Z}$ – die ganzen Zahlen

$\mathbb{Q}$ – die rationalen Zahlen

$\mathbb{R}$ – die reellen Zahlen

$\mathbb{C}$ – die komplexen Zahlen

$n!$ $- = n(n-1)\cdots 1$ (n Fakultät)

$[x]$ – die größte ganze Zahl kleiner gleich x

$\mathrm{Re}(s)$ – der Realteil der komplexen Zahl s

$a \mid b$ – a teilt b

φ – die Eulersche φ-Funktion

$A^{\times}$ – die Einheitengruppe des Ringes A

$a \mathrel{\hat{=}} b$ – a ist assoziiert zu b

$\bar{\mathbb{Q}}$ – der Körper der algebraischen Zahlen

$\mathcal{O}$ – der Ring der ganz-algebraischen Zahlen

$\mathcal{O}_K$ – der Ganzheitsring des Zahlkörpers K

Δ_K – die Diskriminante des Zahlkörpers K

$Sp(x)$ – die Spur von x

$N(x)$ – die Norm von x

$\mathfrak{N}(\mathfrak{a})$ – die Norm eines Ideals $\mathfrak{a}$

$Cl(K)$ – die Idealklassengruppe des Zahlkörpers K

h_K – die Klassenzahl des Zahlkörpers K

E_K $- = \mathcal{O}_K^{\times}$ die Einheitengruppe des Zahlkörpers K

$\mathbb{Q}_p$ – der Körper der p-adischen Zahlen

$\sqcup$ – disjunkte Vereinigung

$\mathbb{Z}_p$ – der Ring der ganzen p-adischen Zahlen

$Cl^0(K)$ – die Idealklassengruppe im engeren Sinne des Zahlkörpers K

h_K^0 – die Klassenzahl im engeren Sinne des Zahlkörpers K

Literaturverzeichnis

Lehrbücher

[BS]   Borevich, Z. I., Shafarevich, I. R.: Zahlentheorie. Birkhäuser Basel, 1966.
[Bo]   Bosch, S.: Algebra. 6. Auflage, Springer-Verlag Berlin, 2006.
[FB]   Freitag, E., Busam, R.: Funktionentheorie. Springer-Verlag Berlin, 1993.
[IR]   Ireland, K., Rosen, M.: A Classical Introduction to Modern Number Theory. 2nd ed. Springer-Verlag New York, 1990.
[Hi]   Hilbert, D.: Die Theorie der algebraischen Zahlkörper. Bericht erstattet der Deutschen Mathematiker-Vereinigung. In: Jahresbericht der Deutschen Mathematiker-Vereinigung. Band 4, 1894-1895, Berlin, 1897. Engl. Übersetzung: The theory of algebraic number fields. Springer-Verlag Berlin, 1998.
[La]   Lam, Y. T.: The Algebraic Theory of Quadratic Forms. Benjamin Reading, Mass., 1980.
[Neu] Neukirch, J.: Algebraische Zahlentheorie. Springer-Verlag Berlin, 1992.
[NSW] Neukirch, J., Schmidt, A., Wingberg, K.: Cohomology of Number Fields. Springer-Verlag Berlin, 2000.
[Se]   Serre, J.-P.: A course in arithmetic. Springer-Verlag Berlin, 1973.
[Wa]   Washington, L. C.: Introduction to cyclotomic fields. 2nd ed. Springer-Verlag New York, 1997.

Wissenschaftliche Artikel

[HM]   Harper, M., Murty, M. R.: Euclidean rings of algebraic integers. Canad. J. Math. 56 (2004), no. 1, 71–76.
[HL]   Heilbronn, H., Linfoot, E. H.: On imaginary quadratic corpora of class number one. Quart. J. Math. Oxford Ser. 5 (1934), 293–301.
[St]   Stark, H. M.: A complete determination of the complex quadratic fields of class-number one. Michigan Math. J. 14 (1967), 1–27.
[TW]   Taylor, R., Wiles, A.: Ring-theoretic properties of some Hecke algebras. Annals of Math. 141 (1995), 553–572.
[We]   Weinberger, P. J.: On Euclidean rings of algebraic integers. Analytic number theory (Proc. Sympos. Pure Math., Vol. XXIV, St. Louis Univ., St. Louis, Mo., 1972), 321–332. Amer. Math. Soc., Providence, R. I., 1973.
[Wi]   Wiles; A.: Modular elliptic curves and Fermat's Last Theorem. Annals of Math. 141 (1995), 443–551.

Sachverzeichnis